XGT PLC 활용을 위한

# PLC 제어 시스템

소용철 · 김승찬 공저

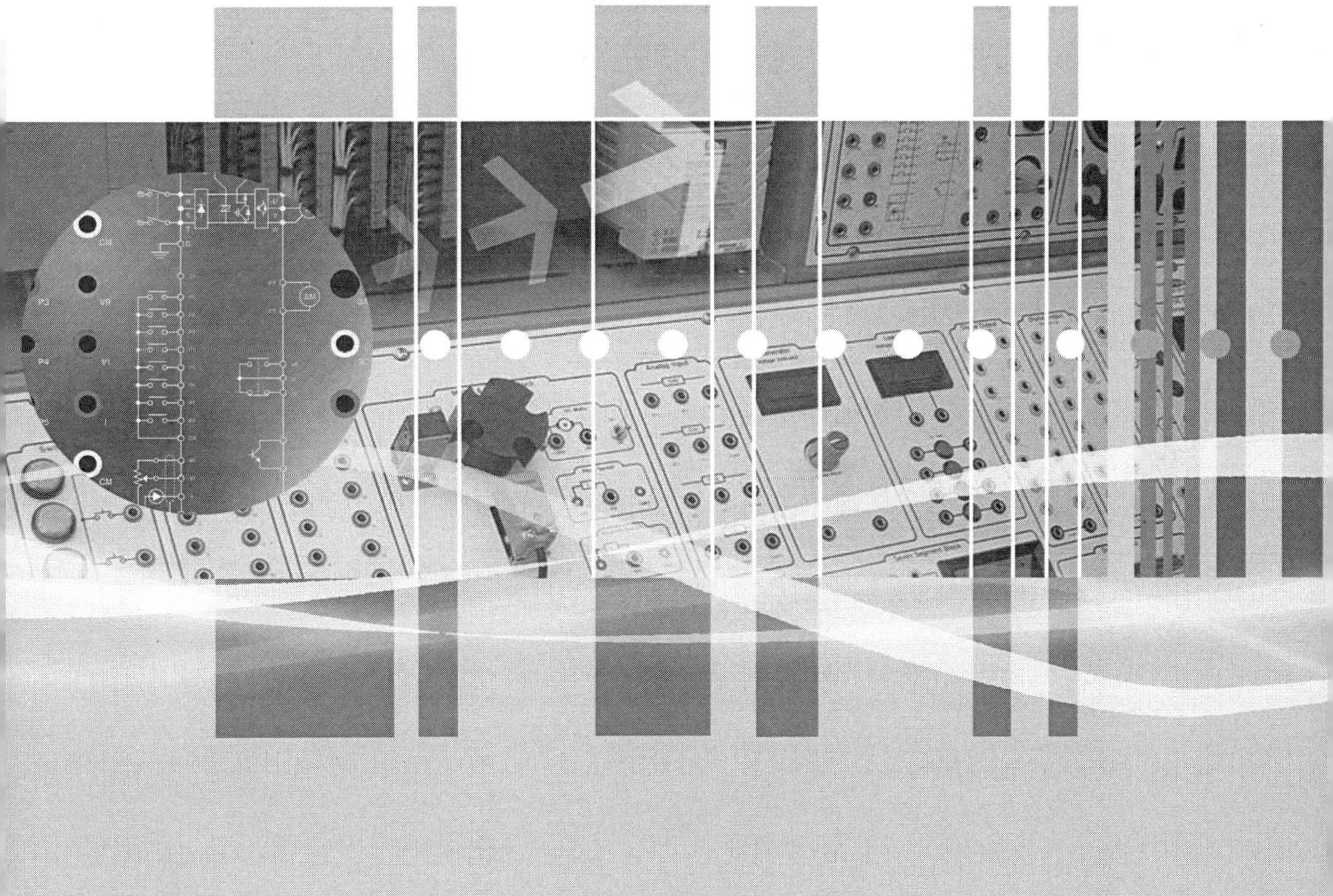

웅보출판사
www.woongbo.co.kr

# 머리말

산업시대에서 정보화시대로 발전의 원동력으로서 자동제어는 비약적으로 성장하였으며, 인간 생활을 더욱 편리하게 하고 사회 성장의 기반이 되고 있다. 자동제어의 중요 분야인 PLC 제어는 산업시대에서 정보화시대의 변환기에서 태동하여 공장자동화 등 산업의 중추 역할을 수행하고 있으며 최신 디지털신호처리 기술과 병행 발전하고 있다.

저자가 대학과 산업 현장에서 PLC 제어를 교육하고 실무에 응용하면서 나름대로의 교안을 토대로 쉽게 이해하고 실무에 다양하게 활용하고자 본 교재를 출간하게 되었다.

본 교재의 구성을 살펴보면 다음과 같다.

**1장** PLC 제어의 기초에서는 PLC 개념, 특징, 장단점 및 구성, 명령어 등을 소개하고 이해한다.

**2장** PLC 장치의 구성에서는 장치의 외형과 인버터 패널의 구성, I/O 패널의 구성에 대해 습득한다.

**3장** GX5000 사용법에서는 GX5000의 특징과 설치 방법, 화면 구성과 기능 등을 습득한다.

**4장** PLC 제어 실습에서는 프로그래밍 소프트웨어 기본 사용법과 기본명령어, 펑션명령어, 퀴즈 표시장치 회로, 전동기와 센서 실습을 통하여 직접 익힌다.

**5장** PLC 제어 응용실습에서는 PLC 제어 응용실습 장치와 그래픽 패널 구성, 실험을 통하여 직접 익힌다.

**부록**에서는 펑션 블록 라이브러리, 펑션 블록 일람표 수치체계 및 데이터 구조, 플래그 일람표, 용어 설명, 설치 환경 및 배선, 유지 보수, 주요 펑션 등을 나열하였다.

한 장씩 개념과 기본 사용법을 정확히 이해하고 실습을 통하여 익히면, PLC 제어에 대한 지식을 충분히 겸비하여 실무 적용에 다양하게 활용할 수 있도록 본 교재가 도움이 되리라 믿는다.

본 교재를 준비하며 교재의 목적에 맞게 내용을 체계적이고 논리적으로 구성하려고 노력하였으나 미흡한 점이 있으리라 생각되며, 독자 여러분의 적극적인 의견과 충고를 부탁드리며, 이 책을 출간하기까지 많은 도움을 주신 학교와 회사의 모든 분들께 감사드리고 특히 웅보출판사의 관계자 여러분께 감사를 드린다.

저자 씀

# 차례

## 제1장 PLC 제어의 기초



## 제2장 PLC 장치의 구성



## 제3장 XG5000 사용법

## 제4장 PLC 제어 실습



## 제5장 PLC 제어 응용실습



## 부 록

# 제1장

# PLC 제어의 기초

01 PLC란 무엇인가?
02 PLC의 출현
03 PLC의 특징, 장단점 및 발전
04 PLC의 제어 시스템
05 PLC의 구성
06 PLC의 설치
07 PLC의 점검 및 보수
08 입·출력부 연결 방법
09 PLC와 유접점 시퀀스
10 유접점 시퀀스회로를 PLC 프로그램으로 변환
11 I/O LIST 작성 방법
12 고유번호
13 PLC 명령어
14 연산처리
15 PLC의 운전모드
16 PLC에서의 수 체계

# 제1장 PLC 제어의 기초

## P.L.C 개론

과학 기술의 발달은 18세기에 이르러 "인간에 의한 동력 공급을 기계의 힘으로 대체한다."라는 제1차 산업혁명의 성공 이후 금세기에 와서는 "인간의 감각 및 판단과 조작을 결합시킨 자동화와 성력화라는 제2차 산업혁명을 완수시켜 가고 있는 것이다. 이러한 자동화에 있어서의 제어기술은 근래에 급속히 성장하여 왔으며, 그 중에서도 PLC(Program-able Logic Controller)는 최근 들어 놀랄만한 발달과 보급을 보게 되었다.

이제 PLC 기술이 산업의 자동화, 성력화 분야에서 유공압 등과 같이 그 원동력이 되고 두뇌가 되어 활약한다는 것은 모두가 알고 있는 사실이다. 아울러 근대에 있어서의 자동화, 성력화에 의한 기술혁명을 주축으로 한 산업합리화의 물결은 그 일환인 PLC 기술에 의존하는 바가 크며, 이에 따라 기술적 발달이 강력히 요구되고 있다. 따라서, 그 넓은 응용 분야와 이용도 전기·전자 기술자는 물론 일반기계 기술자에 있어서도 그 지식의 이해는 필수 불가결한 것이 되고 있다.

## 1 PLC란 무엇인가?

미국의 전기공업회 NEMA(National Electrical Manufacturers Association)에서는 다음과 같이 정의하고 있다. "각종 기계나 프로세서 등의 제어를 위하여 Logic, Sequence, Timer, Counting 및 연산기능 등을 내장하고 있으며 프로그램을 작성할 수 있는 메모리를 갖춘 제어장치다." 즉 PLC란 시퀀스를 실현하기 위한 산업용 컴퓨터라 해도 좋을 것이다.

## 2 PLC의 출현

PLC는 유접점 및 무접점 시퀀스의 아래와 같은 문제점에 의해서 출현하게 되었다.

① 시퀀스를 작성하고 결선을 한 다음 실제로 기계를 동작시켜 보아야만 제대로 된 시스템인지 알 수 있어 현장에서의 변경이 빈번하다.

② 처음 제작 시, 생산라인의 변경 시 시퀀스 내용을 외부에 누설 시켜야 한다.

③ 제작 공정상 완벽한 시퀀스의 설계, 결선도 작성, 각종 부품 구매, 검사, 시험, 현지 시운전 등 여러 단계를 거치며 장시간이 요구된다.

④ 고도의 경제성장을 맞아 설비는 고급화, 거대화 추세이므로 제어에 사용되는 릴레이 개수도 많아지고 릴레이 접촉 신뢰성의 한계로 인하여 빈번한 고장이 발생한다.

이상과 같은 여러 원인에 의해 1968년 미국의 자동차 메이커 GM(General Motors)사에서 자사의 릴레이 제어반을 전자화 제어기기로 대체 설치하기 위하여 이른바 **프로그래머블 콘트롤러에 관한 10가지 조건**을 제안하게 되고, DEC(Digital Equipmenls Corp.)사에서 최초의 PLC를 개발하게 되며, Allen Bradley와 Modicon사 등에서도 PLC를 개발하게 된다. 이렇게 출현한 PLC는 전문적인 지식 없이도 사용이 가능하고 프로그램에 의해서 간단하게 제어를 변경할 수 있는 등의 장점으로 인하여 급격한 수요를 창출하게 되고, 모든 산업 분야에서 그 적용이 확대되어 가고 있다.

다음은 PLC에 관한 GM사의 10가지 조건이다.

① 작성 및 변경이 용이할 것

② 보수 및 수리가 간단할 것

③ 릴레이 제어반보다 신뢰성이 높을 것

④ 릴레이 제어반보다 소형일 것

⑤ 출력 데이터는 중앙 통제장치에 연결되어 있을 것

⑥ 릴레이식 제어반보다 염가일 것

⑦ 입력은 AC115V를 받을 수 있을 것

⑧ 출력은 최저 AC115V, 2A일 것

⑨ 확장이 가능할 것

⑩ 메모리는 최대 4KWord까지 확장될 것

## 3 PLC의 특징, 장단점 및 발전

### 1. PLC의 장점

#### 1) 용이한 소프트웨어

PLC는 종래의 자동화 시스템에 사용되던 유접점 및 무접점 릴레이 등에 대치되는 것이다.

① 유접점, 무접점 릴레이를 사용하던 사용자가 특별한 전문적인 교육을 받지 않아도 쉽게 이해할 수 있는 소프트웨어이다.

② 계산기와는 달리 제어기능의 효과적 수행이 목적이지 그것을 실현하는 장치를 목적으로 하지 않는다.

③ PLC를 사용한 시스템을 현장에서 보수하고 보전하는 과정에서 PLC의 특별한 지식 없이 쉽게 이해된다.

④ PLC에서는 외부동작(제어시방)이 내부동작(프로그램)으로의 변환이 쉽게 되었을 뿐만 아니라 내부의 직렬동작 프로그램이 외부의 병렬동작으로 대응되는 형태의 소프트웨어로 되었고, 이 역변환성이 계산기와 크게 다른 것이다.

#### 2) 보수의 용이성

① 생산 현장에서의 조작 및 취급성이 고려된 프로그래머에 의해 쉽게 내부 동작 프로그램을 변경할 수 있고 그 실행상태를 종래의 시퀀스 제어기술로 쉽게 파악할 수 있는 것이다. 이처럼 프로그래머는 PLC와 시퀀스 제어기술을 연결시켜주는 것으로서 PLC의 본질적인 특징이다.

② 프로그래머는 하드웨어(hard ware)나 소프트웨어(soft ware)의 보수 및 감시를 용이하게 할 수 있는 디버그(debug) 기능을 구비하고 있다.

#### 3) 프로세스 직결성

프로세서와 직결하여 제어를 실행하는 P.L.C는 프로세서와 직결할 수 있는 입·출력을 가지고 있다.

이 입·출력은 외부기기와 CPU의 중간에 위치하고 외부 기기로부터 신호를 논리 레벨로 변환하는 기능과 CPU로부터 논리 레벨로 받은 출력 값을 외부 기기가 구동될 수 있는 레벨까지 변환하는 기능을 갖는다.

#### 4) 배선 및 설치의 용이

릴레이 제어반 제작 시 납땜이나 결선 작업 등 많은 공임이 소요되나 PLC에서는 이것들이 프로그램으로 간단히 처리되며, 동일한 사양일 경우 프로그램을 Tape나 디스켓, ROM 등에 저장하여 두었다가 언제든지 Copy가 가능하다.

### 5) 작은 설치 면적

반도체를 사용하였으므로 종래의 제어반 보다 설치면적을 작게 할 수 있다.

### 6) 반영구 수명

무접점 회로를 택함으로써 유접점 릴레이에 비해 신뢰성이 높고 수명이 길다.

## 2. 단점

### 1) 호환성의 결여

표준화가 되어 있지 않고 생산 회사마다 다른 프로그램 언어를 사용함으로써 호환성이 없다.

### 2) 높은 가격

소규모 제어 회로에서는 릴레이 제어 방식보다 가격이 비싸다.

## 3. 표준화

사용자가 어떠한 제어장치(A사 PLC)용으로 개발한 Program을 다른 제어장치(B사 PLC)에도 적용할 수 있도록 해주는 것이다. 이와 같은 기능은 사용자에게 조기에 유용성을 제공하고, PLC에 대한 넓은 선택권을 제공하는데도 불구하고 초기 각 PLC 메이커들은 자기 고유의 기술을 고집하며 사용자의 편리는 생각하지 않았다.
그러나, 1970년대 초부터 NEMA(미국), GRAFSET(프랑스), DIN(독일) 등 지역별로 규격화를 시작하였으며, 1979년부터는 IEC에 의해 주도되고 있다.

### 1) IEC 규격

PLC 국제 규격인 IEC-1131은 다섯 부분으로 구성되어 있다.
PART1에는 PLC의 일반정보 및 개요, PART2에는 하드웨어 기능, PART3에는 프로그래밍 언어의 표준화, PART4에는 유저의 가이드라인, 끝으로 PART5에는 통신 및 네트워크에 대해 정의하고 있다. 그 중에서도 PART3(프로그래밍언어) 부분을 주목해야 한다.
국내의 현황은 사용자 대부분이 일본방식의 래더, 니모닉언어에 의존해 왔으며 단순 시퀀스 언어만을 사용하는 등 PLC언어 사용수준이 낙후 되어 있었으나 요즘 들어 국내 PLC 메이커들도 IEC 규격이 적용된 프로그램 TOOL을 출시하고 있다.

IEC에 적용된 프로그램 언어는 인스트럭션 리스트(IL), 래더 다이어그램(LD), 스트럭처 테스트(ST), 펑션 블록 다이어그램(FBD)이 있으며, 이 언어들은 공통적으로 SFC(Sequencia Function Chart)에 기술하는 데 이용할 수 있어야 한다.
아래 표는 IEC 규격을 나타내고 있다.

| IEC | 규 격 | 내 용 |
|---|---|---|
| 1131-1 | 개요 | PLC의 일반적인 요구기능, 용어 정의 |
| 1131-2 | 하드웨어 요구 | 장치의 요구 기능, 테스트조건 정의<br>PLC의 신뢰성 보장, 하드웨어의 규격화<br>PLC의 품질보장 |
| 1131-3 | 프로그램 언어 | 언어의 표준화<br>IEC1131의 가장 핵심사항<br>1992년 완성규격 제정 |
| 1131-4 | 사용자 지침 | PLC 사용자가 시스템 구축 시 주의사항 |
| 1131-5 | 통신 | PLC의 통일된 네트워크 및 커뮤니케이션 |

## 4 PLC의 제어 시스템

### 1. 단독시스템

PLC가 1:1의 관계인 시스템이며 종래의 시퀀스 제어장치에 Relay 대신 PLC를 적용하는 기본적이고 기존에 많이 사용했던 시스템이다.

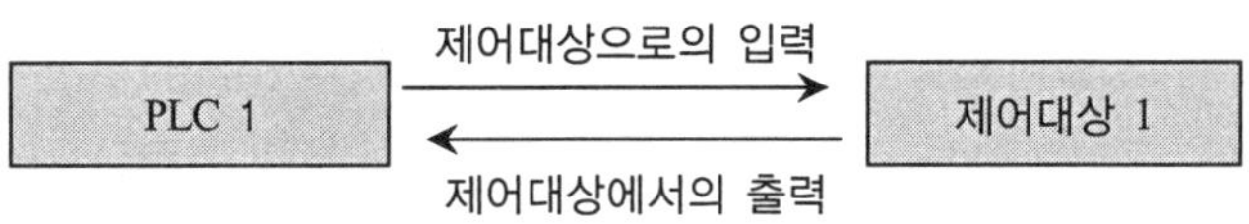


[그림 1-1] 단독 시스템

### 2. 집중시스템

복수의 제어대상물을 PLC 1대가 제어하는 시스템이며 하나의 시스템이 정지할 때 자동으로 다른 시스템들도 정지하므로 시스템 구성 시 생산성이 감소하게 된다는 점에 주의해야 한다.
기계가 각 다른 장소에 분산되어 있는 경우는 전선의 절약 측면에서 Remote I/O 기능을 가진 PLC를 사용하는 것이 바람직하며, 시스템 설계 시 고려해야할 점은

PLC 처리속도, 입/출력부의 응답시간 등의 검토가 필요하다.

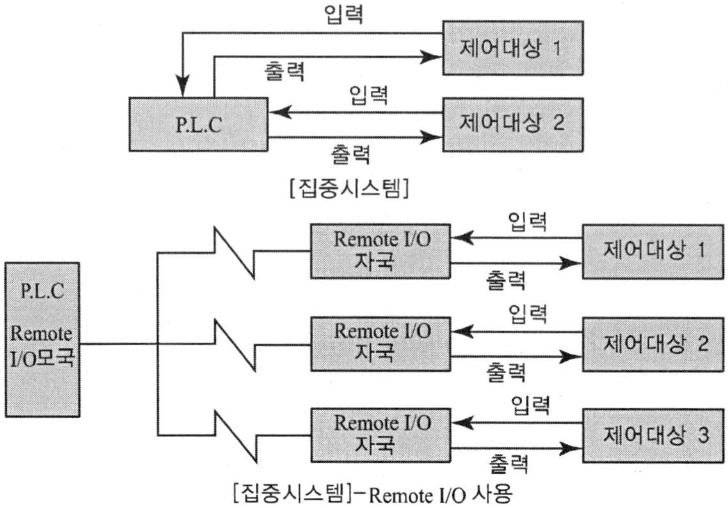


[그림 1-2] 집중 시스템(Remote I/O 사용)

## 3. 분산시스템

분산된 개개의 제어시스템에 대해 각각 PLC가 제어를 담당하고 상호연계동작에 필요한 제어신호에 대해서는 PLC 간 신호를 송수신하는 시스템이다. 이 시스템은 각각의 제어대상에 대응하는 PLC가 있으므로 1대가 정지하여도 다른 제어대상은 단독 운전이 가능해서 집중 시스템보다 신뢰성이 높다.

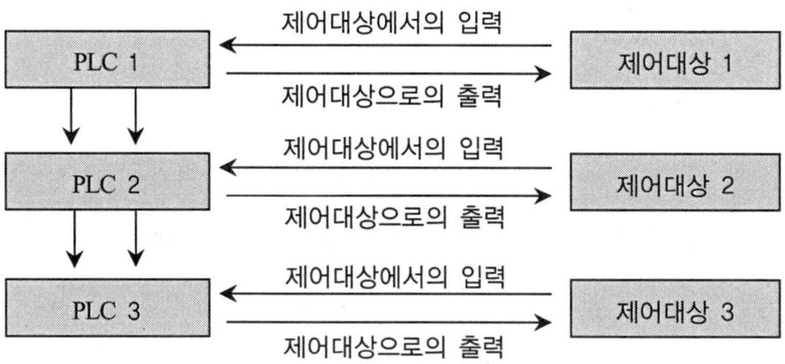


[그림 1-3] 집중 시스템

## 4. 계층시스템

컴퓨터와 PLC 간을 결합하여 정보의 종합관리, 운용을 하는 TOTAL 제어 시스템이다. 최근 개인용 컴퓨터의 급속한 기능 성장과 신뢰도의 증대에 따라 계층 시스템의 구축이 활발하게 이루어지고 있다.

상호 데이터 송수신은 PLC의 메모리 맵과 컴퓨터의 메모리 맵이 소프트웨어의 설정에 의해 1 : 1로 대응되어 있다.

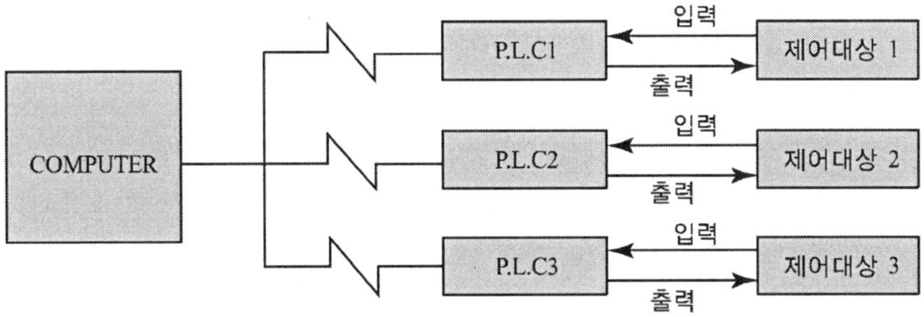


[그림1-4] 계층 시스템

근래의 공장 및 프로세스 자동화의 추이를 보면 종래의 대규모 분산제어 시스템인 Distributed Control System에서만 가능했던 고급제어 기능(실시간 데이터 감시제어, 고정밀 루프 제어, 시스템의 이중화, 통신을 이용한 다중 운전자 시스템)을 DCS보다 저가격, 소규모 시스템에 구축하고자 고기능 PLC 개발과 다양한 응용 시스템이 개발되고 있다. 이러한 고기능 외에도 PID 루프 제어, 아날로그 제어, 모션 제어(위치결정제어), 고속 카운터 등의 발전도 가속화되고 있다.

## 5 PLC의 구성

### 1. CCU(Center Control Unit)

CCU는 PLC의 두뇌에 해당하며 모든 제어가 이루어지는 부분이다. PLC의 기능이라 함은 대부분 CPU의 기능을 말한다. 이 CCU의 구성은 다시 CPU, 메모리, 입·출력 제어부, BUS, Interface로 나누어 생각할 수 있다.

① CPU는 CCU를 직접 제어하는 부분으로 메모리의 프로그램에 따라서 입·출력부의 데이터 교환 연산, 비교, 판정 등을 수행한다. 일반적으로 PLC에 사용되는 CPU는 Z-80, 8085, M6800 등의 8비트용과 16비트용이 있다.

② 메모리는 CCU 내에 내장되어 있으며 RAM과 ROM이 있다. RAM은 CCU에 명령을 내리기 위해서 작성된 User 프로그램이 기억되며 재수정 및 재기억이 가능 한 것이다. Switch를 OFF하여도 내장된 건전지에 의해, 전원 공급이 중단된 상태에서도 RAM에는 계속적으로 Back-up하여 프로그램 내용을 보존하도록 하고 있다.

③ 입·출력 제어부는 CCU에서 처리될, 또는 처리된 신호가 입·출력되는 부분으로 입·출력 신호를 기억시키는 일종의 메모리 형태인 Buffer로 구성되어 있고, Bus를 통하여 입력부와 출력부가 연결되도록 되어 있다.

④ BUS는 CCU 내에 있는 각각의 칩들이 연결되기 위해서 각 연결선들이 그룹화 되어 있고 칩들은 같은 이름으로 사용되는 선에 연결만 하면 배선이 되도록 되어 있다. 이 그룹화된 선을 BUS라 한다.

⑤ 인터페이스는 FA(Factory Automation) 및 FMS(Flexible Manufatures System)를 실현하기 위한 매우 중요한 PLC 기능이다. 이 기능을 통해서 컴퓨터 주변기기, 일반 사무용 컴퓨터 및 다른 CCU와의 자료 전송이 가능하게 된다.

전송 방식에는 Serial 방식과 Parallel 방식이 있는데, 속도는 조금 떨어져도 경제성을 고려할 때 대부분 Serial 방식을 이용한다. 일반적인 Serial 방식에는 유럽에서 많이 사용하는 20mA Current 방식과 미국에서 많이 사용하는 RS-232C(24V) 방식이 있으며 후자를 많이 사용한다.

## 2. 입력부

입력부는 CCU의 입·출력 제어부와 BUS를 통하여 연결되며, 통상적으로 모듈화하여 기본에서 필요한 만큼 확장이 가능하다. 외부신호와 CCU 내부의 신호(5V)와의 전위차를 일치시켜 주는 일종의 콘버터라 할 수 있다. 사용전압은 교류용으로 110V, 220V, 240V가 있으며, 직류용으로 5V, 12V, 24V, 48V, 50V가 있다. 그러나 어떤 전압을 사용하더라도 CCU로 넘겨주는 최종신호는 DC 5V가 되도록 되어있다.

입력부는 CCU의 신호 전달 외에 다음의 2가지 기능을 추가로 가지고 있다.

① Noise filter(잡음제거)로서 5ms정도의 지연회로를 통해서 입력신호를 CCU에 전송함으로써 5ms 이하의 순간 노이즈를 방지한다.

② 이상 신호에 대한 보호회로 기능으로 선정된 모듈과는 다른 이상 신호가 입력되더라도 입력부 자체에서 신호를 차단하여 CCU에 그 영향이 미치지 않도록 하는 것이다. 그러나 이 보호회로는 단시간용으로 장시간 동안 이상 신호가 입력될 경우 입·출력뿐 아니라 CCU에도 악영향을 미친다.

일반적으로 사용되는 보호회로는 포토커플러로서 신호가 빛에 의하여 전달된다. 즉, 전류가 흐르면 빛을 발하고 그 빛을 받으면 전자를 흘려주는 광전효과를 이용하여 입력신호가 직접 CCU에 전달되는 것을 방지하여 과전압 및 과전류로부터 CCU를 보호해 준다.

## 3. 출력부

출력부는 CCU에서 처리된 결과를 받아 Actuator를 동작시키는 부분으로서 입력부와 마찬가지로 작동시킬 Actuator에 따라 AC 또는 DC 신호를 5V~240V까지 사용할 수 있도록 모듈화되어 있다. 일반적으로 출력부는 전원을 ON, OFF시켜 단순히 출력 신호를 공급, 차단시키는 역할을 하게 된다. 이 밖에 출력부는 출력단의 단락으로 인한 과전류 방지회로가 내장되어 있다.

## 4. 입력 점수의 파악

조작반의 누름 스위치, 전환 스위치 등의 명령을 내리는 입력신호 수와 근접센서, 포토 센서, 리드 스위치 등의 신호수를 합쳐 입력점수로 하고, 입력 모듈은 모듈 1개당 8점, 16점, 32점으로 되어 있으므로 여유를 고려하여 입력 모듈의 갯수를 적절히 선정한다. 또한 입력으로 사용되는 센서 등의 사용전압을 고려하여 입력 모듈의 전압사양을 선정한다.

## 5. 출력 점수의 파악

전원 표시등, 운전 표시등, 과부하 표시등, 부저 등의 표시 또는 솔레노이드 밸브, 릴레이, 전자 접촉기의 수를 합쳐 출력 점수 등을 고려하여 8점 모듈, 16점 모듈, 32점 모듈을 적절히 혼합하여 출력 모듈 수를 선정한다. 또 출력방식은 릴레이 접점 출력방식, TR 출력방식 등이 있으므로 출력부의 사용전압을 고려하여 선정한다. 일반적으로 출력전압에 구애를 받지 않는 릴레이 접점 출력방식의 모듈이 많이 사용된다. 아래 표는 입·출력 포인트에 따른 PLC의 선정표이다.

| 시스템 규모 | 종 류 | 형 식 | 입·출력 포인트 |
|---|---|---|---|
| 소규모 | 극소형 PLC | 블록식<br>독립 모듈식 | 64점 이하 |
| 중소규모 | 소형 PLC | 독립 모듈식<br>빌딩 블럭식 | 64 ~ 256점 |
| 중규모 | 중형 PLC | 빌딩 블록식 | 256 ~ 1024점 |
| 중대규모 | 중대형 PLC | 빌딩 블록식 | 1024 ~ 2048점 |
| 대규모 | 대형 PLC | 빌딩 블록식 | 2048점 이상 |

## 6. 제어대상에 따른 모듈 선정

### 1) 전원 공급모듈(Power Supply)

PLC Rack에 장착된 모든 모듈에 필요한 전원을 공급하는 모듈로서 대부분 AC110V/220V 전원 입력을 받아서 DC5V를 각 모듈로 공급하는 역할을 한다.

### 2) 입·출력모듈(I/O Module)

① 디지털 입력모듈

DC24V, AC110V, AC220V 등의 종류가 있으며 저속 접점 입력을 처리한다.

② 아날로그 입력모듈

전류(4-20mA), 전압(DC1-5V, 1-10V) 압력센서와 같은 선형 입력(linear Input)을 처리한다.

③ 펄스 입력모듈

200Hz, 5kHz, 200kHz 등의 주파수대에서 입력되는 접점 전압 레벨(DC5V, 12V, 24V)을 감지하여 펄스를 카운터하는 모듈이며 트랜스미터 등의 데이터가 이에 해당한다.

④ RTD 입력모듈

PT100Ω, PT200Ω 등의 3선식 측온저항체 입력을 처리한다. 측온저항체 외에도 T/C과도 같은 동작을 할 수 있는 모듈도 있다.(온도제어 이용)

⑤ 디지털 출력모듈

DC24V, AC110V, AC220V 등의 종류가 있으며 저속 접점 출력을 처리한다.

⑥ 아날로그 출력모듈

전류(4-20mA), 전압(DC1-5V, 1-10V) 같은 선형 출력을 처리한다.

### 3) 특수모듈

① 위치 제어모듈

지정된 주파수 영역과 전압레벨로 고속 접점 출력을 처리한다.

② PID 제어모듈

아날로그 입력모듈에서 받은 현장 데이터를 정해진 설정치에 도달시키도록 최적의 조건에 의해 연산하여 그 결과를 아날로그 출력모듈로 출력시킨다.

③ 설정치 제어모듈(Set point Control Loop)

정해진 시간 구간 동안 정해진 설정치를 상승, 유지, 하강을 반복하며 제어한다. 설정치 프로그램 제어(Set point Program Control)라고도 한다.

4) 기타

이 밖에도 PLC 메이커들마다 자사의 통신방식에 따라 제공하는 통신모듈, 네트워크모듈, 특정 기기 제어모듈(Servo축 제어), 진단기능모듈 등도 있다.

## 6 PLC의 설치

PLC를 설치하기 위해서는 다음의 사항을 충분히 고려하여야 한다.

### 1. 설치준비

선정된 PLC의 매뉴얼 및 취급설명서 등을 통해 성능과 취급방법을 숙지하여 정상적인 기능을 발휘할 수 있도록 부속품 및 수량 등을 점검하여 결함은 없는지 확인한다.

### 2. 설치환경

① 먼지, 염분, 부식성 가스, 인화성 가스가 없는 곳
② 진동이나 충격이 가해지지 않는 곳
③ 직사광선에 노출되지 않는 곳
④ 급격한 온도 변화로 인하여 이슬이 맺히지 않는 곳
⑤ 발열체 부근이 아닌 곳, 주위온도가 55℃ ~ 60℃가 넘는 곳은 방열대책을 세운다.

### 3. 설치공사

① 기구 부착용 가공구멍이나 배선 작업 시 쇳가루나 전선 토막이 PLC 내에 들어가지 않도록 한다.
② 고압선, 고압기기, 동력기기 등과도 200mm 이상 떼어 설치한다.
③ 전원은 1 : 1 트랜스를 거치도록 하여 전기적 충격을 줄여준다.
④ 전원선은 $2mm^2$ 이상의 전선을 사용하여 전압강하를 막아준다.
⑤ 접지선도 $2mm^2$ 이상의 전선을 사용하고 접지저항은 $100\Omega$ 이하로 한다.
⑥ 접지선의 길이는 20m를 넘지 않도록 해주고 다른 기기 또는 구조물에 연결할 때는 서로 영향을 받지 않도록 한다.
⑦ 전원 배선은 Twist wire(혹은 꼬아서)를 사용한다.
⑧ MCCB는 PLC 전용으로 사용한다.
⑨ 전원에는 노이즈 필터를 사용하여 전원 측의 노이즈를 막아준다.

## 7 PLC의 점검 및 보수

PLC를 최상의 상태에서 사용하려면 먼저 예비점검을 철저히 하여야 한다.

### 1. 전원 전압

입력 전원 전압은 정격에서 사용하고 있는가, 입력전압이 급격히 상승 또는 하강하거나 순시 정전이 일어나지는 않는가를 점검하여 전압 변동이 10% 이내가 되도록 해야 한다.

### 2. 건전지

내장용 건전지는 보통 수명이 프로그램 내장 시 2 ~ 5년, 비내장 시 8 ~ 10년 정도 되므로 수시로 점검을 할 필요까지는 없겠으나, PLC의 Battery error LED가 점등되면 1주일 이내에 바꾸어 주어야 한다. 건전지 교환 시기를 놓치면 프로그램이 모두 지워지게 된다. 이와 같은 실수를 방지하기 위하여 보통은 프로그램을 EPROM에 내장하여 사용한다.

### 3. 주위 환경

PLC 선정 시 고려되었던 사항들이 오랜 기간 사용중 사용 환경이 변할 수도 있으므로 주의가 요망된다.

## 8 입·출력부 연결 방법

### 1. 디지털 입력모듈의 내부회로

#### 1) DC24V 입력모듈

대부분의 PLC 입력모듈을 외부에서 살펴보면 Terminal Block 부분만 보이게 되므로 안쪽의 전자회로는 볼 수 없도록 되어 있으나 기본적인 구성은 다음 그림과 같다. [그림 1-5]는 DC24V 입력모듈에 대한 그림으로서, 그림과 같이 외부에서 입력되는 전압은 DC24V이며 극성은 무관하다. 즉 입력모듈의 Com단자와 나머지 입력단자 간에 DC24V의 전위차를 만들어 주면 된다.

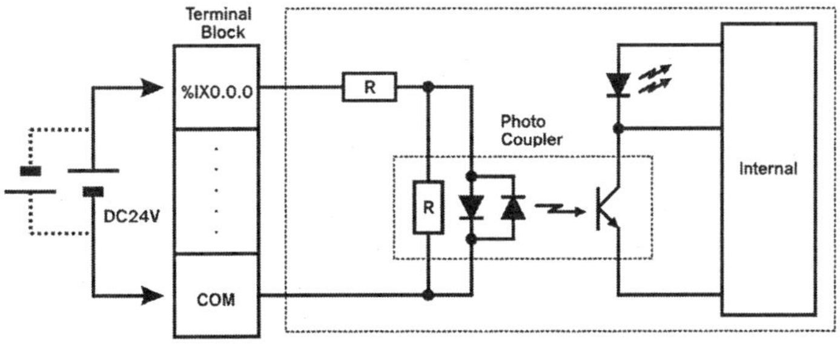


[그림 1-5] DC24V 입력모듈 내부회로

2) AC220V 입력모듈

대부분의 PLC 입력모듈을 외부에서 살펴보면 Terminal Block 부분만 보이게 되므로 안쪽의 전자회로는 볼 수 없도록 되어 있으나 기본적인 구성은 다음 그림과 같다. [그림 1-6]은 AC220V 입력모듈에 대한 그림으로서 그림과 같이 외부에서 입력되는 전압은 AC220V이며, 입력모듈의 Com단자와 나머지 입력단자 간에 AC220V의 전위차를 만들어 주면 된다.

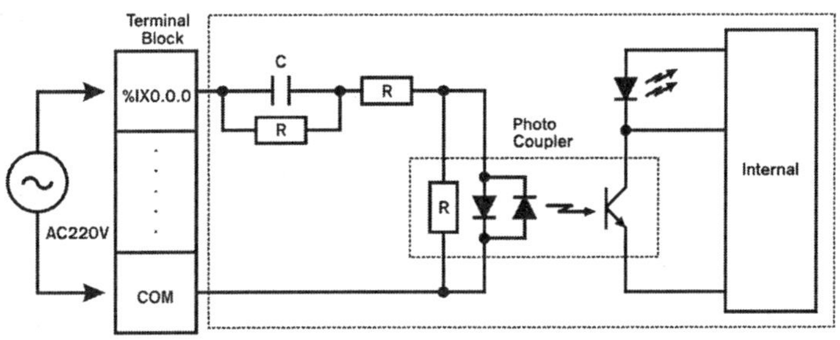


[그림 1-6] AC220V 입력모듈 내부회로

## 2. 디지털 출력모듈의 내부회로

1) Relay 출력모듈

대부분의 PLC 입력모듈을 외부에서 살펴보면 Terminal Block 부분만 보이게 되므로 안쪽의 전자회로는 볼 수 없도록 되어 있으나 기본적인 구성은 다음 그림과 같다. [그림 1-7]은 Relay 출력모듈에 대한 그림으로서 그림과 같이 외부에 연결되는 전원은 DC든 AC든 무관하며, 부하에 맞는 타입의 전원을 연결한다. 즉, Relay 출력모듈은 전원의 타입, Voltage는 무관하지만 전류는 접점당 최대 2A로 제한된다.

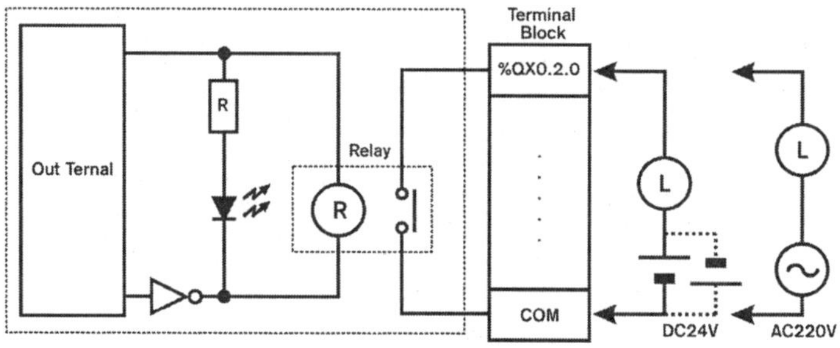


[그림 1-7] Relay 출력모듈 내부회로

2) Transistor 출력모듈(Sink Type)

[그림 1-8]은 Transistor 출력모듈 중 Sink Type Transistor(NPN) 출력모듈에 대한 그림으로서 그림과 같이 내부의 출력 소자가 Transistor이므로 외부에 연결되는 부하는 반드시 DC부하이어야 한다. 또한 구동 가능한 전압은 DC12V ~ DC24V이며, Sink Type 이므로 극성에 주의하여 결선해야 한다. Transistor 출력모듈은 DC전용의 출력모듈로 외부의 전자회로와 직접 연결할 수 있을 뿐만 아니라 Relay 출력모듈보다 On/Off 응답시간의 짧아 고속의 제어가 가능하다.

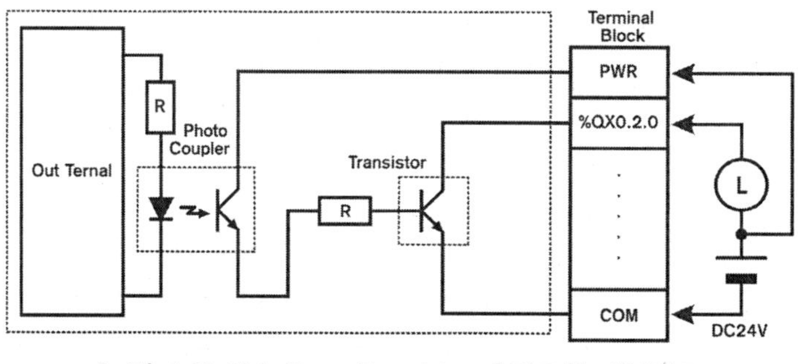


[그림 1-8] Sink Type Transistor 출력모듈 내부회로

3) Transistor 출력모듈(Source Type)

[그림 1-9]는 Transistor 출력모듈 중 Source Type Transistor(PNP) 출력모듈에 대한 그림으로서 그림과 같이 내부의 출력 소자가 Transistor 이므로 외부에 연결되는 부하는 반드시 DC부하이어야 한다. 또한 구동 가능한 전압은 DC12V ~ DC24V이며, Source Type이므로 극성에 주의하여 결선해야 한다. Transistor 출력모듈은 DC전용의 출력모듈로 외부의 전자회로와 직접 연결할 수 있을 뿐만 아니라 Relay 출력모듈보다 On/Off 응답시간의 짧아 고속의 제어가 가능하다.

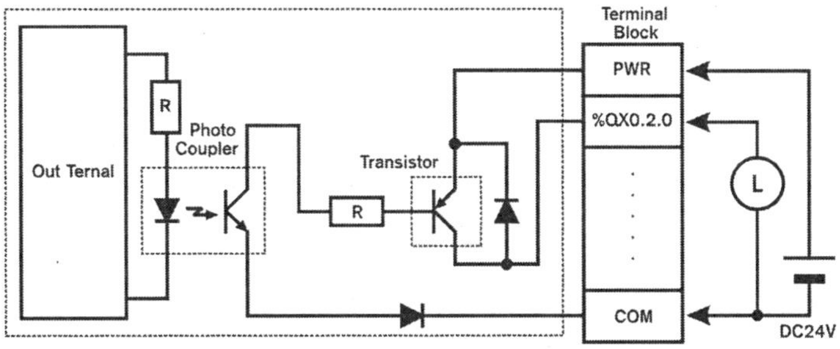


[그림 1-9] Source Type Transistor 출력모듈 내부회로

4) Triac 출력모듈

[그림 1-10]은 Triac 출력모듈에 대한 그림으로서 그림과 같이 내부의 출력소자가 Triac 이므로 외부에 연결되는 전원은 DC든 AC든 무관하다. 그러나 DC용은 Transistor 출력모듈이 있으므로 Triac 출력모듈은 대부분 AC용으로 사용된다. Triac 출력모듈의 구동 가능한 전압은 AC110V ~ AC220V이며 최대 부하전류는 1A이다. 따라서 부하전류가 1A를 넘지 않도록 주의해야 하며 최대 돌입전류는 25A이다.

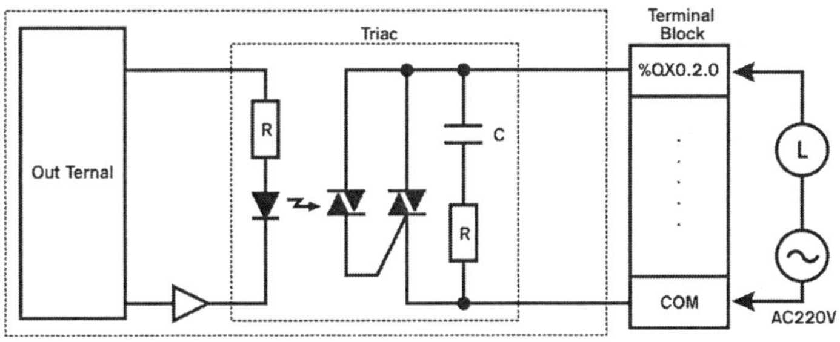


[그림 1-10] Triac 출력모듈 내부회로

## 3. 입력모듈 결선도

[그림 1-11]은 LS산전 XGI Series PLC의 DC24V 입력모듈의 외부 입력 회로도(결선도)이다.

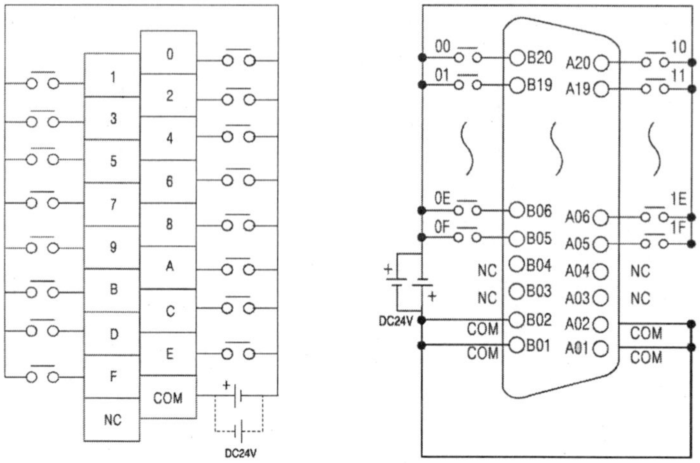


[ XGI-D22A ] [ XGI-D24A ]

**[그림 1-11] DC24V 입력모듈**

[그림 1-11]과 같이 XGI-D22A는 16점용 DC24V 입력모듈로서 16점 Com이며, XGI-D24A는 32점용 DC24V 입력모듈로서 32점 Com이다. 외부에서 Com단자와 나머지 입력단자 간에 DC24V 전위차를 공급하면 신호가 입력되며, 극성은 무극성이다.

## 4. 릴레이 출력 결선도

[그림 1-12]는 출력의 외부 회로도(결선도)이다.

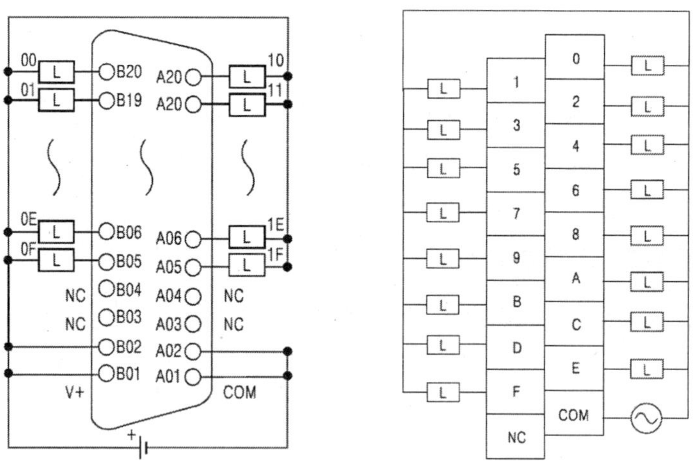


[ XGQ-RY2A ] [ XGQ-TR4A ]

**[그림 1-12] 출력모듈**

[그림 1-12]와 같이 XGQ-RY2A는 16점용 릴레이 출력모듈로서 16점 Com이며, XGQ-TR4A는 32점용 트랜지스터 출력모듈로서 32점 Com이다.

릴레이 출력모듈(XGQ-RY2A)은 Com단자와 나머지 출력단자 간에 소형 릴레이 접점이 인출된 것으로, 직류든 교류든 상관없이 접속된 무하의 정격에 맞는 전압을 인가한다.

트랜지스터 출력모듈(XGQ-TR4A)은 직류부하 전용의 출력모듈이며, 부하의 정격에 맞는 직류전압을 공급한다. 또한 V+단자와 Com단자에 DC24V를 공급해야 한다.

## 9 PLC와 유접점 시퀀스

### 1. PLC와 유접점 시퀀스와의 비교

유접점 시퀀스와 PLC와는 많은 차이가 있다. [그림 1-13]은 릴레이 1개를 사용하여 솔레노이드 밸브를 ON/OFF하는 회로이다.

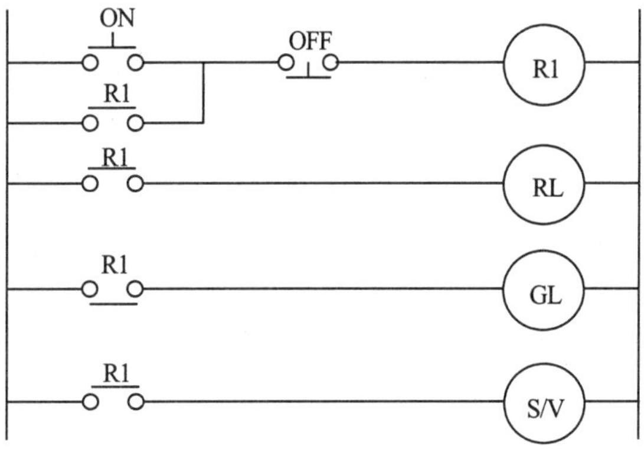


[그림 1-13] 유접점 시퀀스 회로

위 회로의 동작은 ON 푸시버튼 스위치를 누르면 R1 릴레이가 자기 유지되며, 솔레노이드 밸브가 작동하고, 정지 표시등 GL이 소등되며, 운전 표시등 RL이 점등된다. OFF용 푸시버튼 스위치를 누르면 릴레이 R1의 자기유지가 풀리며, 솔레노이드 밸브의 동작이 멈추며 RL이 소등되고, 정지 표시등 GL이 다시 점등되는 회로이다. 이 회로를 PLC 제어 회로로 바꾸면 [그림 1-14]와 같이 할 수 있다.

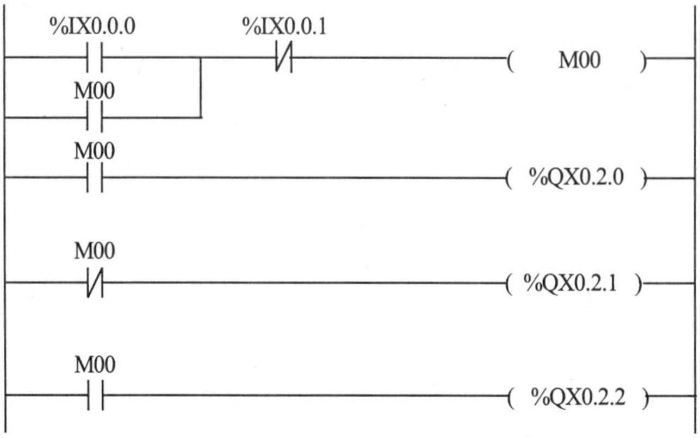


[그림 1-14] PLC 회로

위 회로에서 심벌( ┤├ )는 a접점, ( ┤/├ )는 b접점을 나타내며, '%IX0.0.0'은 ON용 푸시버튼 스위치이고, '%IX0.0.1'은 OFF용 푸쉬버튼 스위치를 말한다. 외부에서 PLC에 동작을 지시 또는 지령하거나 조건을 제시하는 입력부에 해당하는 것이며 (    ) 속의 'M00'은 PLC 내의 보조 릴레이로서 프로그램으로 처리되는 상징적인 릴레이라 할 수 있다. 이를 '내부 릴레이'라고 한다. 내부에서 프로그램에 의해 연결 조합하고 동작하는 것으로 실제로 어떤 형체가 존재하는 것은 아니다. 이 내부 릴레이는 일반적으로 사용하는 유접점 릴레이와는 달리 접점 수에 제한이 없다. 즉 일반의 유접점 릴레이는 a접점이 4개, b접점이 4개, 또는 c접점이 2개 또는 4개 등으로 접점수가 유한하나, PLC 내부 릴레이는 접점수에 제한을 받지 않으며, 프로그램 용량 내에서 얼마든지 사용할 수 있다. '%QX0.2.0', '%QX0.2.1', '%QX0.2.2'는 PLC의 외부출력부로 외부의 솔레노이드 밸브의 코일, 표시등, 부저 등을 연결하기 위한 것으로 a접점으로 출력된다. 입력부와 출력부의 연결은 다음 절에서 상세히 다루기로 한다. PLC 내에는 이 밖에 정전 시 상태유지가 가능한 특수 릴레이, 타이머, 카운터 등을 내장하고 있어 별도의 타이머 및 카운터를 사용할 필요가 없다. 위 [그림 1-14]의 회로도를 사다리 모양을 닮았다 하여 Ladder Diagram이라 한다.

## 10 유접점 시퀀스회로를 PLC 프로그램으로 변환

- 유접점 시퀀스 회로를 PLC프로그램으로 변환할 때 지켜야 할 규칙이 있다.
- 각각의 유접점 심벌에 대해 PLC 프로그램에서는 각각 규정된 심벌을 사용한다.

① 유접점 시퀀스는 회로를 작화할 때 가로, 또는 세로로 그리지만 PLC 프로그램은 오직 세로로만 작화한다.

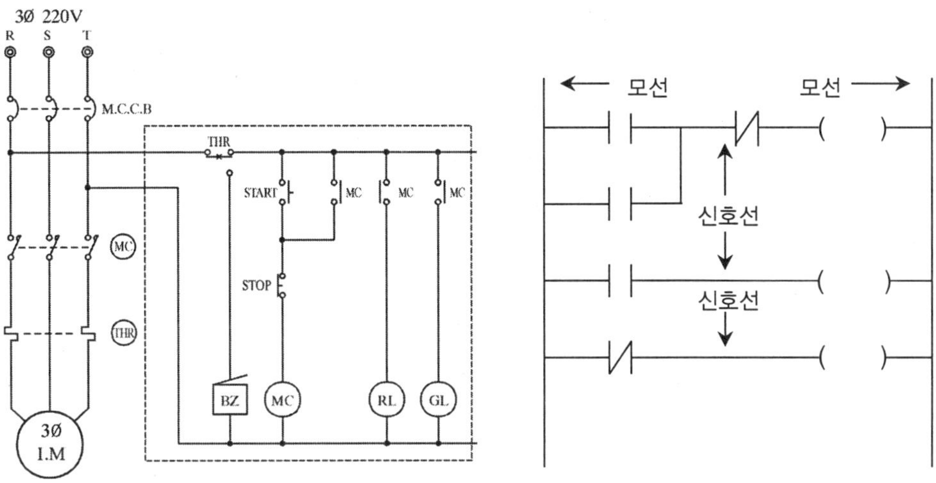


(a) 유접점 시퀀스 회로 (b) PLC 프로그램(Ladder Diagram)

**[그림 1-15] 유접점 시퀀스와 PLC 프로그램의 비교**

② 유접점 시퀀스상의 a접점 심벌은 PLC 프로그램에서는 하나의 심벌로 통일된다.

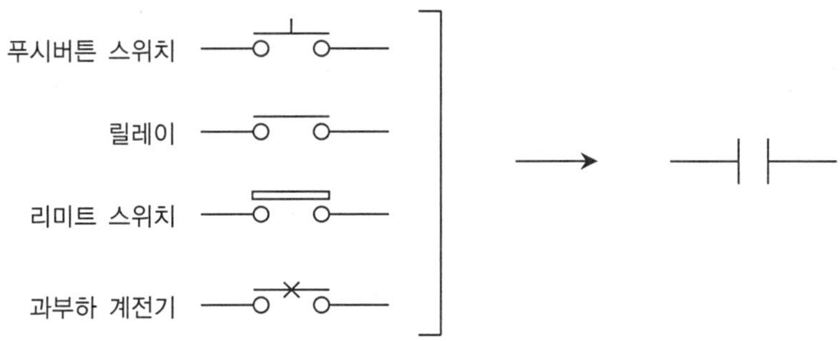


③ 유접점 시퀀스상의 b접점 심벌은 PLC 프로그램에서는 하나의 심벌로 통일된다.

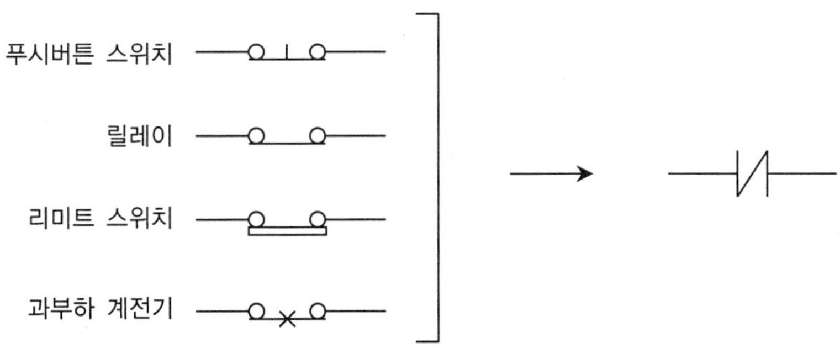

④ 유접점 시퀀스상의 출력 심벌은 PLC 프로그램에서는 하나의 심벌로 통일된다.

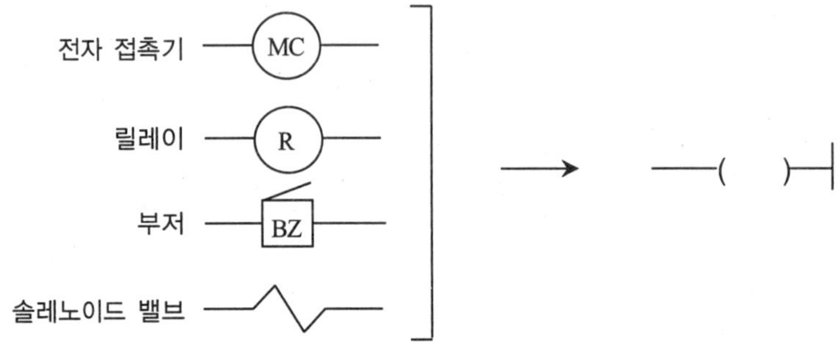


위의 4가지 규칙을 적용하면서 유접점 시퀀스 회로를 PLC 프로그램으로 변환한다. 즉 a접점 심벌( ┤├ ), b접점 심벌( ┤/├ ), 출력 심벌( ─( )┤ )을 서로 조합함으로써 PLC 프로그램이 작성되는 것이다.

[그림 1-15]의 좌측 '(a) 유접점 시퀀스 회로'를 위 규칙을 적용해 PLC 프로그램으로 변환하면 다음과 같다.

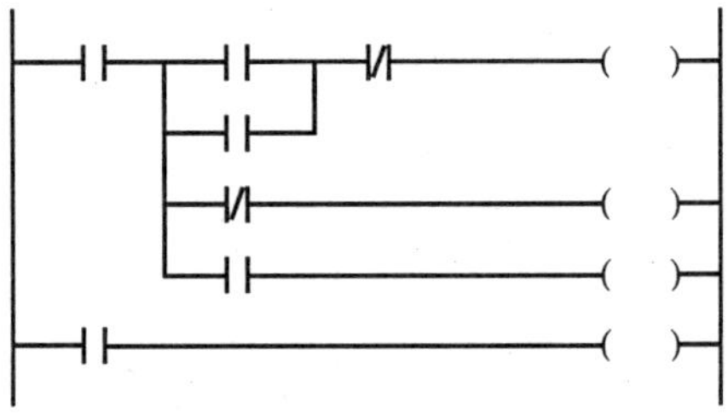

**[그림 1-16] 유접점 시퀀스를 PLC 프로그램으로 변환**

이와 같이 유접점 시퀀스의 각 심벌을 PLC 프로그램에서의 심벌로 변환한 후 PLC의 메모리 맵을 참고하여 각각의 심벌에 고유번호를 부여한다. PLC의 메모리 맵은 PLC 제조회사마다 다르며, 같은 회사라 하더라도 PLC 기종마다 다르므로 해당 PLC의 메모리 맵을 참고하여 고유번호를 부여해야 한다.

[그림 1-17]은 LS산전의 XGI PLC를 적용한 고유번호 할당 예이다.

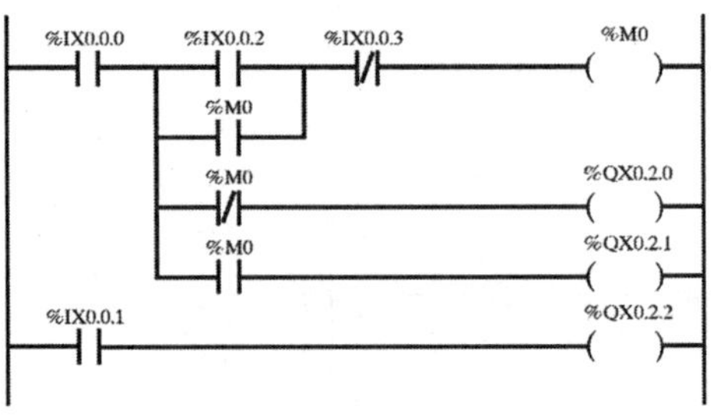


**[그림 1-17] XGI PLC를 적용한 고유번호 할당**

## 11 I/O List 작성 방법

예를 들어 현장에서 제어장치(전동기)를 점검하고 제어장치에 설치되어 있는 조작 판넬1에서 전동기를 운전시키고 MAIN 제어실에 설치되어 있는 표시등, 경보용 부저 등을 보고 제어대상의 이상 유무를 감시해서 이상 발생 시 조작 판넬2의 STP2를 눌러 전동기를 정지시키는 제어 시스템이다.

### 1. 회로 동작설명

메인 차단기(MCCB)를 ON하면 정지 표시등 GL이 점등된다. 현장 제어장치의 운전용 푸시버튼 스위치 ST1를 누르면 전자 접촉기가 자기유지되어 농형 유도전동기가 작동하고, 정지 표시등 GL이 소등되며 운전 표시등 RL이 점등된다. OFF용 푸시버튼 스위치 STP1을 누르면 MC의 자기 유지가 풀리며 전동기는 정지하고 운전 표시등 RL이 소등되고, 정지 표시등 GL이 다시 점등되는 회로이다. 메인 콘트롤 제어실에 설치되어 있는 운전용 스위치 ST2을 눌러 전동기를 운전시킬 수도 있고, 정지용 스위치 STP2를 누르면 전동기를 정지시킬 수도 있다. 운전중 과부하가 되면 열동형 과부하 계전기가 동작되어 전동기는 정지하고, 경보용 부저가 동작된다.

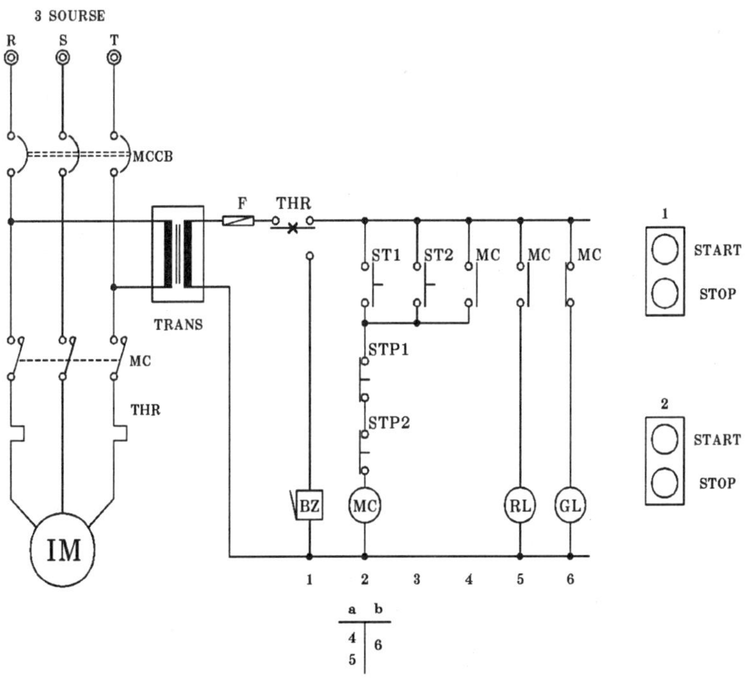


[그림 1-18] 전동기 2개소 운전

## 2. I/O 선정 방법

[그림 1-18]의 시퀀스 회로와 동작설명을 토대로 입력기기와 출력기기를 분류하면 아래와 같다.

① 입력기기 : 현장 운전 PB, 현장 정지용 PB, 제어룸 운전 PB, 제어룸 정지용 PB, 과부하 A접점

② 출력기기 : 전동기 운전용 MC, 운전 표시등, 정지 표시등, 경보용 부저

## 3. 입·출력 리스트 작성

위와 같이 I/O 선정이 끝나면 아래와 같이 입·출력 리스트를 작성한다.

① 입력 리스트

| 심 벌 | 고유번호 | 내 용 |
|---|---|---|
| 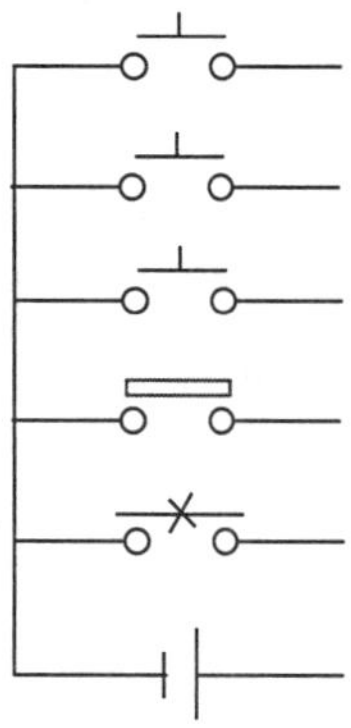 | %IX0.0.0 | 현장 운전용 푸시버튼 스위치 |
| | %IX0.0.1 | 현장 정지용 푸시버튼 스위치 |
| | %IX0.0.2 | 제어실 운전용 푸시버튼 스위치 |
| | %IX0.0.3 | 제어실 정지용 푸시버튼 스위치 |
| | %IX0.0.4 | 열동형 과부하 계전기 a접점 |
| DC24V | COM | %IX0.0.0 ~ %IX0.0.15까지의 Common |

② 출력 리스트

| 심 벌 | 고유번호 | 내 용 |
|---|---|---|
| 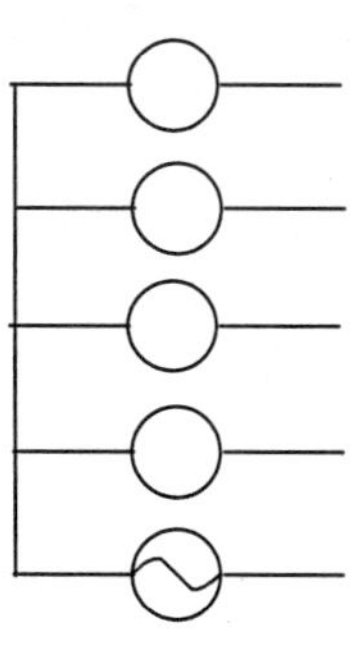 | %QX0.2.0 | 전자 접촉기 |
| | %QX0.2.1 | 운전 표시등 |
| | %QX0.2.2 | 정지 표시등 |
| | %QX0.2.3 | 경보용 부저 |
| AC220V | COM1 | Digital Output Common1(%QX0.2.0 ~ %QX0.2.7) |

PLC의 디지털 입력모듈은 16점, 또는 32점 단위로 Common되어 있으므로 위와 같은 회로에서는 16점 모듈을 선정한다. 16점 중 5점만 사용하고 나머지 접점들은 Spare로 둔다. 디지털 출력모듈도 4점밖에 사용되지 않지만 출력도 16점 모듈을 선정하고 12점은 Spare로 둔다.

PLC에서는 이 입·출력 List가 바로 결선도이다. 유접점 시퀀스와는 달리 시퀀스에 의해 배선(결선)을 하는 것이 아니고 이 입·출력 List에 의해 배선하고 시퀀스 회로를 프로그램화하여 프로그래머나 프로그래밍 TOOL을 사용하여 입력해 주면 된다.

## 12 고유번호

앞의 10항까지는 PLC의 일반적인 사항이며, 11항부터는 본 매뉴얼로 실험하는 PLC인 XGI Series에 대해 설명한다.

아래표는 WSB-37P 장비의 입·출력 번호지정 예이다.

| SLOT | | | 0 | 1 | 2 | 3 | 4 | 5 | 6 | 7 |
|---|---|---|---|---|---|---|---|---|---|---|
| 구성 | POWER | CPU | DC24V 입력 (16점) | DC24V 입력 (16점) | 릴레이 출력 (16점) | 릴레이 출력 (16점) | | | | |
| 번호 할당 | | | %IX 0.0.0 ~ 0.0.15 | %IX 0.1.0 ~ 0.1.15 | %QX 0.2.0 ~ 0.2.15 | %QX 0.3.0 ~ 0.3.15 | | | | |

① 입·출력 번호는 베이스의 슬롯당 64점 고정으로 할당되어 있다.
② 베이스의 각 슬롯은 모듈의 장창여부, 종류에 관계없이 64점씩 할당된다.
③ 특수모듈의 장착위치 및 수량에는 제한이 없다.
④ 특수모듈의 경우 디지털 입·출력 모듈과는 달리 입·출력 번호가 할당되지 않는다.
⑤ 특수모듈은 전용 펑션블록에 의해 제어되며 자동으로 메모리가 할당된다.

# 1. 성능 규격표

<table>
<tr><th colspan="3">항 목</th><th>XGI-CPUE</th><th>XGI-CPUS</th><th>XGI-CPUH</th><th>XGI-CPUU</th><th>XGI-CPUU/D</th><th>비 고</th></tr>
<tr><td colspan="3">연산 방식</td><td colspan="5">반복연산, 정주기 연산, 고정주기 스캔</td><td></td></tr>
<tr><td colspan="3">입·출력 제어 방식</td><td colspan="5">스캔동기 일괄처리 방식(리프레시 방식)<br>명령어에 의한 다이렉트 방식</td><td></td></tr>
<tr><td colspan="3">프로그램 언어</td><td colspan="5">래더 다이어그램(Ladder Diagram)<br>SFC(Sequential Function Chart), ST(Structured Text)</td><td></td></tr>
<tr><td rowspan="4">명령어 수</td><td colspan="2">연산자</td><td colspan="5">18개</td><td></td></tr>
<tr><td colspan="2">기본펑션</td><td colspan="5">136종 + 실수연산 펑션</td><td></td></tr>
<tr><td colspan="2">기본 펑션 블록</td><td colspan="5">43개</td><td></td></tr>
<tr><td colspan="2">전용 펑션 블록</td><td colspan="5">특수기능 모듈별 전용 펑션 블록, 통신전용 펑션 블록(P2P)</td><td></td></tr>
<tr><td rowspan="3">연산 처리 속도 (기본 명령)</td><td colspan="2">기본</td><td>0.084uS/명령어</td><td colspan="4">0.028uS/명령어</td><td></td></tr>
<tr><td colspan="2">MOVE</td><td>0.252uS/명령어</td><td colspan="4">0.084uS/명령어</td><td></td></tr>
<tr><td colspan="2">실수연산</td><td>± : 1.442uS(S),<br>2.87uS(D)<br>X : 1.948uS(S),<br>4.186uS(D)<br>÷ : 1.442uS(S),<br>4.2uS(D)</td><td colspan="4">± : 0.392uS(S), 0.924uS(D)<br>X : 0.896uS(S), 2.240uS(D)<br>÷ : 0.924uS(S), 2.254uS(D)</td><td>S : 단장<br>D : 배장</td></tr>
<tr><td colspan="3">프로그램 메모리 용량</td><td>64KB</td><td>128KB</td><td>512KB</td><td colspan="2">1M</td><td></td></tr>
<tr><td colspan="3">입·출력 점수(설치가능)</td><td>1,536점</td><td>3,072점</td><td colspan="3">6,144점</td><td></td></tr>
<tr><td colspan="3">최대 입·출력 메모리 점수</td><td colspan="2">32,768점</td><td colspan="3">131,072점</td><td></td></tr>
<tr><td rowspan="11">데이터 메모리</td><td colspan="2">자동변수 영역 (A)</td><td>64KB<br>(최대 32KB 리테인 설정 가능)</td><td>128KB<br>(최대 64KB 리테인 설정 가능)</td><td colspan="3">512KB<br>(최대 256KB 리테인 설정 가능)</td><td></td></tr>
<tr><td colspan="2">입력변수(I)</td><td colspan="2">4KB</td><td colspan="3">16KB</td><td></td></tr>
<tr><td colspan="2">출력변수(Q)</td><td colspan="2">4KB</td><td colspan="3">16KB</td><td></td></tr>
<tr><td rowspan="3">직접 변수</td><td>M</td><td>32KB<br>(최대 16KB 리테인 설정 가능)</td><td>128KB<br>(최대 64KB 리테인 설정 가능)</td><td colspan="3">256KB<br>(최대 128KB 리테인 설정 가능)</td><td></td></tr>
<tr><td>R</td><td>32KB X 1블록</td><td>64KB X 1블록</td><td colspan="2">64KB X 2블록</td><td>64KB X 16블록</td><td></td></tr>
<tr><td>W</td><td>32KB</td><td>64KB</td><td colspan="2">128KB</td><td>1,024KB</td><td>R과 동일영역</td></tr>
<tr><td rowspan="5">플래그 변수</td><td>F</td><td colspan="5">4KB</td><td>시스템 플래그</td></tr>
<tr><td>K</td><td colspan="2">4KB</td><td colspan="3">16KB</td><td>PID 운전 영역</td></tr>
<tr><td>L</td><td colspan="5">22KB</td><td>고속링크 플래그</td></tr>
<tr><td>N</td><td colspan="5">42KB</td><td>P2P 파라미터 설정</td></tr>
<tr><td>U</td><td>2KB</td><td>4KB</td><td colspan="3">8KB</td><td>아날로그 데이터 리플레시 영역</td></tr>
<tr><td colspan="3">플래시 영역</td><td>1MB, 16블록</td><td colspan="4">2MB 32블록</td><td>R디바이스 이용</td></tr>
</table>

| 타이머 | | 점수제한 없음.<br>시간범위 : 0.001초 ~ 4,294,967,295초(1,193시간) | | | 1점당 자동변수 영역의 8Byte 점유 |
|---|---|---|---|---|---|
| 카운터 | | 점수제한 없음.<br>계수범위 : 64Bit 표현 범위 | | | 1점당 자동변수 영역의 8Byte 점유 |
| 프로그램 구성 | 총 프로그램 수 | 256개 | | | |
| | 초기화 태스크 | 1개 | | | |
| | 정주기 태스크 | 32개 | | | |
| | 내부 디바이스 태스크 | 32개 | | | |
| 운전 모드 | | RUN, STOP, DEBUG | | | |
| 리스타트 모드 | | 콜드, 웜 | | | |
| 자기진단 기능 | | 연산 지연 감시, 메모리 이상, 입·출력 이상, 배터리 이상, 전원 이상 등 | | | |
| 정전 시 데이터 보존방법 | | 기본 파라미터에서 리테인 영역 설정 | | | |
| 최대 증설 베이스 | | 1단 | 3단 | 7단 | 총연장 15M |
| 내부 소비전류 | | 940mA | | 960mA | |
| 중량 | | 0.12Kg | | | |

## 2. 프로그램 메모리 용량

프로그램 메모리의 저장 내용 및 용량은 다음 표와 같다.

| 항 목 | CPU 타입별 용량 | | | | |
|---|---|---|---|---|---|
| | XGI-CPUE | XGI-CPUS | XGI-CPUH | XGI-CPUU | XGI-CPUU/D |
| 프로그램 메모리 전체 영역 | 2MB | 2MB | 10MB | | |
| 시스템 영역<br>• 시스템 프로그램 영역<br>• 백업 영역 | 512KB | 1MB | 1MB | | |
| 파라미터 영역<br>• 기본 파라미터 영역<br>• I/O 파라미터 영역<br>• 고속 링크 파라미터 영역<br>• P2P 파라미터 영역<br>• 인터럽트 설정 정보 영역<br>• Reserved 영역 | 512KB | 512KB | 1MB | | |
| 실행 프로그램 영역<br>• 스캔 프로그램 영역<br>• 태스크 프로그램 영역 | 128KB | 256KB | 2MB | | |
| 프로그램 보존 영역<br>• 스캔 프로그램 백업 영역<br>• 태스크 프로그램 영역<br>• 업로드 영역<br>• 사용자 정의 펑션/펑션 블록 영역<br>• 변수 초기화 정보 영역<br>• 보존 변수 지정 정보 영역<br>• Reserved 영역 | 384KB | 768KB | 6MB | | |

## 3. 데이터 메모리 용량

데이터 메모리의 저장 내용 및 용량은 다음 표와 같다.

<table>
<tr><th colspan="2">항목</th><th colspan="5">CPU 타입별 용량</th></tr>
<tr><td colspan="2">데이터 메모리 전체 영역</td><td>XGI-CPUE</td><td>XGI-CPUS</td><td>XGI-CPUH</td><td>XGI-CPUU</td><td>XGI-CPUU/D</td></tr>
<tr><td colspan="2" rowspan="2">시스템 영역<br>• I/O 정보 테이블<br>• 강제 입·출력 테이블<br>• Reserved 영역</td><td>512KB</td><td>1MB</td><td colspan="2">2MB</td><td>3MB</td></tr>
<tr><td>238KB</td><td>556KB</td><td colspan="3">770KB</td></tr>
<tr><td rowspan="5">플래그 영역</td><td>시스템 플래그</td><td colspan="5">4KB</td></tr>
<tr><td>아날로그 이미지 플래그</td><td>2KB</td><td>4KB</td><td colspan="3">8KB</td></tr>
<tr><td>PID 플래그</td><td colspan="2">4KB</td><td colspan="3">16KB</td></tr>
<tr><td>고속 링크 플래그</td><td colspan="5">22KB</td></tr>
<tr><td>P2P 플래그</td><td colspan="5">42KB</td></tr>
<tr><td colspan="2">입력 이미지 영역(%I)</td><td colspan="2">4KB</td><td colspan="3">16KB</td></tr>
<tr><td colspan="2">출력 이미지 영역(%Q)</td><td colspan="2">4KB</td><td colspan="3">16KB</td></tr>
<tr><td colspan="2">R/W 영역(%R/%Q)</td><td>32KB</td><td>64KB</td><td colspan="2">128KB</td><td>1024KB</td></tr>
<tr><td colspan="2">직접 변수 영역(%M)</td><td>32KB</td><td>64KB</td><td colspan="3">256KB</td></tr>
<tr><td colspan="2">심볼릭 변수 영역(최대)</td><td>64KB</td><td>128KB</td><td colspan="3">512KB</td></tr>
<tr><td colspan="2">스택 영역</td><td>64KB</td><td>64KB</td><td colspan="3">256KB</td></tr>
</table>

# ⑬ PLC 명령어

## 1. 도구모음

| 기 호 | 단축키 | 기 능 및 명 령 어 |
|---|---|---|
| Esc | Esc | 화살표 모드(선택) |
| F3 | F3 | 평상시 열린 접점(a접점, Normally open contact) |
| F4 | F4 | 평상시 닫힌 접점(b접점, Normally closed contact) |
| sF1 | Shift+F1 | 양변환 검출 접점(Positive transition-sensing contact) |
| sF2 | Shift+F2 | 음변환 검출 접점(Negative transition-sensing contact) |
| F5 | F5 | 가로선 |
| F6 | F6 | 세로선 |
| sF8 | Shift+F8 | 가로선 채우기 |
| sF9 | Shift+F9 | 반전 접점 |
| F9 | F9 | 코일 |
| F11 | F11 | 역코일 |
| sF3 | Shift+F3 | 셋(latch) 코일 |
| sF4 | Shift+F4 | 리셋(unlatch) 코일 |
| sF5 | Shift+F5 | 양변환 검출 코일(Positive transition-sensing coil) |
| sF6 | Shift+F6 | 음변환 검출 접점(Negative transition-sensing coil) |
| F10 | F10 | 펑션/펑션 블록(Function/Function Block) |
| sF7 | Shift+F7 | 확장 펑션 |
| c3 | Ctrl+F3 | 평상시 열린 OR 접점(a접점, Normally open contact) |
| c4 | Ctrl+F4 | 평상시 닫힌 OR 접점(b접점, Normally open contact) |
| c5 | Ctrl+F5 | 양변환 검출 OR 접점(Positive transition-sensing contact) |
| c6 | Ctrl+F6 | 음변환 검출 OR 접점(Negative transition-sensing contact) |

## 2. 펑션블록 라이브러리의 가산 카운터(CTU)

| 심 벌 | 명령어 | 설 명 | 기 능 |
|---|---|---|---|
| 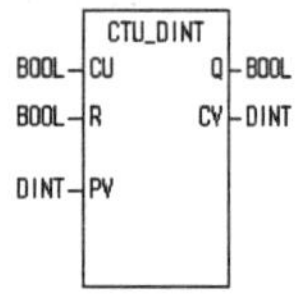 | CTU_DINT | CU : 가산 카운터 입력(BOOL)<br>R : 리셋 입력(BOOL)<br>PV : 설정값(DINT)<br>Q : 가산 카운터 출력(BOOL)<br>CV : 현재값(DINT) | • R이 0이고, CU가 0에서 1이 될 때 가산 카운트 된다.<br>• 리셋입력 R이 1이 되면, 현재값은 0으로 클리어 된다. |
| 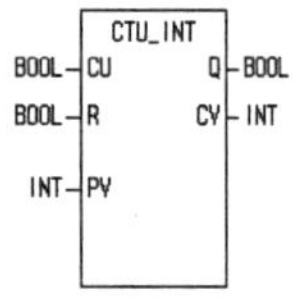 | CTU_INT | CU : 가산 카운터 입력(BOOL)<br>R : 리셋 입력(BOOL)<br>PV : 설정값(INT)<br>Q : 가산 카운터 출력(BOOL)<br>CV : 현재값(INT) | • R이 0이고, CU가 0에서 1이 될 때 가산 카운트 된다.<br>• 리셋입력 R이 1이 되면, 현재값은 0으로 클리어 된다. |
| 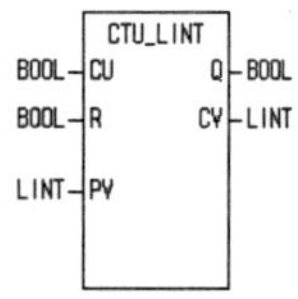 | CTU_LINT | CU : 가산 카운터 입력(BOOL)<br>R : 리셋 입력(BOOL)<br>PV : 설정값(LINT)<br>Q : 가산 카운터 출력(BOOL)<br>CV : 현재값(LINT) | • R이 0이고, CU가 0에서 1이 될 때 가산 카운트 된다.<br>• 리셋입력 R이 1이 되면, 현재값은 0으로 클리어 된다. |
| 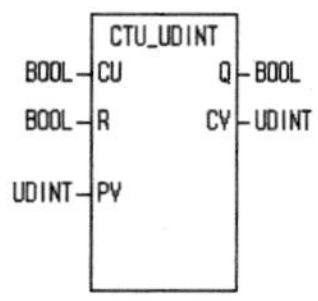 | CTU_UDINT | CU : 가산 카운터 입력(BOOL)<br>R : 리셋 입력(BOOL)<br>PV : 설정값(UDINT)<br>Q : 가산 카운터 출력(BOOL)<br>CV : 현재값(UDINT) | • R이 0이고, CU가 0에서 1이 될 때 가산 카운트 된다.<br>• 리셋입력 R이 1이 되면, 현재값은 0으로 클리어 된다. |
| 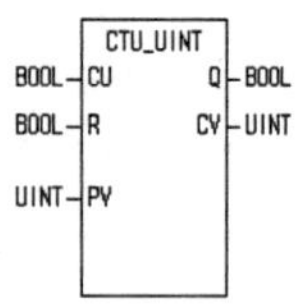 | CTU_UINT | CU : 가산 카운터 입력(BOOL)<br>R : 리셋 입력(BOOL)<br>PV : 설정값(UINT)<br>Q : 가산 카운터 출력(BOOL)<br>CV : 현재값(UINT) | • R이 0이고, CU가 0에서 1이 될 때 가산 카운트 된다.<br>• 리셋입력 R이 1이 되면, 현재값은 0으로 클리어 된다. |
| 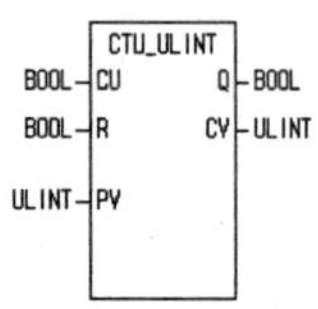 | CTU_ULINT | CU : 가산 카운터 입력(BOOL)<br>R : 리셋 입력(BOOL)<br>PV : 설정값(UINT)<br>Q : 가산 카운터 출력(BOOL)<br>CV : 현재값(UINT) | • R이 0이고, CU가 0에서 1이 될 때 가산 카운트 된다.<br>• 리셋입력 R이 1이 되면, 현재값은 0으로 클리어 된다. |

## 3. 펑션블록 라이브러리의 감산 카운터(CTD)

| 심 벌 | 명령어 | 설 명 | 기 능 |
|---|---|---|---|
| 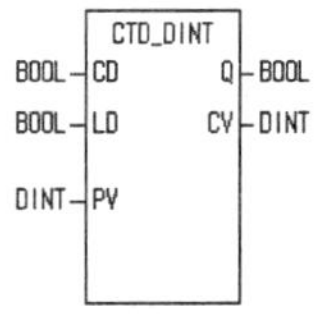 | CTD_DINT | CD : 감산 카운터 입력(BOOL)<br>LD : 설정값 LOAD 입력(BOOL)<br>PV : 설정값(DINT)<br>Q : 감산 카운터 출력(BOOL)<br>CV : 현재값(DINT) | • LD가 1이 되면 현재값 CV=PV가 된다. LD가 0이고, CD가 0에서 1이 될 때 감산 카운트 된다.<br>• 출력Q는 CV가 0 이하일 때 1이 된다. 설정값은 −2147483648 ~ 2147483647까지 설정 가능하다. |
| 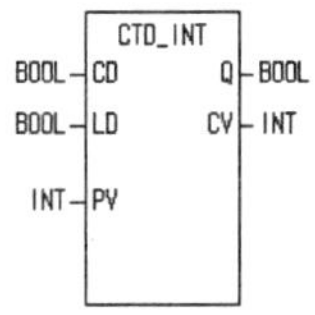 | CTD_INT | CD : 감산 카운터 입력(BOOL)<br>LD : 설정값 LOAD 입력(BOOL)<br>PV : 설정값(INT)<br>Q : 감산 카운터 출력(BOOL)<br>CV : 현재값(INT) | • LD가 1이 되면 현재값 CV=PV가 된다. LD가 0이고, CD가 0에서 1이 될 때 감산 카운트 된다.<br>• 출력Q는 CV가 0 이하일 때 1이 된다. 설정값은 −32768 ~ 32767까지 설정 가능하다. |
| 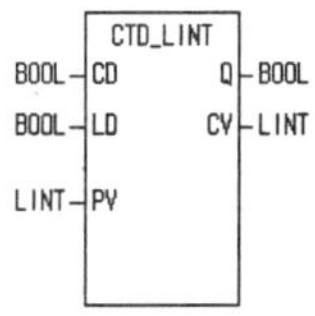 | CTD_LINT | CD : 감산 카운터 입력(BOOL)<br>LD : 설정값 LOAD 입력(BOOL)<br>PV : 설정값(LINT)<br>Q : 감산 카운터 출력(BOOL)<br>CV : 현재값(LINT) | • LD가 1이 되면 현재값 CV=PV가 된다. LD가 0이고, CD가 0에서 1이 될 때 감산 카운트 된다.<br>• 출력Q는 CV가 0 이하일 때 1이 된다. 설정값은 $-2^{63}$ ~ $2^{63}-1$까지 설정 가능하다. |
| 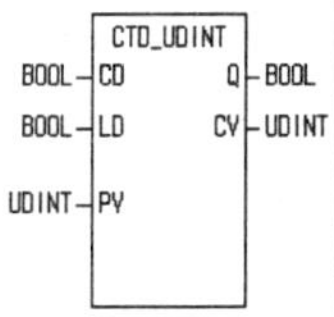 | CTD_UDINT | CD : 감산 카운터 입력(BOOL)<br>LD : 설정값 LOAD 입력(BOOL)<br>PV : 설정값(UDINT)<br>Q : 감산 카운터 출력(BOOL)<br>CV : 현재값(UDINT) | • LD가 1이 되면 현재값 CV=PV가 된다. LD가 0이고, CD가 0에서 1이 될 때 감산 카운트 된다.<br>• 출력Q는 CV가 0 이하일 때 1이 된다. 설정값은 0 ~ 4294967295까지 설정 가능하다. |
| 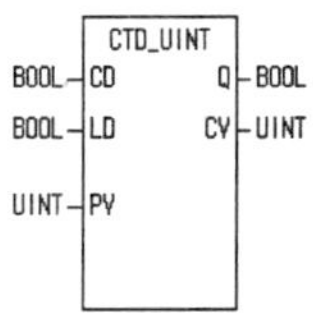 | CTD_UINT | CD : 감산 카운터 입력(BOOL)<br>LD : 설정값 LOAD 입력(BOOL)<br>PV : 설정값(UINT)<br>Q : 감산 카운터 출력(BOOL)<br>CV : 현재값(UINT) | • LD가 1이 되면 현재값 CV=PV가 된다. LD가 0이고, CD가 0에서 1이 될 때 감산 카운트 된다.<br>• 출력Q는 CV가 0 이하일 때 1이 된다. 설정값은 0 ~ 65535까지 설정 가능하다. |
| 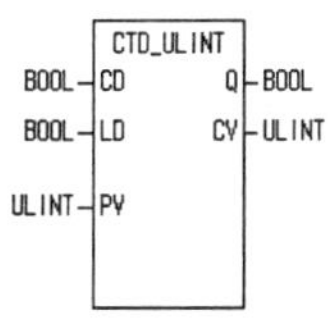 | CTD_ULINT | CD : 감산 카운터 입력(BOOL)<br>LD : 설정값 LOAD 입력(BOOL)<br>PV : 설정값(ULINT)<br>Q : 감산 카운터 출력(BOOL)<br>CV : 현재값(ULINT) | • LD가 1이 되면 현재값 CV=PV가 된다. LD가 0이고, CD가 0에서 1이 될 때 감산 카운트 된다.<br>• 출력Q는 CV가 0 이하일 때 1이 된다. 설정값은 0 ~ $2^{64}-1$까지 설정 가능하다. |

## 4. 펑션블록 라이브러리의 가감산 카운터(CTUD)

| 심 벌 | 명령어 | 설 명 | 기 능 |
|---|---|---|---|
| 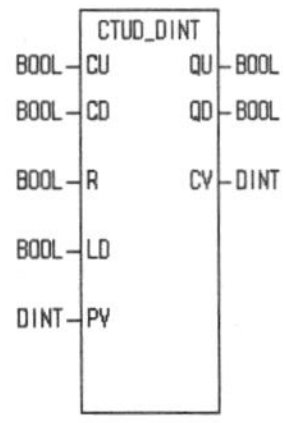 | CTUD_DINT | CU : 가산 카운터 입력(BOOL)<br>CD : 감산 카운터 입력(BOOL)<br>R : 리셋 입력(BOOL)<br>LD : 설정값 LOAD 입력(BOOL)<br>PV : 설정값(DINT)<br>QU : 가산 카운터 출력(BOOL)<br>QD : 감산 카운터 출력(BOOL)<br>CV : 현재값(DINT) | • R이 0이고, CU가 0에서 1이 될 때 가산 카운트 된다.<br>• LD가 1이 되면 현재값 CV=PV가 된다. LD가 0이고, CD가 0에서 1이 될 때 감산 카운트 된다.<br>• 출력QU는 CV≥PV일 때 1이 된다.<br>• 출력QD는 CV가 0 이하일 때 1이 된다. 설정값은 −2147483648 ~ 2147483647 까지 설정 가능하다. |
| 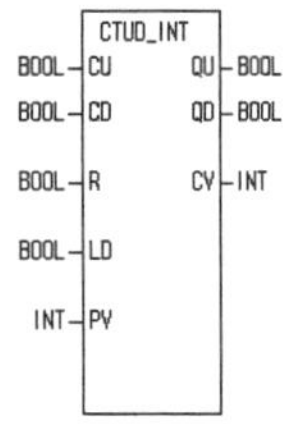 | CTUD_INT | CU : 가산 카운터 입력(BOOL)<br>CD : 감산 카운터 입력(BOOL)<br>R : 리셋 입력(BOOL)<br>LD : 설정값 LOAD 입력(BOOL)<br>PV : 설정값(INT)<br>QU : 가산 카운터 출력(BOOL)<br>QD : 감산 카운터 출력(BOOL)<br>CV : 현재값(INT) | • R이 0이고, CU가 0에서 1이 될 때 가산 카운트 된다.<br>• LD가 1이 되면 현재값 CV=PV가 된다. LD가 0이고, CD가 0에서 1이 될 때 감산 카운트 된다.<br>• 출력QU는 CV≥PV일 때 1이 된다.<br>• 출력QD는 CV가 0 이하일 때 1이 된다. 설정값은 −32768 ~ 32767까지 설정 가능하다. |
| 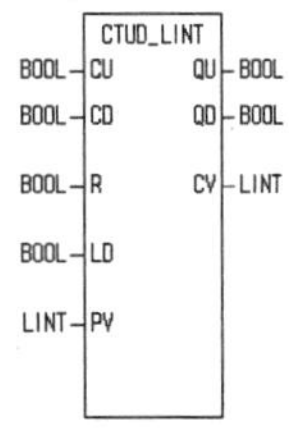 | CTUD_LINT | CU : 가산 카운터 입력(BOOL)<br>CD : 감산 카운터 입력(BOOL)<br>R : 리셋 입력(BOOL)<br>LD : 설정값 LOAD 입력(BOOL)<br>PV : 설정값(LINT)<br>QU : 가산 카운터 출력(BOOL)<br>QD : 감산 카운터 출력(BOOL)<br>CV : 현재값(LINT) | • LD가 1이되면 현재값 CV=PV가 된다. LD가 0이고, CD가 0에서 1이 될 때 감산 카운트 된다.<br>• 출력Q는 CV가 0 이하일 때만 1이 된다. 설정값은 $-2^{63}$ ~ $2^{63}-1$까지 설정가능하다. |
| 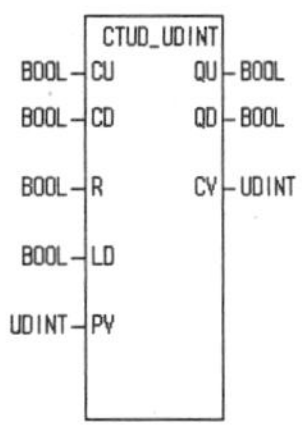 | CTUD_UDINT | CU : 가산 카운터 입력(BOOL)<br>CD : 감산 카운터 입력(BOOL)<br>R : 리셋 입력(BOOL)<br>LD : 설정값 LOAD 입력(BOOL)<br>PV : 설정값(UDINT)<br>QU : 가산 카운터 출력(BOOL)<br>QD : 감산 카운터 출력(BOOL)<br>CV : 현재값(UDINT) | • R이 0이고, CU가 0에서 1이 될 때 가산 카운트 된다.<br>• LD가 1이 되면 현재값 CV=PV가 된다. LD가 0이고, CD가 0에서 1이 될 때 감산 카운트 된다.<br>• 출력QU는 CV≥PV일 때 1이 된다.<br>• 출력QD는 CV가 0 이하일 때 1이 된다. 설정값은 0 ~ 4294967295까지 설정 가능하다. |
| 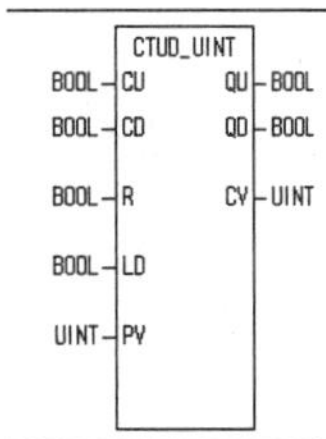 | CTUD_UINT | CU : 가산 카운터 입력(BOOL)<br>CD : 감산 카운터 입력(BOOL)<br>R : 리셋 입력(BOOL)<br>LD : 설정값 LOAD 입력(BOOL)<br>PV : 설정값(UINT)<br>QU : 가산 카운터 출력(BOOL)<br>QD : 감산 카운터 출력(BOOL)<br>CV : 현재값(UINT) | • R이 0이고, CU가 0에서 1이 될 때 가산 카운트 된다.<br>• LD가 1이 되면 현재값 CV=PV가 된다. LD가 0이고, CD가 0에서 1이 될 때 감산 카운트 된다.<br>• 출력QU는 CV≥PV일 때 1이 된다.<br>• 출력QD는 CV가 0 이하일 때 1이 된다. 설정값은 0 ~ 65535까지 설정 가능하다. |
| 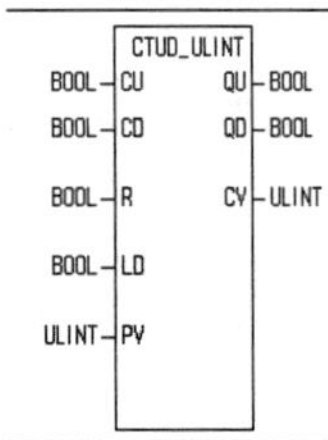 | CTUD_ULINT | CU : 가산 카운터 입력(BOOL)<br>CD : 감산 카운터 입력(BOOL)<br>R : 리셋 입력(BOOL)<br>LD : 설정값 LOAD 입력(BOOL)<br>PV : 설정값(ULINT)<br>QU : 가산 카운터 출력(BOOL)<br>QD : 감산 카운터 출력(BOOL)<br>CV : 현재값(ULINT) | • R이 0이고, CU가 0에서 1이 될 때 가산 카운트 된다.<br>• LD가 1이 되면 현재값 CV=PV가 된다. LD가 0이고, CD가 0에서 1이 될 때 감산 카운트 된다.<br>• 출력QU는 CV≥PV일 때 1이 된다.<br>• 출력QD는 CV가 0 이하일 때 1이 된다. 설정값은 0 ~ $2^{64}-1$까지 설정 가능하다. |

## 5. 펑션블록 라이브러리의 타이머

| 심 벌 | 명령어 | 설 명 | 기 능 |
|---|---|---|---|
| 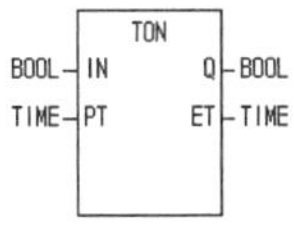 | TON | • On Delay 타이머<br>IN : 타이머 기동조건(BOOL)<br>PT : 설정시간(TIME)<br>Q : 타이머 출력(BOOL)<br>ET : 경과시간(TIME) | • IN이 1이 된 후부터 PT에서 설정한 설정시간이 경과한 후 Q가 1이 된다.<br>• IN이 0이 되면 Q는 0이 된다. |
| 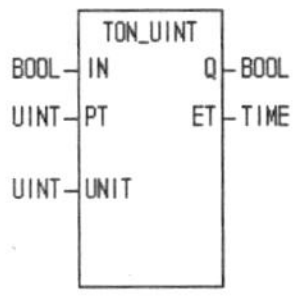 | TON_UINT | • On Delay 타이머<br>IN : 타이머 기동조건(BOOL)<br>PT : 설정시간(UINT)<br>UINT : 설정시간의 시간단위 (UINT)<br>Q : 타이머 출력(BOOL)<br>ET : 경과시간(TIME) | • IN이 1이 된 후부터 PT에서 설정한 설정시간이 경과한 후 Q가 1이 된다.<br>• IN이 0이 되면 Q는 0이 된다.<br>• 설정시간은 PT X UINT[mS]가 된다. |
| 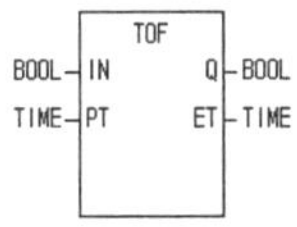 | TOF | • Off Delay 타이머<br>IN : 타이머 기동조건(BOOL)<br>PT : 설정시간(TIME)<br>Q : 타이머 출력(BOOL)<br>ET : 경과시간(TIME) | • IN이 1이 되면 Q가 1이 되며, IN이 1에서 0이 된 후부터 PT에서 설정한 설정시간이 경과한 후 Q가 0이 된다. |
| 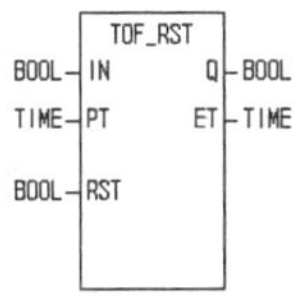 | TOF_RST | • Off Delay 타이머<br>IN : 타이머 기동조건(BOOL)<br>PT : 설정시간(TIME)<br>RST : 리셋 입력(BOOL)<br>Q : 타이머 출력(BOOL)<br>ET : 경과시간(TIME) | • IN이 1이 되면 Q가 1이 되며, IN이 1에서 0이 된 후부터 PT에서 설정한 설정시간이 경과한 후 Q가 0이 된다.<br>• RST가 1이 되면 Q는 0이 되고 경과시간도 0이 된다. |
| 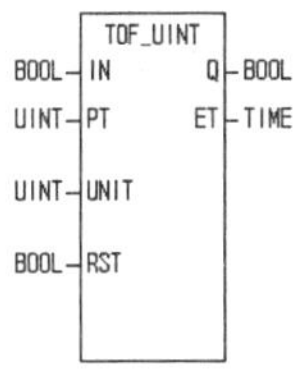 | TOF_UINT | • Off Delay 타이머<br>IN : 타이머 기동조건(BOOL)<br>PT : 설정시간(UINT)<br>UINT : 설정시간의 시간 단위 (UINT)<br>RST : 리셋 입력(BOOL)<br>Q : 타이머 출력(BOOL)<br>ET : 경과시간(TIME) | • IN이 1이 되면 Q가 1이 되며, IN이 1에서 0이 된 후부터 PT에서 설정한 설정시간이 경과한 후 Q가 0이 된다.<br>• RST가 1이 되면 Q는 0이 되고 경과시간도 0이 된다.<br>• 설정시간은 PT X UINT[mS]가 된다. |
| 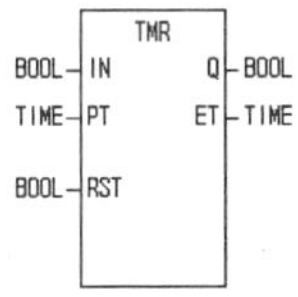 | TMR | • 적산 타이머<br>IN : 타이머 기동조건(BOOL)<br>PT : 설정시간(TIME)<br>RST : 리셋 입력(BOOL)<br>Q : 타이머 출력(BOOL)<br>ET : 경과시간(TIME) | • IN이 1이 된 후부터 PT에서 설정한 설정시간이 경과한 후 Q가 1이 된다.<br>• IN이 0이 되면 경과시간은 현재의 시간이 유지되며, IN이 다시 1이 되면 경과시간이 다시 증가되고 설정시간이 경과한 후 Q는 1이 된다.<br>• RST가 1이 되면 Q는 0이 되고 경과시간도 0이 된다. |
| 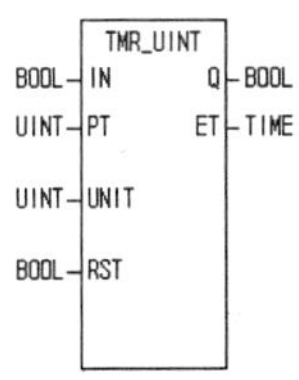 | TMR_UINT | • 적산 타이머<br>IN : 타이머 기동조건(BOOL)<br>PT : 설정시간(UINT)<br>UINT : 설정시간의 시간단위 (UINT)<br>RST : 리셋 입력(BOOL)<br>Q : 타이머 출력(BOOL)<br>ET : 경과시간(TIME) | • IN이 1이 된 후부터 PT에서 설정한 설정시간이 경과한 후 Q가 1이 된다.<br>• IN이 0이 되면 경과시간은 현재의 시간이 유지되며, IN이 다시 1이 되면 경과시간이 다시 증가되고 설정시간이 경과한 후 Q는 1이 된다.<br>• RST가 1이 되면 Q는 0이 되고 경과시간도 0이 된다.<br>• 설정시간은 PT X UINT[mS]가 된다. |

| 심 벌 | 명령어 | 설 명 | 기 능 |
|---|---|---|---|
| 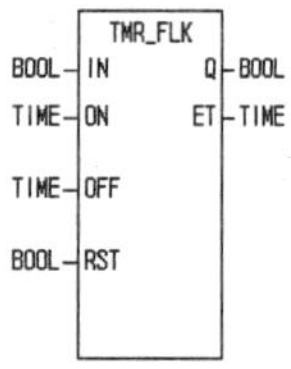 | TMR_FLK | • 점멸 타이머<br>IN : 타이머 기동조건(BOOL)<br>ON : ON 설정시간(TIME)<br>OFF : OFF 설정시간(TIME)<br>Q : 타이머 출력(BOOL)<br>ET : 경과시간(TIME) | • IN이 1이 되면 Q가 1이 되며, ON에서 설정한 시간만큼 Q는 1을 유지한다.<br>• ON에서 설정한 시간이 경과하면 OFF에서 설정한 시간만큼 Q는 0이 된다.<br>• IN이 0이 되면 동작이 정지되고, IN이 0인 동안 중지된 시간을 유지하다가 IN이 다시 1이 되면 정지된 시간부터 다시 타이머가 동작한다.<br>• IN이 0인 동안 Q는 0이 된다. |

## 6. 펑션

| 구분 | 명령어 | 심 벌 | 기 능 설 명 |
|---|---|---|---|
| 전송 펑션 | MOVE | 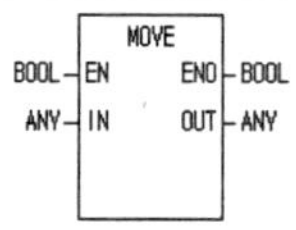 | 데이터전송<br>IN : 전송할 데이터(모든형식)<br>OUT : 전송될 레지스터(모든형식) |
| 변환 펑션 | ***_TO_*** | 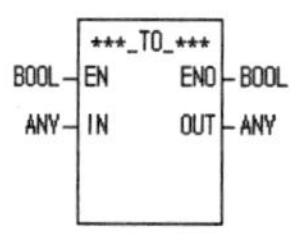 | 데이터 형식 변환 펑션<br>IN : 타입 변환할 데이터<br>OUT : 타입 변환된 데이터<br>EN : 1일 때 펑션 실행<br>ENO : EN값 그대로 출력<br><br>[종류]<br>SINT_TO_INT 외 14종<br>INT_TO_SINT 외 14종<br>BOOL_TO_SINT 외 12종<br>BYTE_TO_SINT 외 12종<br>WORD_TO_SINT 외 13종<br>BCD_TO_SINT 외 7종<br>그외 생략 |
| 수치연산 | ADD | 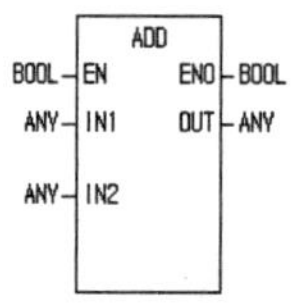 | 덧셈 펑션<br>IN1~IN8 : 더할 값<br>OUT : 결괏값<br>OUT=IN1+IN2+ … +IN8 |
| | SUB | 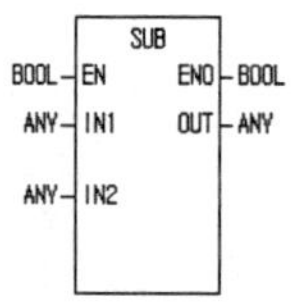 | 뺄셈 펑션<br>IN1 : 연산원 IN2 : 뺄 값<br>OUT : 결괏값 OUT=IN1-IN2 |
| | MUL | 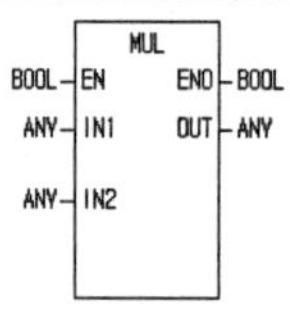 | 곱셈 펑션<br>IN1~IN8 : 곱할 값<br>OUT : 결괏값<br>OUT=IN1*IN2* … *IN8 |
| | DIV | 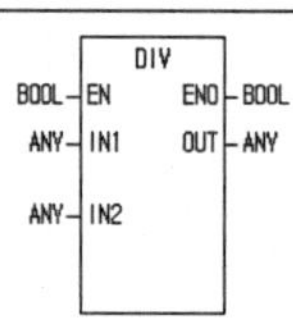 | 나눗셈 펑션(몫)<br>IN1 : 연산원 IN2 : 나눌 값<br>OUT : 결괏값(몫) OUT=IN1/IN2 |

| 구분 | 명령어 | 심 벌 | 기 능 설 명 |
|---|---|---|---|
| 수치연산 | MOD | 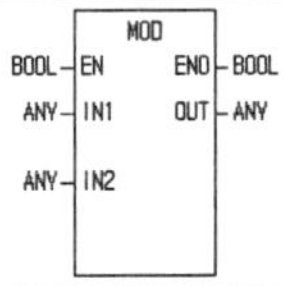 | 나눗셈 펑션(나머지)<br>IN1 : 연산원 IN2 : 나눌 값<br>OUT : 결괏값(나머지) OUT=IN1/IN2<br>EN : 1일 때 펑션 실행 |
| | ABS | 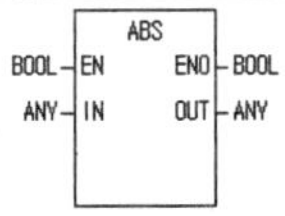 | 절댓값 연산<br>IN : 절댓값 연산 입력 OUT : 결괏값<br>EN : 1일 때 펑션 실행 ENO : EN값 그대로 출력 |
| 회전펑셔 | ROL | 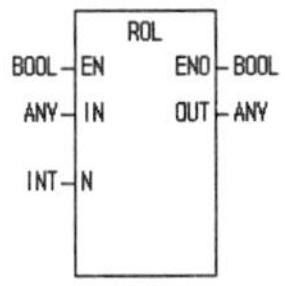 | 비트열 왼쪽으로 회전<br>IN : 회전될 값 N : 회전할 비트수<br>OUT : 회전된 값 ENO : EN값 그대로 출력 |
| | ROR | 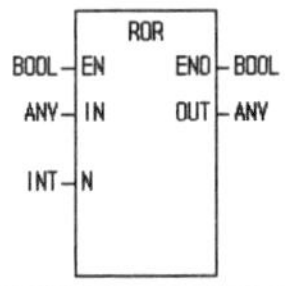 | 비트열 오른쪽으로 회전<br>IN : 회전될 값 N : 회전할 비트수<br>OUT : 회전된 값 ENO : EN값 그대로 출력 |
| 이동펑션 | SHL | 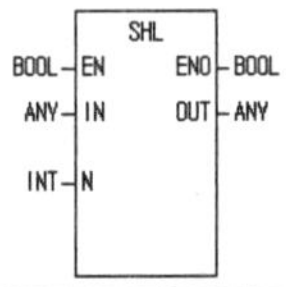 | 왼쪽으로 이동<br>IN : 이동될 값 N : 이동할 비트수<br>OUT : 이동된 값 ENO : EN값 그대로 출력 |
| | SHR | 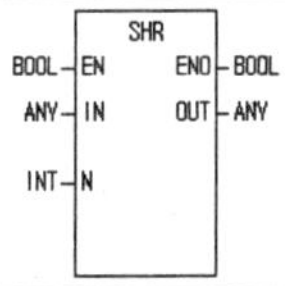 | 오른쪽으로 이동<br>IN : 이동될 값 N : 이동할 비트수<br>OUT : 이동된 값 ENO : EN값 그대로 출력 |
| 논리펑션 | AND | 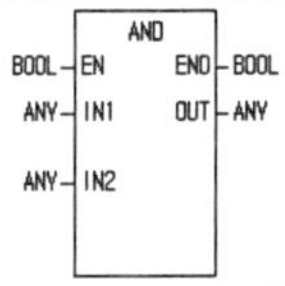 | 논리곱<br>IN1~IN8 : AND될 값<br>OUT : AND된 값<br>EN : 1일 때 펑션 실행<br>IN1~IN8, OUT은 모두 같은 타입이어야 함 |
| | OR | 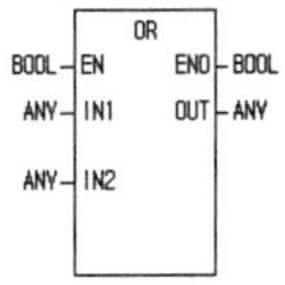 | 논리합<br>IN1~IN8 : OR될 값<br>OUT : OR된 값<br>EN : 1일 때 펑션 실행<br>IN1~IN8, OUT은 모두 같은 타입이어야 함 |
| | XOR | 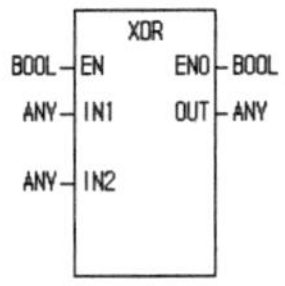 | 배타적 논리합<br>IN1~IN8 : XOR될 값<br>OUT : XOR된 값<br>EN : 1일 때 펑션 실행<br>IN1~IN8, OUT은 모두 같은 타입이어야 함 |
| | NOT | 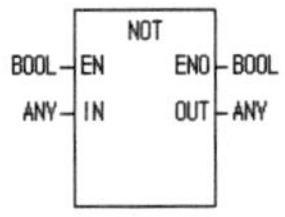 | 논리반전<br>IN : 반전될 값<br>OUT : 반전된 값<br>EN : 1일 때 펑션 실행 |

| 구분 | 명령어 | 심 벌 | 기 능 설 명 |
|---|---|---|---|
| 비교 펑션 | GT | 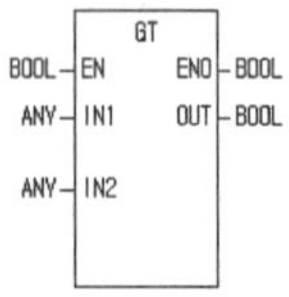 | EN : 명령어 실행 접점<br>IN1 : 비교할 값 또는 데이터가 저장되어 있는 Device명<br>IN2 : 비교할 기준값 또는 데이터가 저장되어 있는 Device명<br>ENO : 실행접점이 On될 때 입력이 그대로 출력<br>OUT : IN1에 입력값이 IN2보다 클 때 출력(IN1>IN2)<br>최대 입력수량 : 8개(IN1~IN8) |
| | GE | 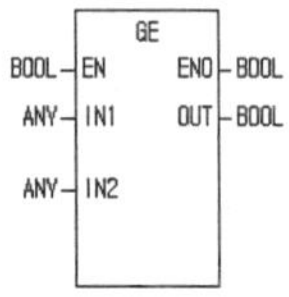 | EN : 명령어 실행 접점<br>IN1 : 비교할 값 또는 데이터가 저장되어 있는 Device명<br>IN2 : 비교할 기준값 또는 데이터가 저장되어 있는 Device명<br>ENO : 실행접점이 On될 때 입력이 그대로 출력<br>OUT : IN1에 입력값이 IN2보다 크거나 같을 때 출력(IN1≥IN2)<br>최대 입력수량 : 8개(IN1~IN8) |
| | EQ | 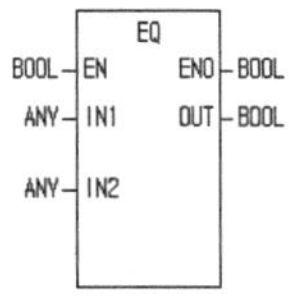 | EN : 명령어 실행 접점<br>IN1 : 비교할 값 또는 데이터가 저장되어 있는 Device명<br>IN2 : 비교할 기준값 또는 데이터가 저장되어 있는 Device명<br>ENO : 실행접점이 On될 때 입력이 그대로 출력<br>OUT : IN1에 입력값이 IN2와 같을 때 출력(IN1=IN2)<br>최대 입력수량 : 8개(IN1~IN8) |
| | LT | 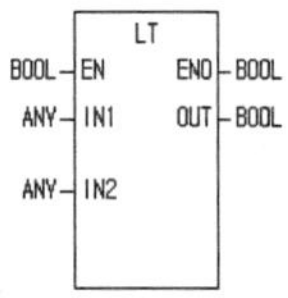 | EN : 명령어 실행 접점<br>IN1 : 비교할 값 또는 데이터가 저장되어 있는 Device명<br>IN2 : 비교할 기준값 또는 데이터가 저장되어 있는 Device명<br>ENO : 실행접점이 On될 때 입력이 그대로 출력<br>OUT : IN1에 입력값이 IN2보다 작을 때 출력(IN1<IN2)<br>최대 입력수량 : 8개(IN1~IN8) |
| | LE | 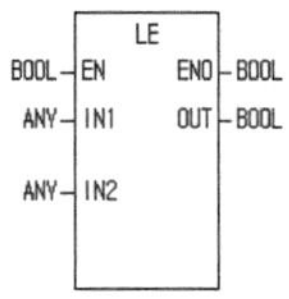 | EN : 명령어 실행 접점<br>IN1 : 비교할 값 또는 데이터가 저장되어 있는 Device명<br>IN2 : 비교할 기준값 또는 데이터가 저장되어 있는 Device명<br>ENO : 실행접점이 On될 때 입력이 그대로 출력<br>OUT : IN1에 입력값이 IN2보다 작거나 같을 때 출력(IN1≤IN2)<br>최대 입력수량 : 8개(IN1~IN8) |
| | NE | 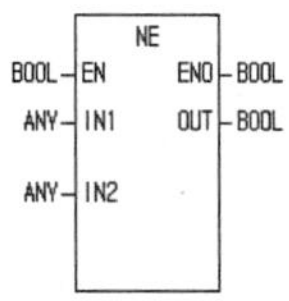 | EN : 명령어 실행 접점<br>IN1 : 비교할 값 또는 데이터가 저장되어 있는 Device명<br>IN2 : 비교할 기준값 또는 데이터가 저장되어 있는 Device명<br>ENO : 실행접점이 On될 때 입력이 그대로 출력<br>OUT : IN1에 입력값이 IN2와 같지 않을 때 출력(IN1≠IN2)<br>최대 입력수량 : 8개(IN1~IN8) |
| 분기 펑션 | MCS | 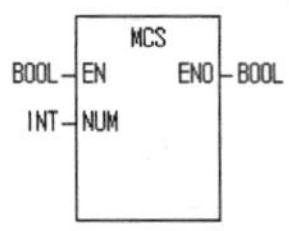 | MCS.<br>EN : 1일 때 펑션 실행<br>NUM : MCS 수(0~15)<br>OUT : 출력(BOOL) |
| | MCSCLR | 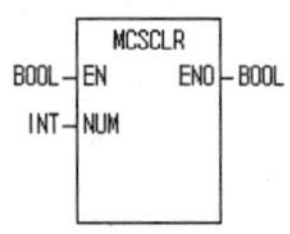 | MCSCLR.<br>EN : 1일 때 펑션 실행<br>NUM : MCS 수(0~15)<br>OUT : 출력(BOOL)<br>MCS와 MCSCLR을 쌍으로 사용함 |

# 14 연산처리

## 1. 연산방식

### 1) 반복 연산 방식

PLC의 기본적인 프로그램 수행 방식으로 작성된 프로그램을 처음부터 마지막 스텝까지 반속적으로 연산이 수행되며 이 과정을 프로그램 스캔이라고 한다.
이와 같이 수행이 되는 일련의 처리를 반복연산 방식이라 하기도하고 사이클릭 연산방식이라고도 한다. PLC의 반복 연산은 프로그램 수행 과정을 단계별로 구분하면 아래와 같다.

| 단 계 | 처 리 내 용 |
|---|---|
| 운전시작 | - |
| 초기화 처리 | 스캔처리를 시작하기 위한 단계로 전원을 투입한 경우 또는 리셋을 실행한 경우에 한번 수행하며 다음과 같은 처리를 수행한다.<br>1. 입·출력 모듈 리셋<br>2. 자기진단 실행<br>3. 데이터 클리어<br>4. 입·출력 모듈의 번지할당 및 종류등록 |
| 입력 이미지 영역 리프레시 | 프로그램의 연산을 시작하기 전에 입력 모듈의 상태를 읽어 입력 이미지 영역에 저장한다. |
| 프로그램 연산처리<br>프로그램 시작<br>…<br>…<br>프로그램 마지막 | 프로그램의 시작부터 마지막 스텝까지 순서대로 연산을 수행한다. |
| 출력 이미지 영역 리프레시 | 프로그램의 연산이 종료되면 출력 이미지 영역에 저장되어 있는 내용을 출력 모듈에 출력한다. |
| END 처리 | CPU 모듈이 1스캔 처리를 종료한 후 처음 스텝으로 돌아가기 위한 처리단계로 다음과 같은 처리를 수행한다.<br>1. 타이머, 카운터 등의 현재 값 갱신<br>2. 사용자 이벤트, 데이터 트레이스 서비스 수행<br>3. 자기진단 실행<br>4. 고속링크, P2P 서비스 수행<br>5. 모드설정 키스위치 상태 점검 |

1스캔타임이란 프로그램의 최초 스텝부터 마지막 스텝까지 실행하는데 소유되는 시간을 말하며 사이클 타임이라고도 한다. 즉 프로그램 메모리에 격납된 명령을 스텝번호 순으로 직렬처리 하는데 이처럼 릴레이 시퀀스 회로(병렬처리)와 같이 동작되는 이유는 PLC의 스캔타임이 릴레이 동작시간 이나 복귀시간과 같거나 빠르기 때문이다. XGI PLC는 연산 전용 프로세서를 내장하여 0.028㎲/Step이다.

### 2) 인터럽트 연산방식(정주기, 내부 디바이스 기동)

PLC 프로그램의 실행 중에 긴급하게 우선적으로 처리해야 할 상황이 발생한 경우에 수행 중인 프로그램 연산을 일시 중단하고 즉시 인터럽트 프로그램에 해당하는 연산을 처리하는 방식이다. 이러한 긴급 상황을 CPU 모듈에 알려주는 신호를 인터럽트 신호라 하며 정해진 시간마다 기동 하는 정주기 연산방식이 있다. 그 외에 내부의 지정된 디바이스의 상태 변화에 따라서 기동하는 내부 디바이스 기동 프로그램이 있다.

### 3) 고정주기 스캔(Constant Scan)

스캔 프로그램을 정해진 시간마다 수행하는 연산방식이다. 스캔 프로그램을 모두 수행한 후 잠시 대기하였다가 지정된 시간이 되면 프로그램 스캔을 재개한다. 정주기 프로그램과의 차이는 입·출력의 갱신과 동기를 맞추어 수행하는 것이다. 고정주기 운전에 스캔타임은 대기시간을 뺀 순수 프로그램 처리시간을 표시한다. 스캔타임이 설정된 '고정주기'보다 큰 경우는 '_CONSTANT_ER' 플래그가 On 된다.

### 4) 순시정전 시 연산처리

CPU 모듈은 전원모듈에 공급되는 입력전원이 규격보다 낮게 되었을 때 순시정전을 검출하여 다음과 같은 연산처리를 수행한다.

① 20ms 이하의 순시정전이 발생한 경우

㉠ 순시정전이 발생했을 때의 출력상태를 유지한 채로 연산을 중단한다.

㉡ 순시정전이 해제되면 연산을 속행한다.

㉢ 전원모듈의 출력전압은 규격내(5V)를 유지한다.

㉣ 연산이 중지된 경우에도 타이머 계측 및 인터럽트 타이머 계측은 정상 실행한다.

② 20ms 이상의 순시정전이 발생한 경우

전원 투입 시와 같이 재기동 처리한다.

**참고 순시정전이란?**

전원조건에서 PLC가 규정하는 공급전원의 전압이 허용변동범위를 초과하여 저하된 상태를 말하며 단시간(수ms ~ 수십ms) 정전을 순시정전이라 한다.

### 5) 타이머 처리

타이머는 계측시간에 따라 현재 값을 증가시키는 가산식 타이머(ON 딜레이 타이머), 현재 값을 감산시키는 감산식 타이머(OFF 딜레이 타이머), 현재 값을 누적하는 적산 타이머가 있다. 설정범위는 1[ms] 단위로 0.001초 ~ 4,294,967.295초(1,193시간)까지 설정할 수 있다.

① ON 딜레이 타이머

입력조건이 On하면 타이머 경과시간이 갱신되며, 경과시간이 설정시간에 도달하면 타이머의 출력접점 Q가 On된다.

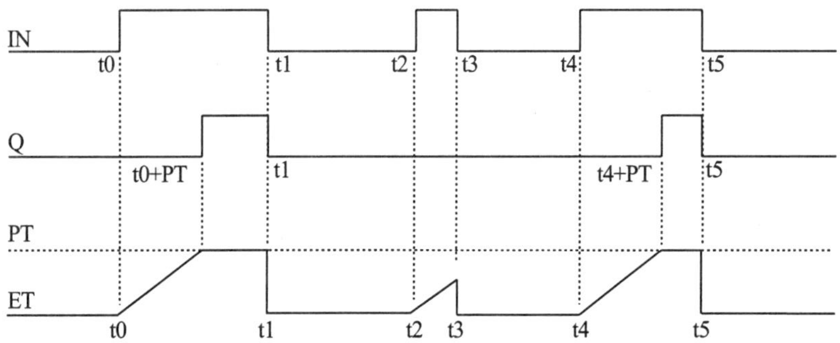


② OFF 딜레이 타이머

입력조건이 On하면 타이머의 출력접점(Q)은 On되고, 입력조건이 Off하면 타이머의 경과시간을 갱신하며, 경과시간이 설정시간에 도달하면(경과시간=설정시간)출력접점 Q가 Off된다.

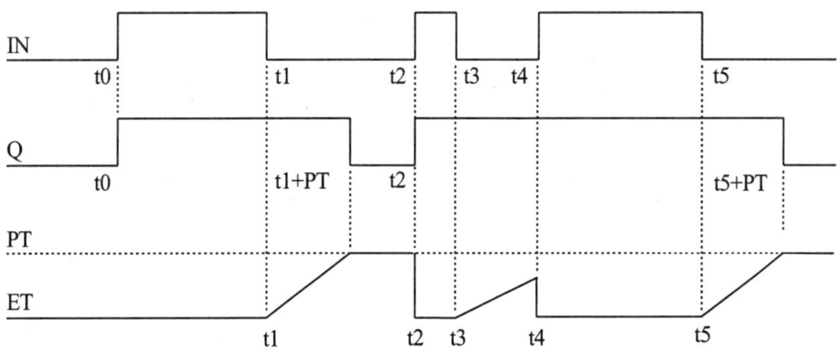

③ 적산 타이머

입력조건이 On하면 타이머 경과시간이 갱신되며, 입력조건이 Off하면 경과시간이 유지된다. 다시 입력조건이 On하면 경과시간이 누적되어 갱신되며, 설정시간에 도달하면 타이머의 출력 접점 Q가 On된다. 리셋 입력이 On하면 경과시간이 0으로 리셋 된다.

## 15 PLC의 운전모드

CPU 모듈의 동작 상태에는 RUN 모드, STOP 모드, DEBUG 모드 등 3종류가 있다.

### 1. RUN 모드

프로그램 연산을 정상적으로 수행하는 모드이다.

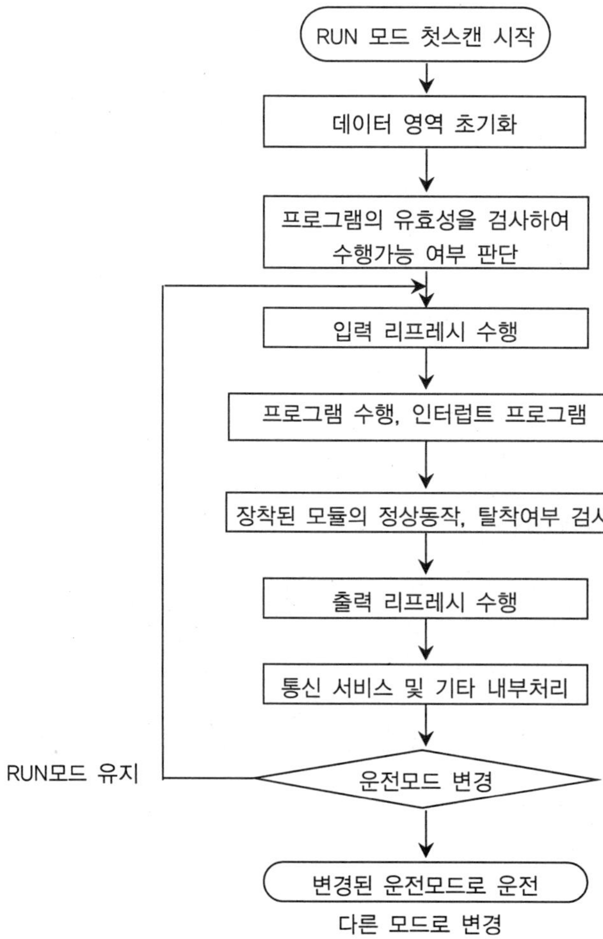

### 1) 모드 변경 시 처리

시작 시에 데이터 영역의 초기화가 수행되며, 프로그램의 유효성을 검사하여 수행 가능 여부를 판단한다.

### 2) 연산처리 내용

입·출력 리프레시와 프로그램의 연산을 수행한다.

① 인터럽트 프로그램의 기동조건을 감지하여 인터럽트 프로그램을 수행한다.
② 장착된 모듈의 정상 동작, 탈착여부를 검사한다.
③ 통신 서비스 및 기타 내부 처리를 한다.

## 2. STOP 모드

프로그램 연산을 하지 않고 정지 상태인 모드이다.
리모트 STOP 모드에서만 XG5000을 통한 프로그램의 전송이 가능하다.

### 1) 모드 변경 시 처리

출력 이미지 영역을 소거하고 출력 리프레시를 수행한다.

### 2) 연산처리 내용

① 입·출력 리프레시를 수행한다.
② 장착된 모듈의 정상 동작, 탈착 여부를 검사한다.
③ 통신 서비스 및 기타 내부 처리를 한다.

## 3. DEBUG 모드

프로그램의 오류를 찾거나, 연산 과정을 추적하기 위한 모드로 이 모드로의 전환은 STOP 모드에서만 가능하다. 프로그램의 수행상태와 각 데이터의 내용을 확인해 보며 프로그램을 검증할 수 있다.

### 1) 모드 변경 시 처리

모드 변경 초기에 데이터 영역을 초기화하며, 출력 이미지 영역을 클리어하고, 입력 리프레시를 수행한다.

### 2) 연산처리 내용

① 입·출력 리프레시를 수행한다.
② 설정 상태에 따른 DEBUG 운전을 한다.
③ 프로그램의 마지막까지 디버그 운전을 한 후, 출력 리프레시를 수행한다.

④ 장착된 모듈의 정상 동작, 탈착 여부를 검사한다.
⑤ 통신 등 기타 서비스를 수행한다.

### 3) DEBUG 운전조건

DEBUG 운전조건은 다음 4가지가 있고, 브레이크 포인터에 도달한 경우 다른 종류의 브레이크 포인터의 설정이 가능하다.

| 운 전 조 건 | 동 작 설 명 |
|---|---|
| 한 연산 단위씩 실행(스텝오버) | 운전 지령을 하면 하나의 연산 단위를 실행한 후 정지한다. |
| 브레이크 포인트(Break Point) 지정에 따라 실행 | 프로그램에 브레이크 포인트를 지정하면 지정한 포인트에서 정지한다. |
| 접점의 상태에 따라 실행 | 감시하고자 하는 접점 영역과 정지하고자 하는 상태지정(Read, Write, Value)을 하면 설정한 접점에서 지정한 동작이 발생할 때 정지한다. |
| 스캔 횟수의 지정에 따라 실행 | 운전할 스캔 횟수를 지정하면 지정한 스캔 수만큼 운전하고 정지한다. |

### 4) 조작방법

① XG5000에서 디버그 운전 조건을 설정한 후 운전을 실행한다.
② 인터럽트 프로그램은 각 인터럽트 단위로 운전 여부(Enable/Disable)를 설정할 수 있다.

## 4. 운전모드 변경

### 1) 운전모드의 변경방법

운전모드 변경에는 다음과 같은 방법이 있다.

① CPU 모듈의 모드 키에 의한 변경
② 프로그래밍 툴(XG5000)을 CPU의 통신포트에 접속하여 변경
③ CPU의 통신포트에 접속된 XG5000으로 네트워크에 연결된 다른 CPU 모듈의 운전모드 변경
④ 네트워크에 연결된 XG5000, HMI, 컴퓨터 링크 모듈 등을 이용하여 운전모드 변경
⑤ 프로그램 수행 중 'STOP' 명령에 의한 변경

### 2) 운전모드의 종류

운전모드 설정은 다음과 같다.

| 운전모드 스위치 | 리모트 허용 스위치 | XG5000 지령 | 운전모드 |
|---|---|---|---|
| RUN | X | X | Run |
| STOP | ON | RUN | 리모트 Run |
| | | STOP | 리모트 Stop |
| | | DEBUG | DEBUG Run |
| | OFF | 모드 변경 수행 | 이전 운전모드 |
| RUN → STOP | X | - | Stop |

① 리모트 모드변경은 '리모트 허용 : On', '모드 스위치 : Stop'인 상태에서 가능하다.

② 리모트 'RUN' 상태에서 스위치에 의해 'STOP'으로 변경하고자 할 경우에는 스위치를 (STOP) → RUN → STOP으로 조작한다.

> **참고** ① 리모트 RUN 모드에서 스위치에 의해 RUN 모드로 변경되는 경우 PLC 동작은 중단 없이 연속운전을 한다.
> ② 스위치에 의한 RUN 모드에서 런 중 수정은 가능하지만, XG5000을 통한 모드 변경동작은 제한된다. 원격지에서 모드변경을 허용하지 않을 경우에만 설정한다.

## 5. 리스타트 모드

### 1) 리스타트 모드에 따른 데이터 초기화

리스타트 모드는 전원을 재투입 하거나 또는 모드 전환에 의해서 RUN 모드로 운전을 시작할 때 변수 및 시스템을 어떻게 초기화 한 후 RUN 모드 운전을 할지를 설정한다.

① 콜드 리스타트

파라미터의 리스타트 모드를 콜드 리스타트로 설정하는 경우 수행하며, 모든 데이터를 0으로 리셋하고 초기 값이 설정된 변수에 대해서만 초기 값으로 설정한다.

② 웜 리스타트

파라미터의 리스타트 모드를 웜 리스타트로 설정하는 경우 수행하며 이전 값 유지 설정이 된 데이터는 이전 값을 유지하고, 초기 값만 설정된 데이터는 초기 값으로 설정된다. 웜 리스타트로 설정되어 있어도 프로그램 다운로드 및 에러에 의한 운전정지 후 최초 수행 시 콜드 리스타트 모드로 수행한다.

③ 핫 리스타트

정상 운전(RUN) 중 전원이 꺼진 후 전원이 재투입 될 때 RUN 모드이고, 전원이 꺼진 후 재투입되기까지의 시간이 핫 리스타트 허용 설정시간 이내면, 핫 리스타트 모드로 수행되며 전원이 꺼지기 직전의 상태에서 다시 프로그램을 수행하므로 순간적인 정전 등에도 프로그램의 연속성을 유지할 수 있다.

## 16 PLC에서의 수 체계

일반적으로 우리가 쓰고 있는 수는 10진법을 사용한다. 그러나 PLC에서는 10진수가 아닌 2진수(0, 1)와 8진수(0~7), 16진수(0~F)를 사용하므로 10진수를 2진수, 8진수, 16진수로 변환할 필요가 있다.

### 1. 10진수를 2진수, 8진수, 16진수로 변환

10진수를 2진수로 변환하려면 몫을 계속해서 2로 나누며 몫이 아닌 나머지 값을 적어나가면 된다.

예를 들어 10진수 1000을 2진수로 표시하면, 1000 ⇒ $1111101000_2$가 된다.

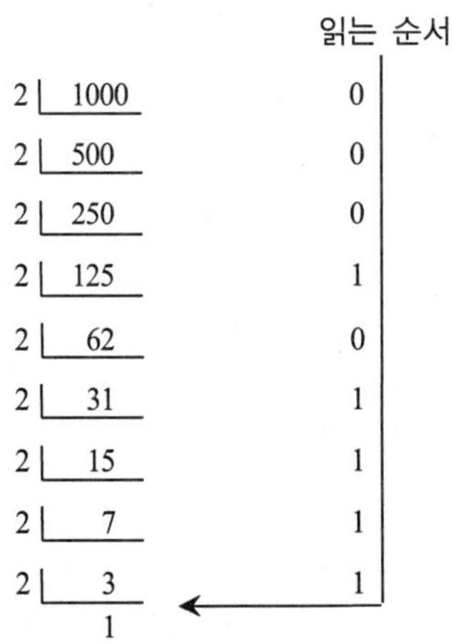

## 2. 2진수, 8진수, 16진수를 10진수로 변환

10진수를 8진수, 16진수로 표시하려면 위에서와 같이 나눌 값을 8, 16으로 해서 역시 몫이 아닌 나머지 값을 적어나가면 된다. 2진수나 8진수, 16진수를 10진수로 변환하려면 각 자리(Bit)에 2, 8, 16의 거듭제곱을 곱한 후 모두 더하면 된다.

### 1) 2진수 $1011000110_2$를 10진수로 변환

$1 \times 2^9 + 0 \times 2^8 + 1 \times 2^7 + 1 \times 2^6 + 0 \times 2^5 + 0 \times 2^4 + 0 \times 2^3 + 1 \times 2^2 + 1 \times 2^1 + 0 \times 2^0$

$= 512 + 0 + 128 + 64 + 0 + 0 + 0 + 4 + 2 + 0 = 710$

### 2) 8진수 $12345_8$를 10진수로 변환

$1 \times 8^4 + 2 \times 8^3 + 3 \times 8^2 + 4 \times 8^1 + 5 \times 8^0$

$= 4096 + 1024 + 192 + 32 + 5 = 5349$

### 3) 16진수 $1A3D5_{16}$을 10진수로 변환

$1 \times 16^4 + 10 \times 16^3 + 3 \times 16^2 + 13 \times 16^1 + 5 \times 16^0$

$= 65536 + 40960 + 768 + 208 + 5 = 107477$

위와 같이 PLC는 1과 0을 결합하여 이보다 더 큰 수도 만들 수 있다. 아래 표는 16점 출력 모듈(16Bit)의 각 Bit에 대한 10진 값을 나타내었다. 접두어 %QW는 생략하였다.

| 단자번호 | 0.2.15 | 0.2.14 | 0.2.13 | 0.2.12 | 0.2.11 | 0.2.10 | 0.2.9 | 0.2.8 | 0.2.7 | 0.2.6 | 0.2.5 | 0.2.4 | 0.2.3 | 0.2.2 | 0.2.1 | 0.2.0 |
|---|---|---|---|---|---|---|---|---|---|---|---|---|---|---|---|---|
| Bit번호 | 15 | 14 | 13 | 12 | 11 | 10 | 9 | 8 | 7 | 6 | 5 | 4 | 3 | 2 | 1 | 0 |
| 10진수 | 15 | 14 | 13 | 12 | 11 | 10 | 9 | 8 | 7 | 6 | 5 | 4 | 3 | 2 | 1 | 0 |
| 16진수 | F | E | D | C | B | A | 9 | 8 | 7 | 6 | 5 | 4 | 3 | 2 | 1 | 0 |
| 각 Bit에 대한 10진수 표현 | 65536 | 32768 | 16384 | 8192 | 4096 | 2048 | 1042 | 512 | 128 | 64 | 32 | 16 | 8 | 4 | 2 | 1 |

# 제2장

# PLC 장치의 구성

# 제2장 PLC 장치의 구성

## 1 장치의 외형

다음 [그림 2-1]은 WSB-37P의 외형에 대한 그림으로서, 장치 상부 좌측에 PLC Unit이 설치되어 있고, 상부 우측에 각종 전원부가 설치되어 있으며, 전면 하단부에 각종 신호들이 단자로 인출되어 있어 실험이 용이하도록 구성하였다. 또한 장치 뒤쪽에 별도의 수납 박스를 설치하여 실습에 필요한 준비물을 보관할 수 있도록 하였다. WSB-30P에 적용된 PLC는 XGI이며 32점의 Digital Input과 32점의 Digital Output 모듈이 장착되어 있으며, 4개의 여유 슬롯이 있어 특수모듈 등을 장착할 수 있도록 구성하였다.

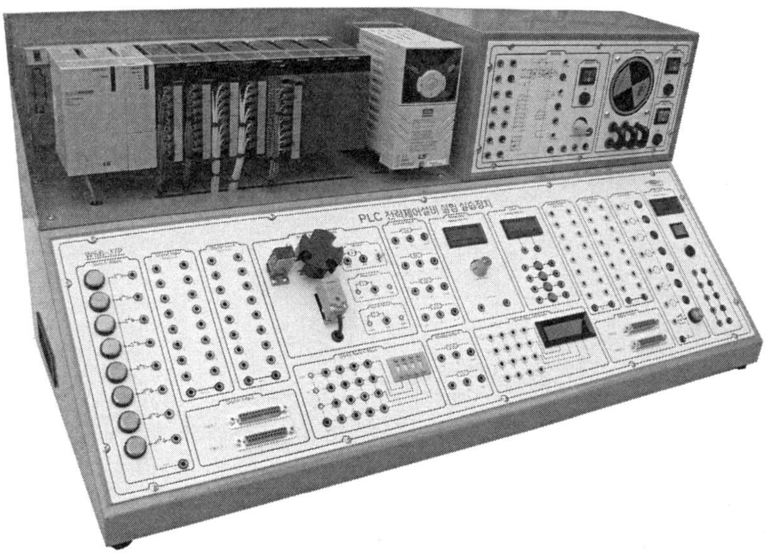

[그림 2-1] WSB-37P 외형

## 2 Power 및 인버터 패널의 구성

다음 [그림 2-2]은 WSB-37P의 Power 및 인버터 명판에 대한 그림이다.

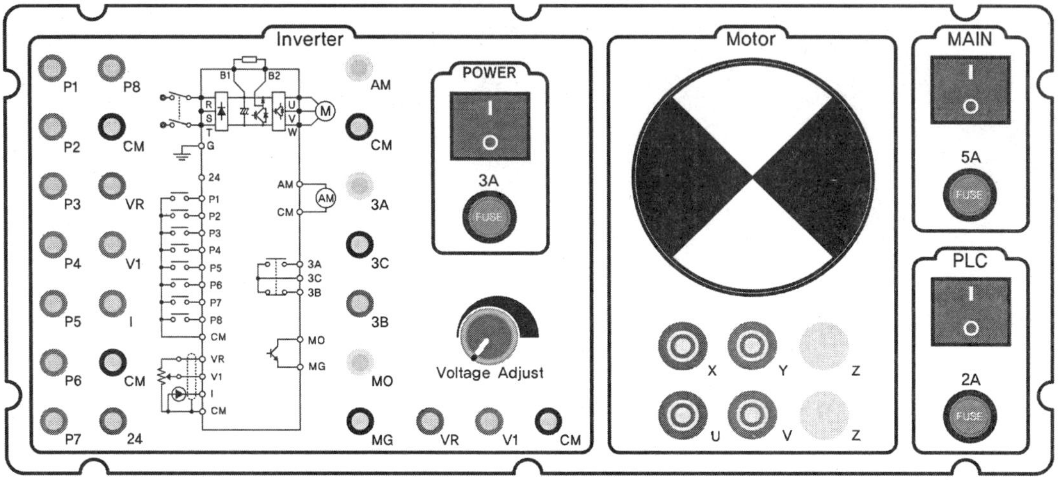


[그림 2-2] Power 명판

1) MAIN Block

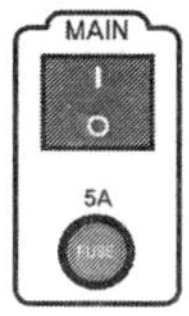


옆의 그림은 MAIN 스위치에 대한 그림으로서, 장치의 운전에 필요한 모든 전원을 제어할 수 있다.

2) PLC Block

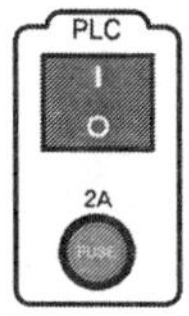


옆의 그림은 PLC 스위치에 대한 그림으로서, PLC 모듈의 전원을 제어할 수 있다.

3) Inverter Block

아래 그림은 Inverter에 대한 그림으로서, 인버터는 LS산전에서 생산되고 있는 SV-IG5A Series 인버터를 적용하였으며, 0.4KW급 3상 Motor의 속도를 제어할 수 있다. POWER 스위치를 ON하여 Inverter의 전원을 제어할 수 있다.

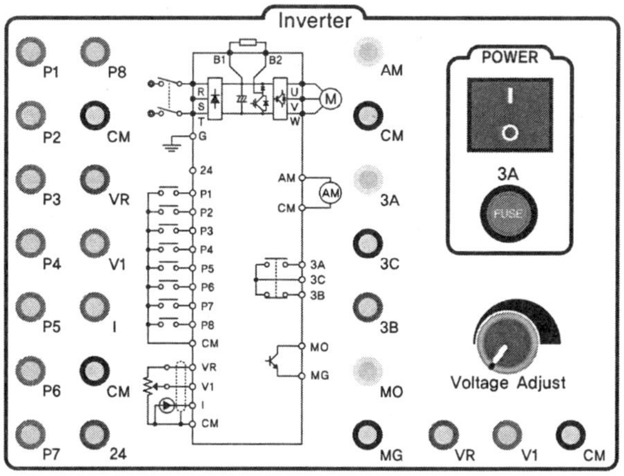


4) Motor Block

옆의 그림은 Motor에 대한 그림으로서, 25W급의 3상 Motor가 설치되어 있으며, 전면부에 인버터와 접속할 단자가 설치되어 있다.

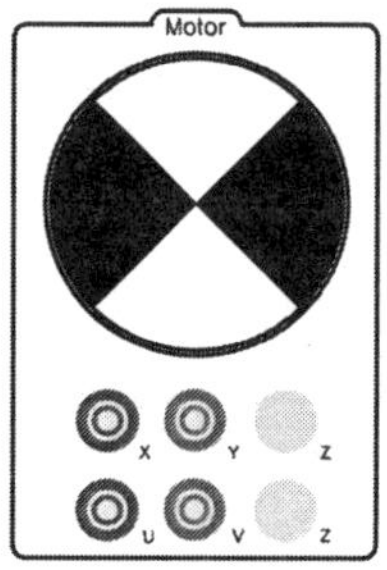


## 3 I/O 패널의 구성

다음 [그림 2-3]은 WSB-30P의 I/O 명판에 대한 그림으로서, Switch Block, Digital Switch Block, Motor & Sensor Block, Lamp & Buzzer Block, Digital Input Block, Segment Block, Digital Output Block 등으로 구성되어 있다.

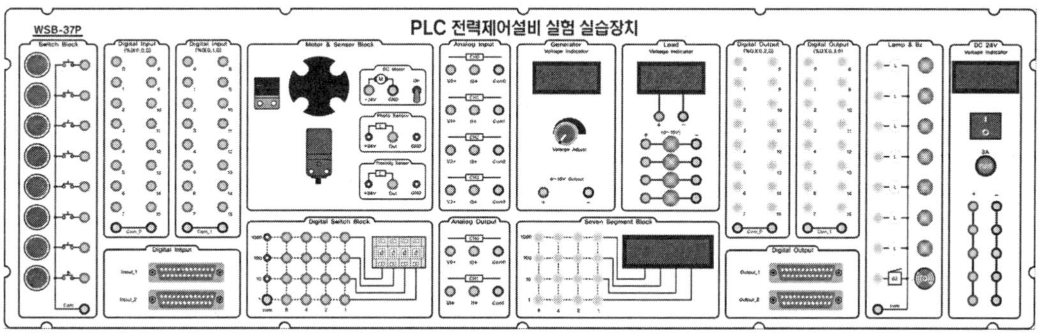


[그림 2-3] I/O 명판

## 1) Switch Block

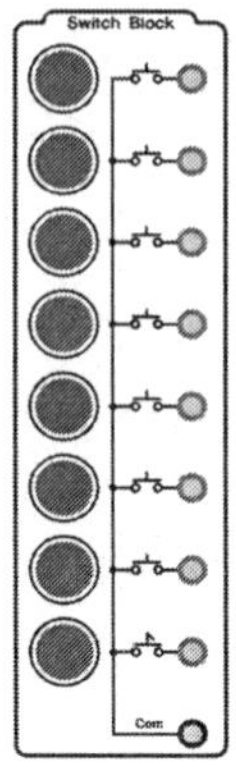


Switch Block에 대한 그림으로서, PLC의 Digital Input에 각종 신호를 입력하기 위한 스위치이다. Switch Block에는 7개의 Non Lock Type a접점 스위치와 1개의 Lock Type 스위치로 구성되어 있으며, 모든 스위치는 하단의 Com 단자에 Common되어 있다.

## 2) Digital Input Block

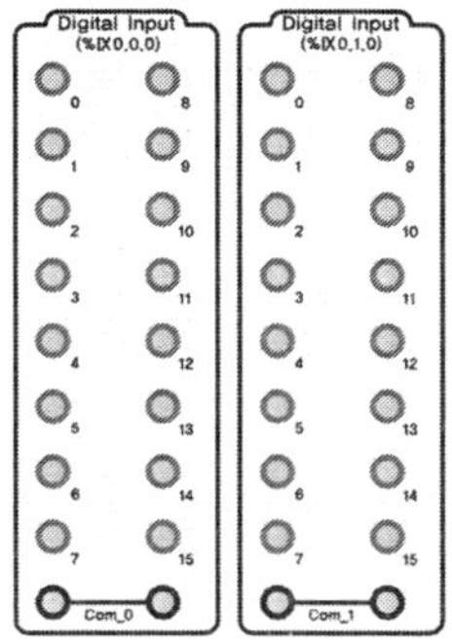


옆의 그림은 Digital Input Block에 대한 그림으로서, PLC의 Digital Input 모듈을 단자처리 하여 접속이 용이하도록 구성하였다. Digital Input은 DC24V의 16점 모듈 2개를 사용하여, 총 32점이 구비되어 있으며, 각각 16점씩 하단의 Com 단자에 Common되어 있다.

## 3) Digital Input Connector Block

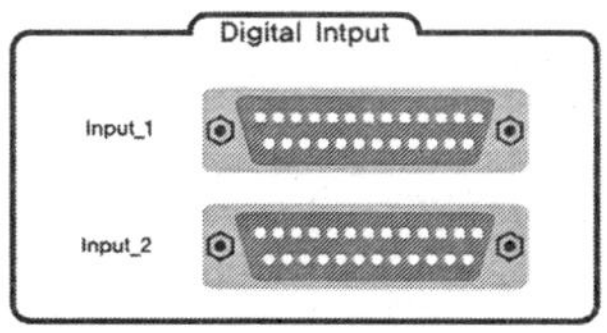


옆의 그림은 Digital Input Connector Block에 대한 그림으로서, PLC 주변장치와 편리하게 사용할 수 있도록 구성하였다.

① Connector Pin 배열1

| 번 호 | 내 용 | 번 호 | 내 용 | 번 호 | 내 용 |
|---|---|---|---|---|---|
| 1 | Com1 | 10 | %IX0.0.8 | 19 | +24V |
| 2 | %IX0.0.0 | 11 | %IX0.0.9 | 20 | GND |
| 3 | %IX0.0.1 | 12 | %IX0.0.10 | 21 | Com1 |
| 4 | %IX0.0.2 | 13 | %IX0.0.11 | 22 | N.C |
| 5 | %IX0.0.3 | 14 | %IX0.0.12 | 23 | N.C |
| 6 | %IX0.0.4 | 15 | %IX0.0.13 | 24 | N.C |
| 7 | %IX0.0.5 | 16 | %IX0.0.14 | 25 | N.C |
| 8 | %IX0.0.6 | 17 | %IX0.0.15 | | |
| 9 | %IX0.0.7 | 18 | Com1 | | |

② Connector Pin 배열2

| 번 호 | 내 용 | 번 호 | 내 용 | 번 호 | 내 용 |
|---|---|---|---|---|---|
| 1 | Com2 | 10 | %IX0.1.8 | 19 | +24V |
| 2 | %IX0.1.0 | 11 | %IX0.1.9 | 20 | GND |
| 3 | %IX0.1.1 | 12 | %IX0.1.10 | 21 | Com2 |
| 4 | %IX0.1.2 | 13 | %IX0.1.11 | 22 | N.C |
| 5 | %IX0.1.3 | 14 | %IX0.1.12 | 23 | N.C |
| 6 | %IX0.1.4 | 15 | %IX0.1.13 | 24 | N.C |
| 7 | %IX0.1.5 | 16 | %IX0.1.14 | 25 | N.C |
| 8 | %IX0.1.6 | 17 | %IX0.1.15 | | |
| 9 | %IX0.1.7 | 18 | Com2 | | |

### 4) Motor & Sensor Block

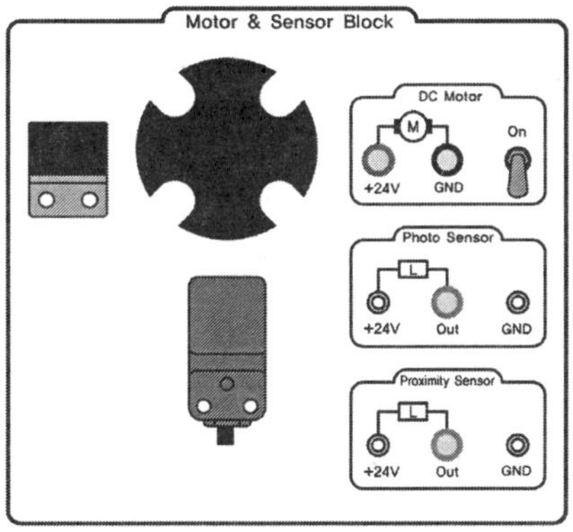


옆의 그림은 Motor & Sensor Block에 대한 그림으로서, 근접센서와 포토센서를 이용하여 DC Motor의 회전을 제어할 수 있도록 구성 하였다.

근접센서와 포토센서는 NPN Type을 사용하였으며, 센서가 동작하면 Out 단자에서 GND 신호가 출력된다.

### 5) Digital Switch Block

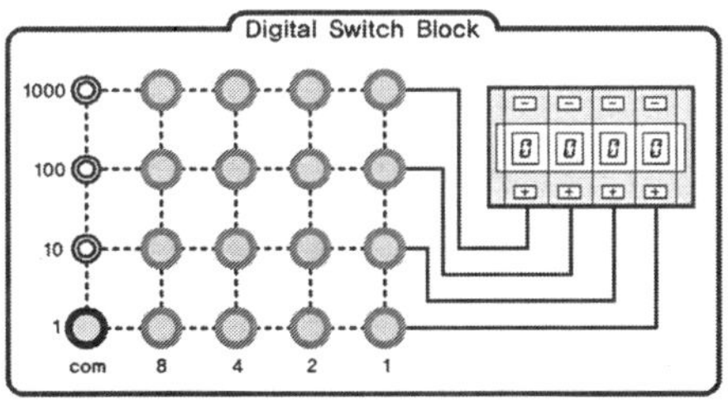


위의 그림은 Digital Switch Block에 대한 그림으로서, PLC의 Digital Input에 BCD 신호를 입력하기 위한 스위치이다.

Digital Switch는 4자리로, 각각 1, 2, 4, 8신호를 단자처리 하였으며, 좌측의 Com 단자에 Common되어 있다.

Digital Switch를 PLC의 Digital Input(%IX0.0.0~%IX0.0.15)에 연결하려면 1자리와

10자리, 100자리, 1000자리의 1, 2, 4, 8을 차례대로 PLC의 Digital Input에 연결한 후 Digital Swtch Block의 Com단자에 GND를 접속하고, Digital Input Block의 Com1에 +24V를 접속한 다음 숫자를 설정하면 해당 숫자에 대한 BCD 신호가 PLC에 입력된다.

6) Digital Switch Block

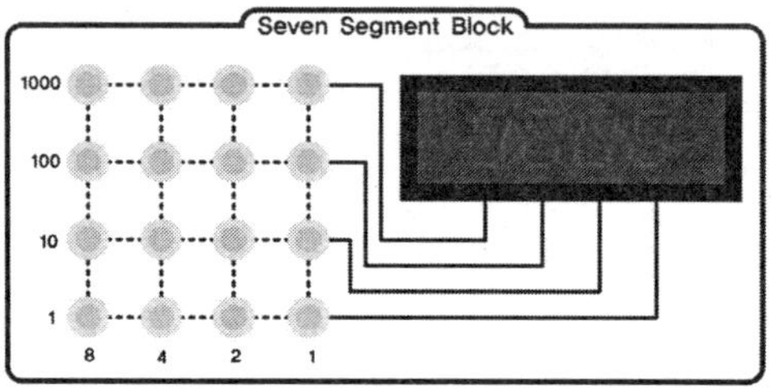


위의 그림은 Segment Block에 대한 그림으로서, BCD 신호를 입력하여 숫자를 표시하는 표시장치이다.
Segment는 4자리로, 1자리와 10자리, 100자리, 1000자리의 1, 2, 4, 8단자에 DC24V를 인가하면 BCD 조합에 의한 숫자가 표시된다.

7) Analog Input Block

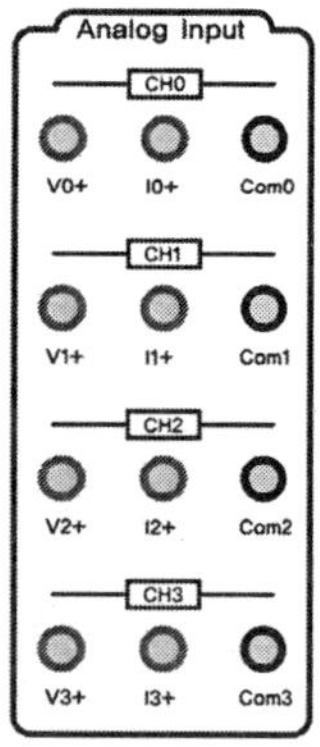


옆의 그림은 Analog Input Block에 대한 그림으로서, PLC의 Analog Input 모듈을 단자처리 하여 접속이 용이하도록 구성하였다.
Analog Input 모듈은 전압/전류 겸용으로, 4채널이 구비되어 있으며, 전압신호는 V+단자에 +신호를 입력하고 Com단자에 −신호를 입력한다. 전류신호는 I+단자와 V+단자를 연결한 후 +신호를 입력하고, Com단자에 −신호를 입력한다.

8) Analog Output Block

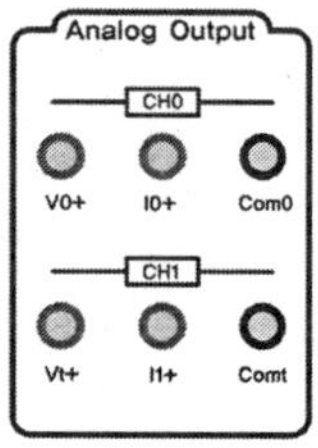


옆의 그림은 Analog Output Block에 대한 그림으로서, PLC의 Analog Output 모듈을 단자처리 하여 접속이 용이하도록 구성하였다.

Analog Output 모듈은 전압/전류 겸용으로, 2채널이 구비되어 있으며, 전압신호는 V+단자, 전류신호는 I+단자에서 출력된다.

### 9) Generator Block

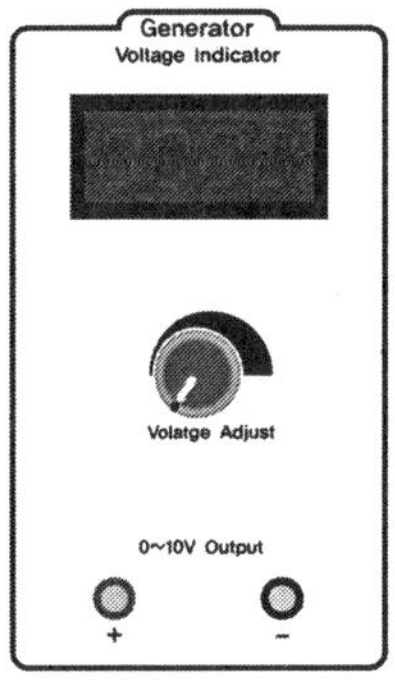


Generator Block에 대한 그림으로서, PLC의 Analog Input 모듈에 신호를 입력하기 위해 0V~10V의 전압이 출력되도록 구성하였다.

Voltage Adjust를 돌리면 하단의 적색과 흑색 단자에서 0V~10V의 전압이 출력되며, 위쪽의 Voltage Indicator에 출력되는 전압이 표시된다.

### 10) Load Block

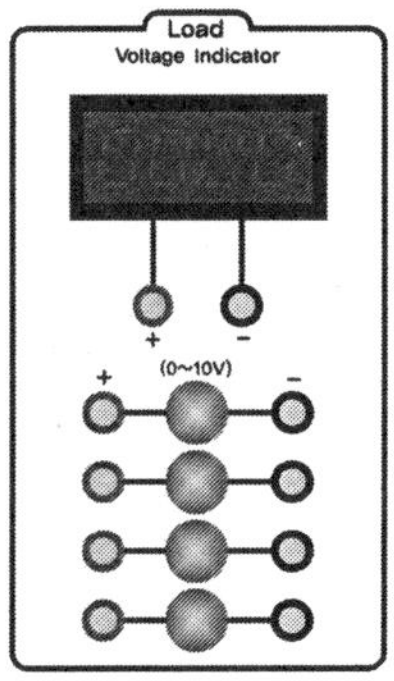


Load Block에 대한 그림으로서, PLC의 Analog Output 모듈에서 출력되는 Analog 신호를 확인할 수 있도록 구성하였다.

위쪽에 Voltage Indicator를 설치하여 전압을 확인할 수 있도록 하였으며, 하단에 4개의 Lamp를 구비하여 Analog Output 모듈을 이용하여 Lamp의 밝기를 제어할 수 있도록 하였다.

Lamp는 DC12V용을 사용하였으며, DC24V를 인가하지 않도록 주의한다.

### 11) Digital Output Block

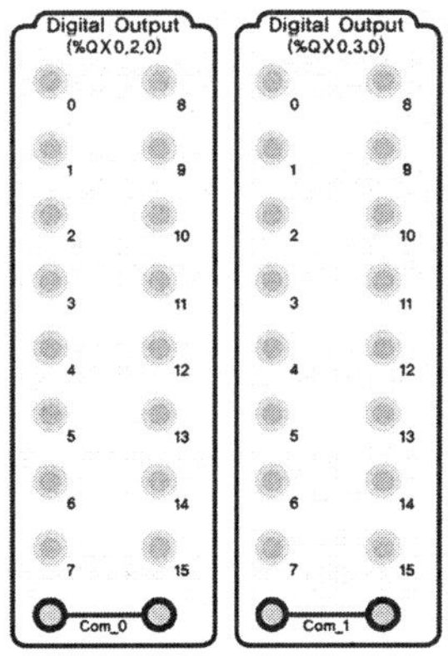


Digital Output Block에 대한 그림으로서, PLC의 Digital Output 모듈을 단자처리 하여 접속이 용이하도록 구성하였다.

Digital Output은 릴레이 타입의 16점 모듈 2개를 사용하여, 총 32점이 구비되어 있으며, 각각 16점씩 하단의 Com 단자에 Common되어 있다.

12) Digital Output Connector Block

옆의 그림은 Digital Output Connector Block에 대한 그림으로서, PLC 주변장치와 편리하게 사용할 수 있도록 구성하였다.

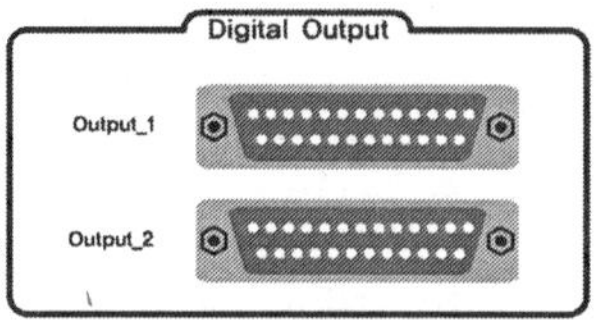


① Connector Pin 배열

| 번 호 | 내 용 | 번 호 | 내 용 | 번 호 | 내 용 |
|---|---|---|---|---|---|
| 1 | Com1 | 10 | %QX0.2.8 | 19 | +24V |
| 2 | %QX0.2.0 | 11 | %QX0.2.9 | 20 | GND |
| 3 | %QX0.2.1 | 12 | %QX0.2.10 | 21 | Com1 |
| 4 | %QX0.2.2 | 13 | %QX0.2.11 | 22 | N.C |
| 5 | %QX0.2.3 | 14 | %QX0.2.12 | 23 | N.C |
| 6 | %QX0.2.4 | 15 | %QX0.2.13 | 24 | N.C |
| 7 | %QX0.2.5 | 16 | %QX0.2.14 | 25 | N.C |
| 8 | %QX0.2.6 | 17 | %QX0.2.15 | | |
| 9 | %QX0.2.7 | 18 | Com1 | | |

② Connector Pin 배열2

| 번 호 | 내 용 | 번 호 | 내 용 | 번 호 | 내 용 |
|---|---|---|---|---|---|
| 1 | Com2 | 10 | %QX0.3.8 | 19 | +24V |
| 2 | %QX0.3.0 | 11 | %QX0.3.9 | 20 | GND |
| 3 | %QX0.3.1 | 12 | %QX0.3.10 | 21 | Com2 |
| 4 | %QX0.3.2 | 13 | %QX0.3.11 | 22 | N.C |
| 5 | %QX0.3.3 | 14 | %QX0.3.12 | 23 | N.C |
| 6 | %QX0.3.4 | 15 | %QX0.3.13 | 24 | N.C |
| 7 | %QX0.3.5 | 16 | %QX0.3.14 | 25 | N.C |
| 8 | %QX0.3.6 | 17 | %QX0.3.15 | | |
| 9 | %QX0.3.7 | 18 | Com2 | | |

## 13) Lamp & Bz. Block

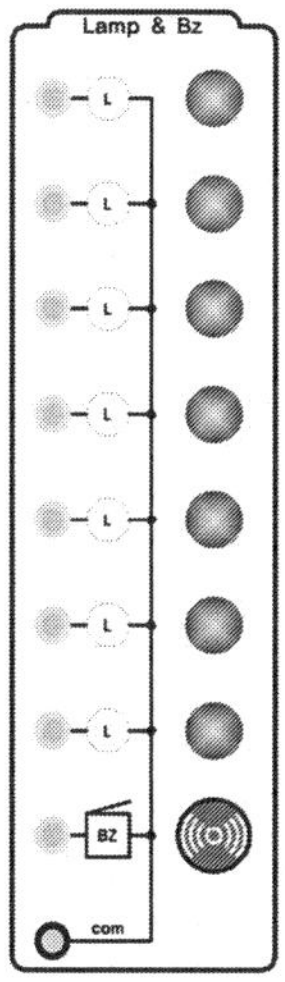


옆의 그림은 Lamp & Bz. Block에 대한 그림으로서, PLC의 Digital Output을 이용해 Lamp를 제어할 수 있도록 구성하였다.
Lamp & Bz. Block에는 7개의 Lamp와 1개의 Buzzer로 구성되어 있으며, 모든 Lamp와 Buzzer는 하단의 Com 단자에 Common되어 있다.

## 14) DC 24V Block

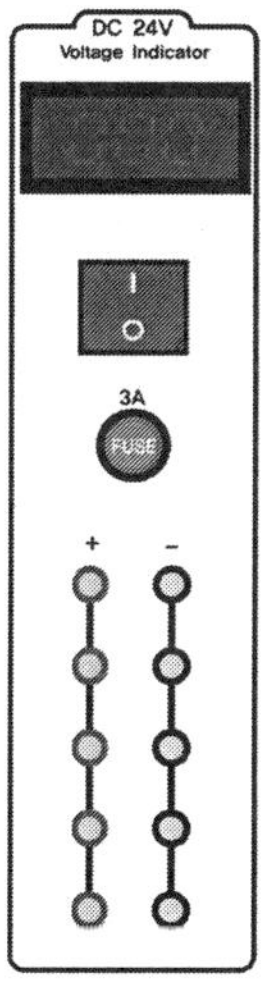


옆의 그림은 DC 24V Block에 대한 그림으로서, 내부에서 AC전원을 입력받아 DC24V를 출력시키는 모듈이다.
POWER 스위치를 On하면 DC24V가 출력된다. '+' 단자에서 DC24V의 +가 출력되며, '–' 단자에서 GND가 출력된다. DC24V의 출력에 단락보호용 Fuse가 설치되어 있으며, 정격 용량은 250V, 3A이다.
DC24V 전원 공급원으로 사용된다.

# 제3장

# XG5000 사용법

01 XG5000의 특징
02 XG5000의 실행에 필요한 사항
03 XG5000의 설치
04 USB 디바이스 드라이버의 설치
05 USB 디바이스 드라이버의 설치 확인
06 XG5000 화면구성과 기능

# 제3장 XG5000 사용법

## 프로그래밍 소프트웨어의 개요

XG5000은 XGT PLC 시리즈에 대해서 프로그램을 작성하고 DEBUG하는 소프트웨어 툴이다.

## 1 XG5000의 특징

### 1) 멀티 PLC, 멀티 프로그램

한 프로젝트에 여러 개의 PLC를 포함시켜서 서로 연동되는 PLC 시스템을 동시에 편집, 모니터, 관리할 수 있다. 또한 프로그램을 스캔 프로그램, 다양한 태스크 프로그램으로 나누어 작성할 수 있다.

### 2) 다양한 드래그 & 드롭

프로젝트, 변수/설명, LD편집, 변수 모니터 등 대부분의 편집기에서 드래그 & 드롭 기능을 적용하여 편집을 쉽고 편리하게 할 수 있다.

### 3) 사용자 단축키 설정

디폴트로 제공되는 단축기 변경이 가능하며, 사용자 본인에게 익숙한 단축키를 추가할 수 있다.

### 4) 다양한 메시지 창

프로그램 편집과 검사 등을 쉽게 하기 위하여 다양한 메시지 창을 제공한다.

### 5) 편리한 변수/설명 편집

① 엑셀을 이용한 변수/설명이 가능하다.

② 변수 위주 보기, 디바이스 위주 보기, 플래그 보기 등 다양한 형식으로 편집이 가능하다.

③ 오토필(Auto Fill)을 이용하여 비슷한 용도의 변수를 쉽게 추가할 수 있다.

④ 드래그&드롭을 이용하여 다른 변수/설명 창에서 쉽게 복사할 수 있다.

⑤ 대화상자를 띄우지 않고 엑셀처럼 직접 편집할 수 있다.

### 6) 편리한 프로그램 편집

① 제한 없는 Undo/Redo 기능을 제공한다.

② 셀 단위 블록 편집이 가능하다.

③ 화면 분할 편집이 가능하다.

④ 찾기/바꾸기 기능이 강화되었다.

⑤ 블록 마스크 기능을 이용하여 렁 단위로 실행을 금지할 수 있다.

⑥ 북 마크 기능을 이용하여 특정 위치에 쉽게 찾아갈 수 있다.

⑦ LD 편집을 할 때 선택된 디바이스에 대해서 메모리 참조를 볼 수 있다.

### 7) 다양한 모니터 기능

변수 모니터, 디바이스 모니터, 시스템 모니터, 트렌드 모니터, 특수 모듈 모니터 등 다양한 모니터 기능을 제공한다.

### 8) 사용자 이벤트

특정 디바이스에 대해서 사용자가 정의한 조건 만족 시 Data를 Logging하고 열람할 수 있다.

### 9) 모듈 교환 마법사

런 중에 PLC를 정지시키지 않고 안전하고 쉽게 모듈을 교체할 수 있다.

### 10) 다양한 프로그래밍 언어 제공

다양한 프로그래밍 언어를 제공한다.

① LD(Ladder Diagram)

LD 프로그램을 릴레이 논리 다이어그램에서 많이 사용하는 코일이나 접점 등의 그래픽 기호를 통하여 PLC의 프로그램을 표현하는 방식

② SFC(Sequential Funtion Chart)

종래의 PLC 언어를 이용하여 프로그램을 실행순서에 따라 플로 차트 형식으로

전개하는 구조화 현방식으로 프로그램의 설계 및 분석이 용이하며 디버깅, 트러블슈팅이 용이하다.

③ IL(Instruction List)

어셈블리 언어의 형태로 표현되고 간단한 PLC 시스템에 적용가능하다.

## 2 XG5000의 실행에 필요한 사항

### 1) PC와 메모리

펜티엄 이상의 CPU, 최소 256MB 이상의 메모리

### 2) 통신 포트

RS-232 시리얼 포트 또는 USB 포트

### 3) 하드 디스크

200MB 이상의 사용 가능 영역

### 4) 마우스

PC에 연결 가능한 마우스

### 5) 모니터

1024×768 이상의 해상도

### 6) OS

Window 2000/XP/VISTA/7 지원

## ③ XG5000의 설치

❶ 설치 파일을 실행한다.

❷ XG5000을 정상적으로 이용하기 위해서는 설치해야 하는 필수 재배포 패키지가 있을 수 있다.
다음과 같은 설치 화면이 나타나는 경우 [설치] 버튼을 누른다.

❸ 다음 그림에서 [Yes]를 선택한다. 재배포 패키지 설치에 소요되는 시간은 PC의 환경에 따라서 다를 수 있으며, 경우에 따라서 1~2분 이상이 소요될 수 있다.
한번 설치된 이후에는 XG5000을 다시 설치하더라도 재배포 패키지 설치를 요구하지 않는다.

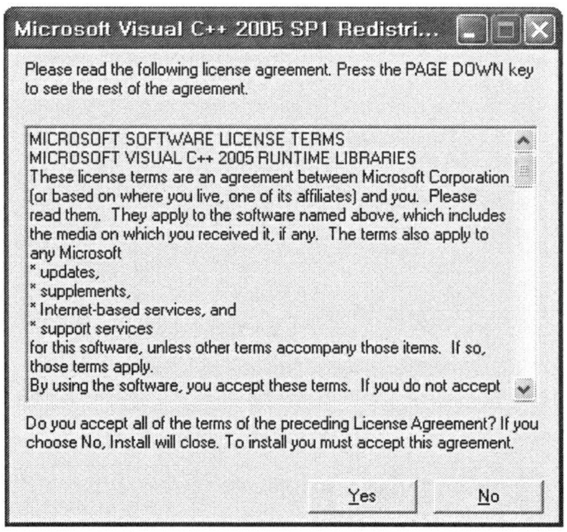

❹ 다음 그림과 같이 설치 마법사가 설치를 준비한다.

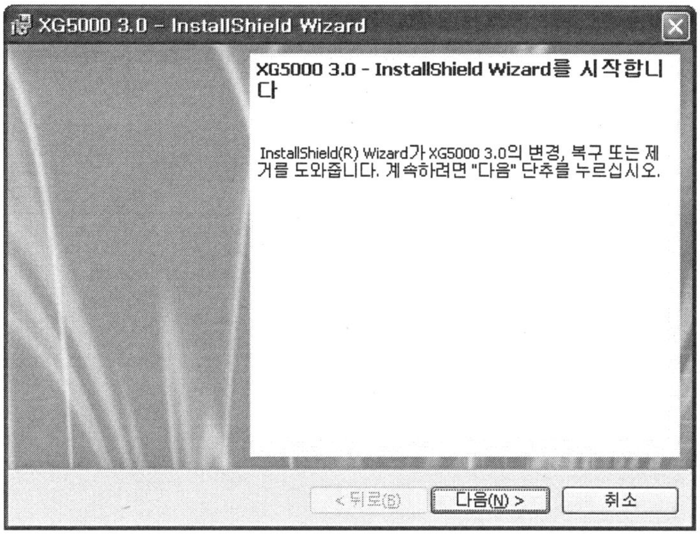


❺ 다음 그림에서 이름과 회사 이름을 입력하고 [다음] 버튼을 누른다.

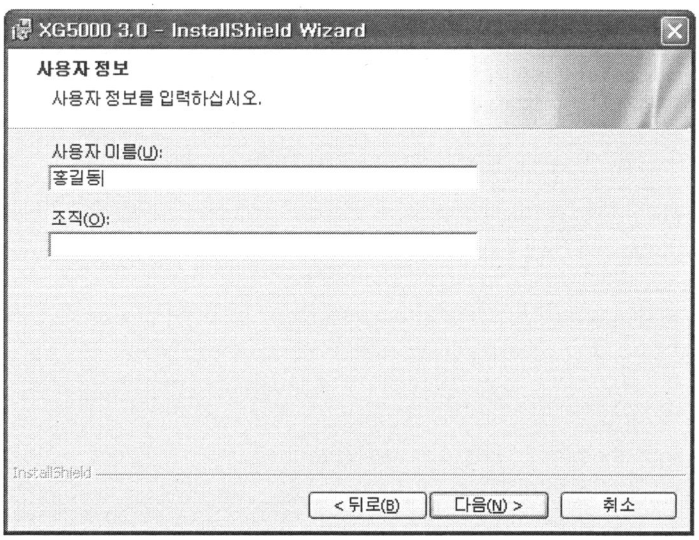


❻ XG5000이 설치될 폴더를 지정한다. 만일, 폴더를 변경하고 싶으면 [찾아보기] 버튼을 클릭하여 새로운 폴더를 입력하거나 선택한다.

XG5000은 약 30MB의 설치 공간을 필요로 하므로 충분한 여유가 있는 디스크를 선택해야 한다. 설치 공간이 충분하지 않을 경우 경고 메시지와 함께 다음으로의 진행이 불가능하다.

❼ 다음 그림과 같이 폴더를 선택했으면 [다음] 버튼을 누른다.

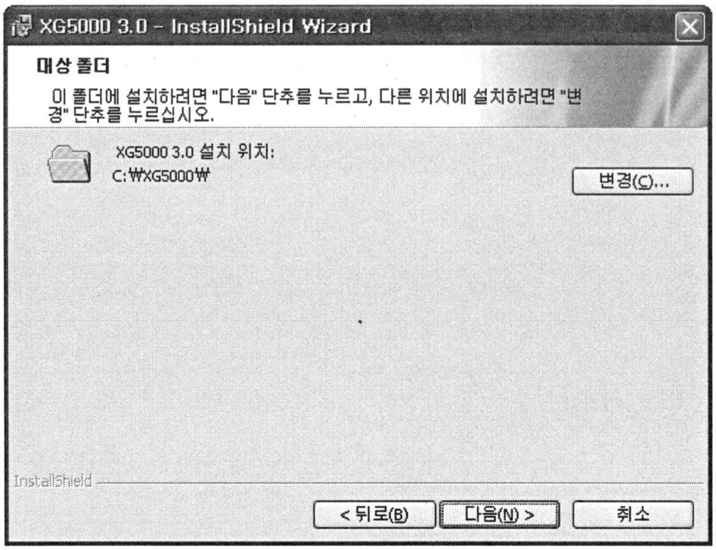


❽ 설치 정보를 확인하고 [다음] 버튼을 누르면 다음 그림과 같이 설치가 진행된다.

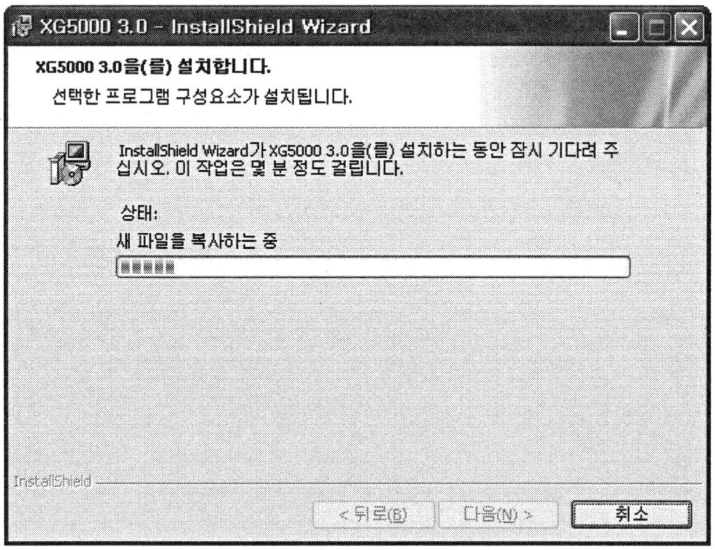

❾ PC와 PLC간에 USB 접속이 되어 있는 경우, 설치 마지막 단계에서 USB 디바이스 드라이버 설치 창이 나타난다. 이때 [계속] 버튼을 눌러 USB 디바이스 드라이버를 설치한다.

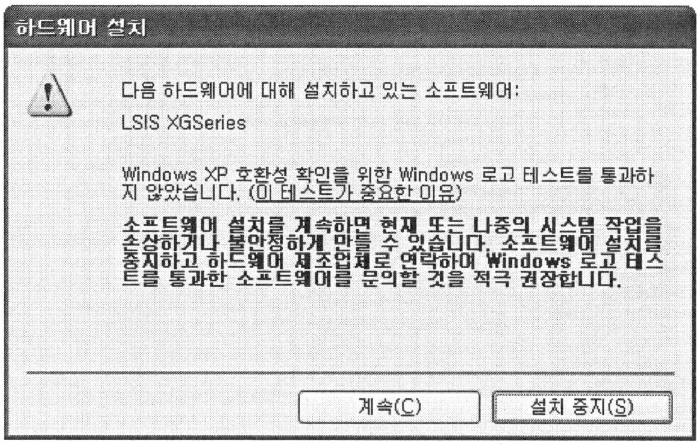


❿ 잠시 후 다음 그림과 같이 프로그램 설치가 완료된다.

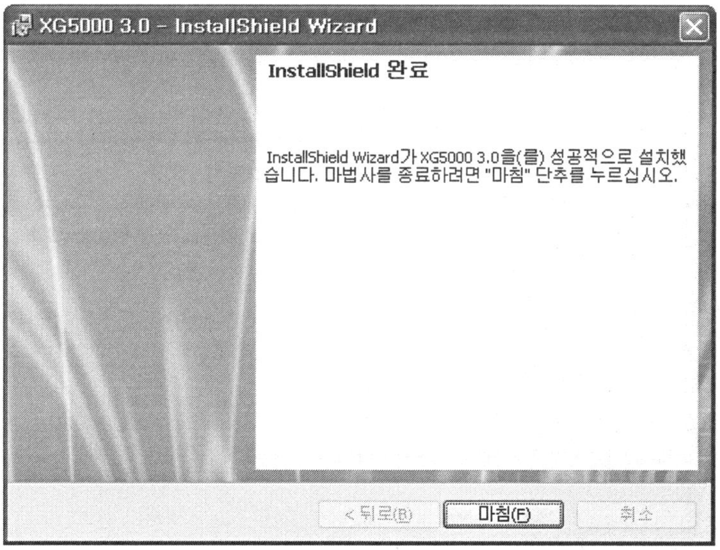

## ④ USB 디바이스 드라이버의 설치

Window-XP에 XG5000을 처음 설치한 경우에는 USB 디바이스 드라이버를 추가로 설치해야 한다. USB 접속이 안 될 경우에도 USB 디바이스 드라이버를 다음과 같은 방법으로 설치한다.

> **참고** PC와 PLC가 USB로 연결되어 있는 상태에서 XG5000을 설치하는 경우, USB 디바이스 드라이버 설치 창이 자동으로 나타난다.

❶ XG5000이 설치된 폴더에 Drivers 폴더가 있는지 확인한다.
Drivers 폴더에는 'GmUSBD.sys', 'GmUSBD.inf' 두 개의 파일이 있다. 폴더가 없거나 드라이버 파일이 없을 경우 XG5000을 다시 설치해야 한다.

❷ PLC 전원을 On한 후 USB 커넥터를 PC에 연결하면 다음 그림과 같이 새 하드웨어 검색 마법사 대화상자가 나타나고 사용자에게 디바이스 드라이버를 설치할 것을 알린다.

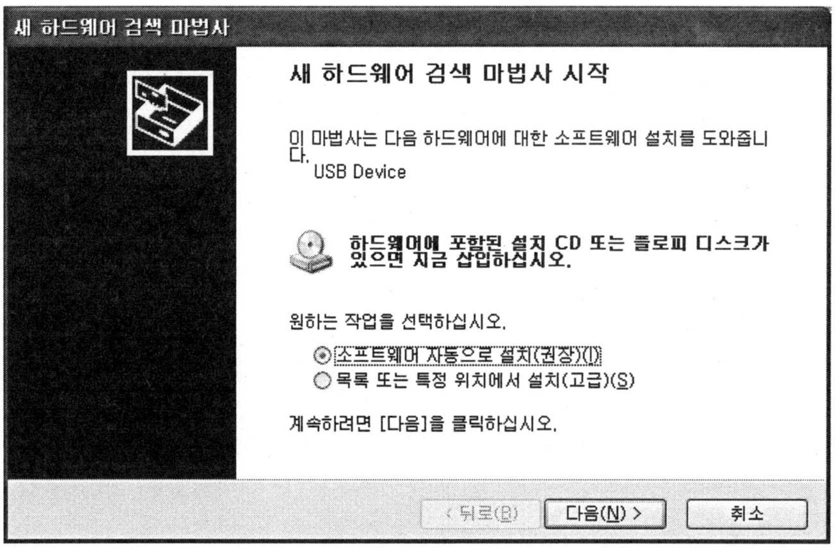

❸ 새 하드웨어 검색 마법사 대화상자의 선택 옵션 중 [목록 또는 특정 위치에서 설치(고급)]를 선택한 후 [다음] 버튼을 누른다.

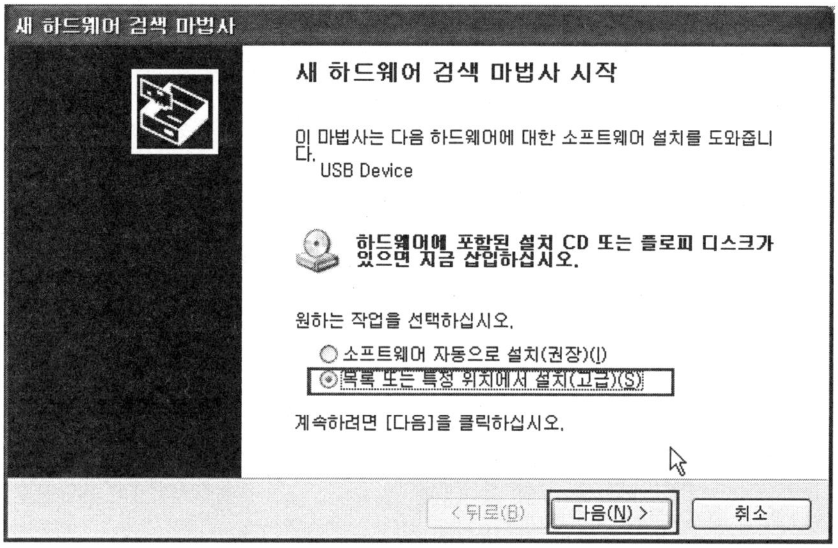


❹ 드라이버 검색 옵션 중 [이 위치에서 가장 적합한 드라이버 검색]을 선택하고 [검색할 때 다음 위치 포함]을 체크한다.

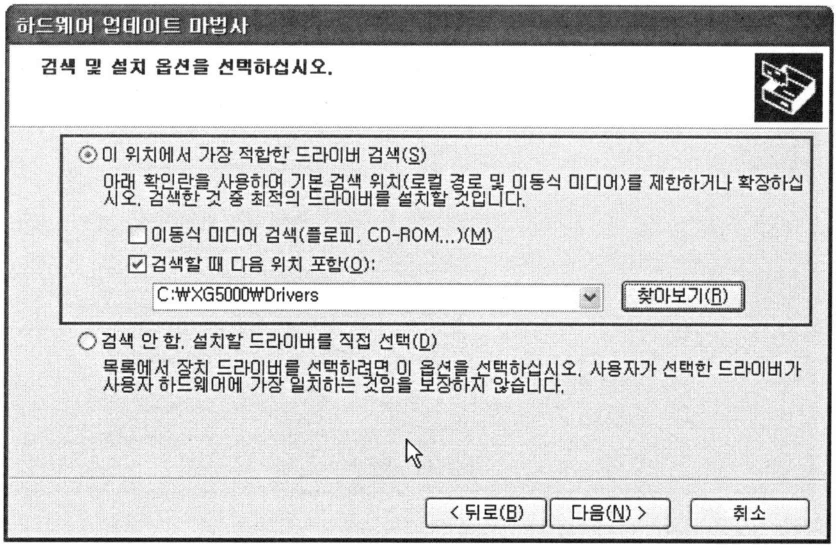

❺ [찾아보기] 버튼을 누른 후 폴더 찾아보기 대화상자에서 XG5000이 설치된 곳의 [Drivers] 폴더를 선택한다.

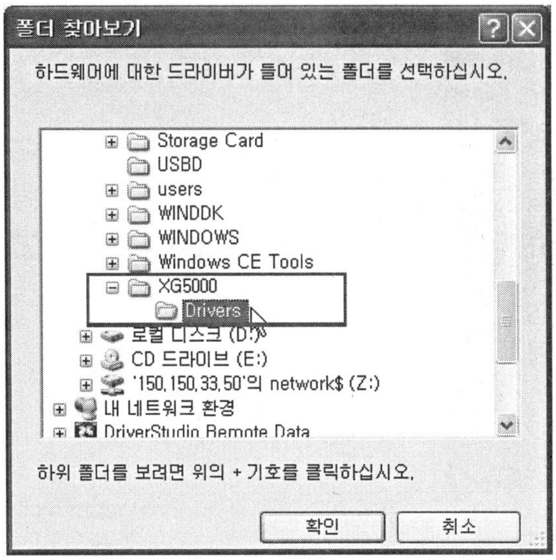


❻ [확인] 버튼을 누르면 선택한 폴더에서 적합한 드라이버를 검색한다.

⑦ 컴퓨터가 가장 적합한 디바이스 드라이버를 선택하면 선택된 디바이스 드라이버를 설치할 것을 묻는다. USB 디바이스 드라이버는 Window 운영체제에서 안정적으로 동작하므로 [계속] 버튼을 누른다.

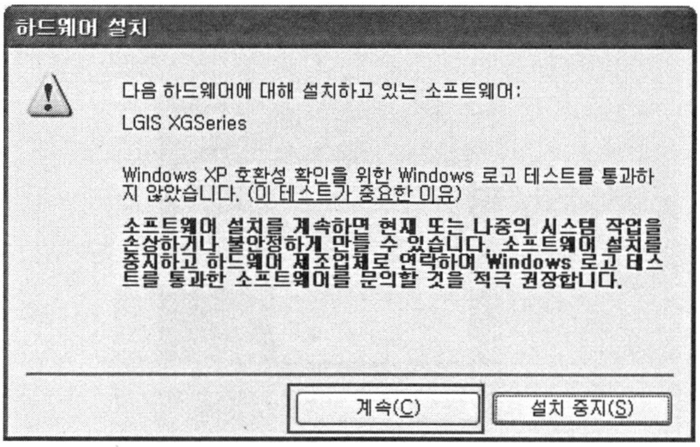


⑧ 디바이스 드라이버 설치가 완료되면 다음 그림과 같이 설치완료 대화상자가 나타난다. [마침] 버튼을 누르면 드라이버 설치가 완료된다.

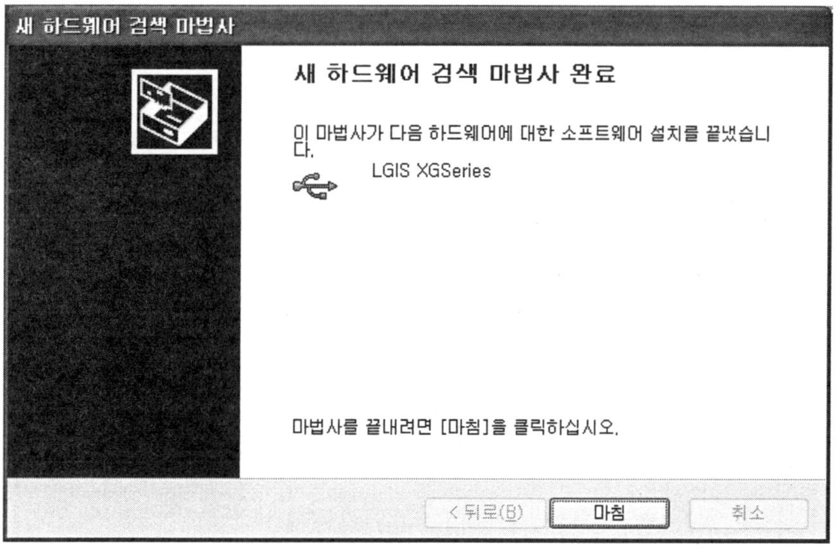

## ⑤ USB 디바이스 드라이버의 설치 확인

USB 접속이 안 될 경우 다음과 같이 디바이스 드라이버 설치를 확인한다.

❶ 바탕화면의 [내 컴퓨터] 아이콘에서 마우스 오른쪽 버튼을 누른 후 [관리(G)]를 선택한다.

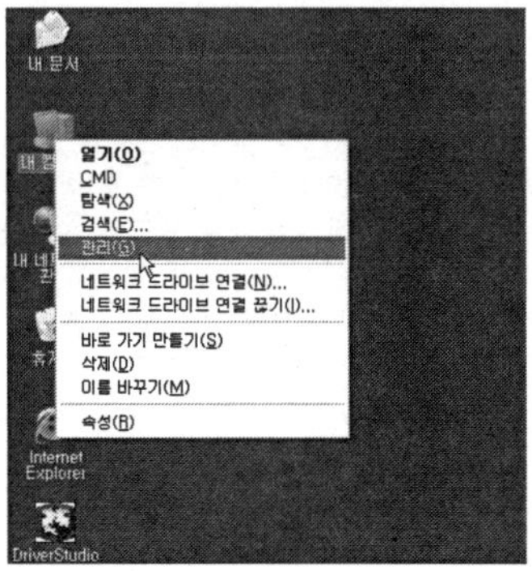


❷ 다음 그림과 같이 컴퓨터 관리 대호상자가 나타난다. 대화상자의 왼쪽 트리 목록에서 [컴퓨터 관리(로컬)]→[시스템도구]→[장치관리자]를 차례로 확장한다. 오른쪽 목록에 나타나는 항목은 컴퓨터에 설치된 장치마다 서로 다르게 나타날 수 있다.

- 정상인 경우

[범용 직렬 버스 컨트롤러] 하위에 [LGIS XGSeries]라는 목록이 그림과 같이 나타나면 정상적으로 디바이스 드라이버가 설치된 것이다.

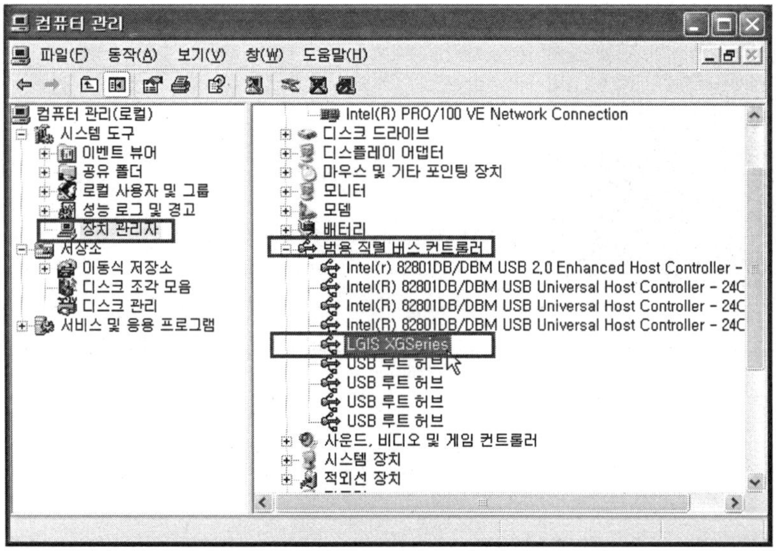

• 비정상인 경우

다음 그림과 같이 나타나면 디바이스 드라이버가 정상적으로 설치되지 않은 것이다.

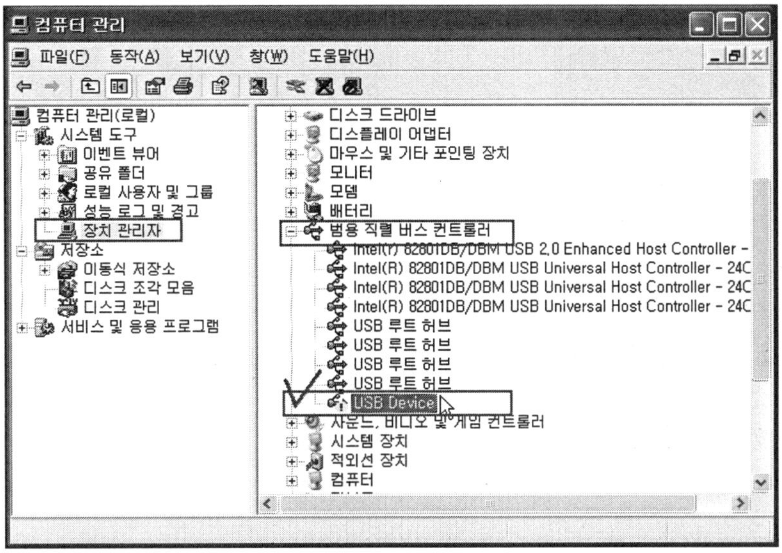


정상적으로 설치되지 않은 경우 다음 순서에 따라 다시 설치한다.

❸ 아이콘에 느낌표 표시가 나타나는 디바이스 드라이버에서 마우스 오른쪽 버튼을 누른 후 [드라이버 업데이트]를 선택한다.

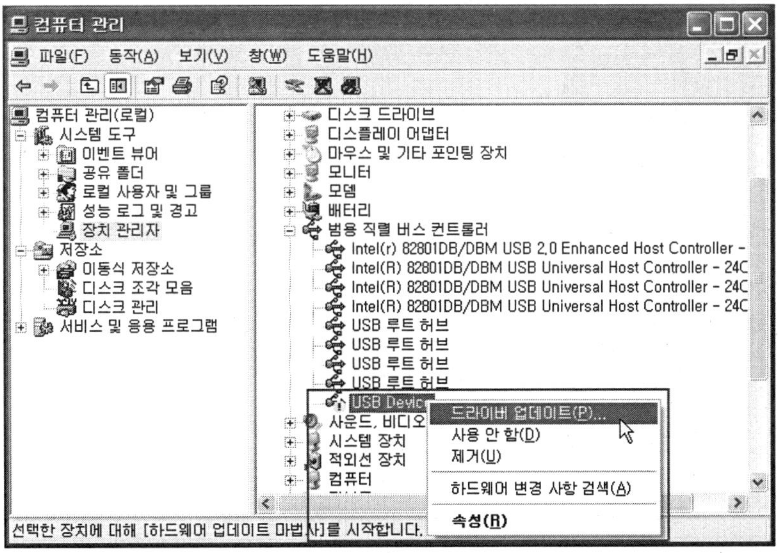

❹ 하드웨어 업데이트 마법사 대화상자가 나타난다. 옵션 [목록 또는 특정 위치에서 설치(고급)]를 선택하고 [다음] 버튼을 누른다. 이후 절차는 수동으로의 디바이스 드라이버 설치와 동일하다.

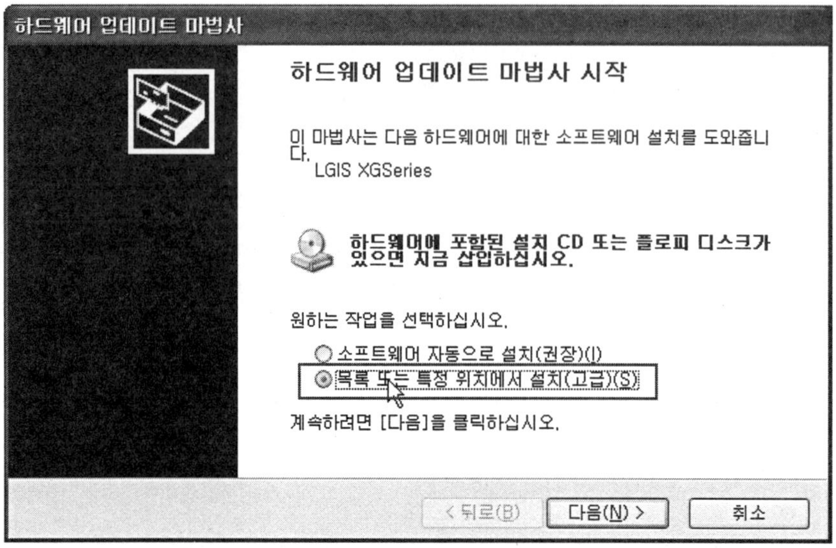


위와 같은 방법으로도 설치가 안 되는 경우에는 다음 순서에 따라 다시 설치한다.

❺ 하드웨어 업데이트 마법사를 실행한 후 옵션 [목록 또는 특정 위치에서 설치(고급)]를 선택하고 [다음] 버튼을 누른다.

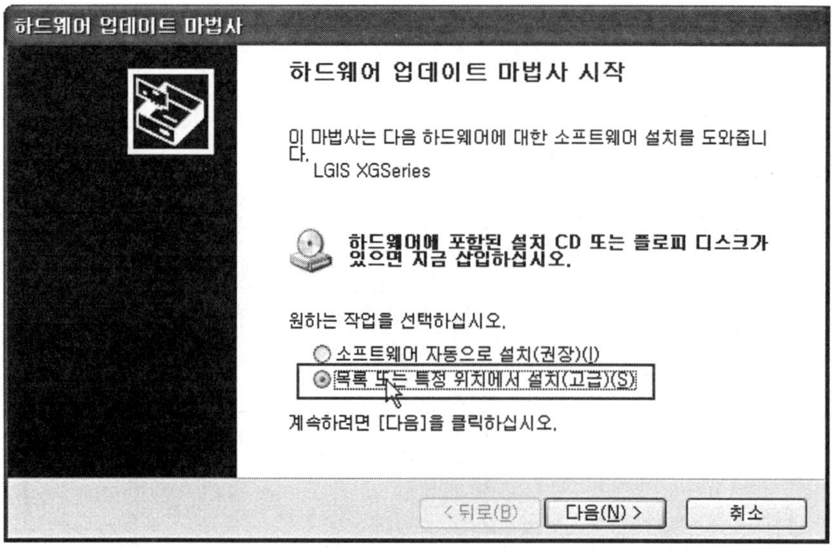

❻ 검색 및 설치 옵션 [검색 안 함. 설치할 드라이버를 직접 선택]을 선택하고 [다음] 버튼을 누른다.

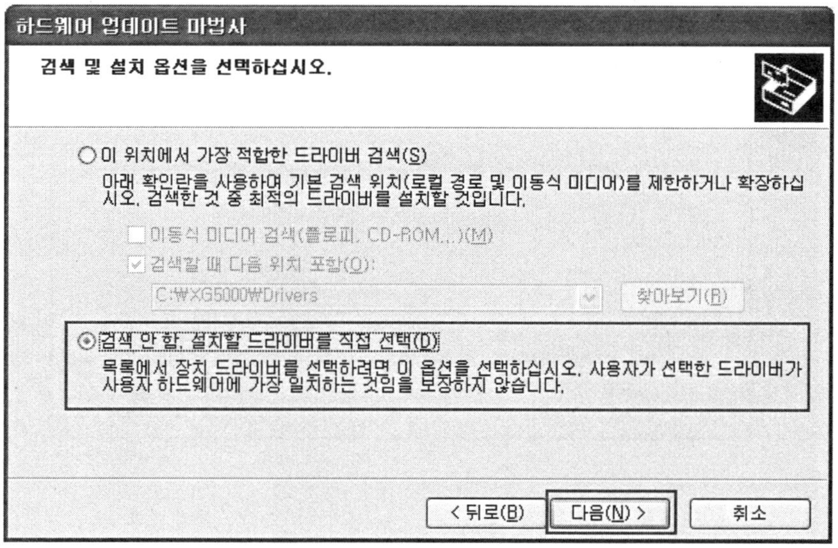


❼ 다음 그림과 같은 대화상자에서 [디스크 있음] 버튼을 누른다.

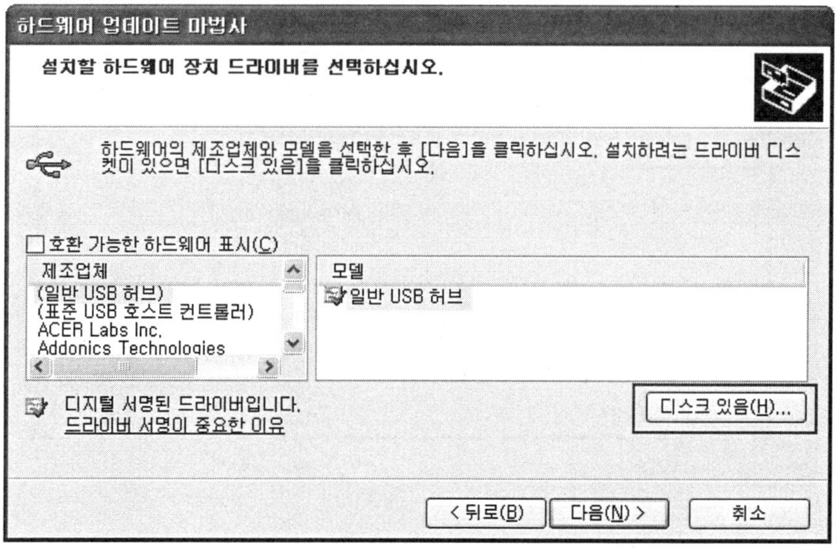

❽ 디스크에서 설치 대화상자가 나타나면 [찾아보기] 버튼을 누른다.

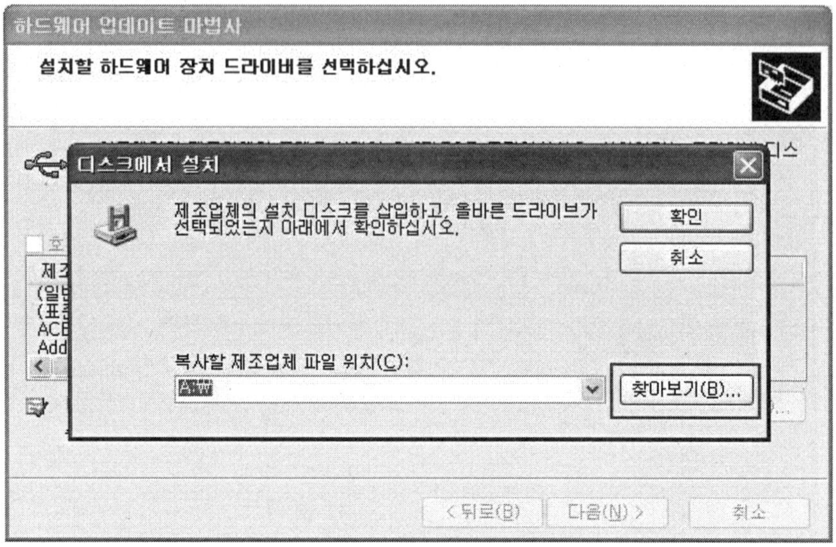


❾ 파일찾기 대화상자에서 XG5000이 설치된 폴더로 이동한다. [Drivers] 폴더를 선택하면 [GmUSBD.inf] 파일이 나타난다. 이 파일을 선택한 후 [열기] 버튼을 누른다.

⓾ 복사할 제조업체 파일 위치 항목에 디바이스 드라이버의 파일이 있는 디렉토리가 나타난다. [확인] 버튼을 누른다.

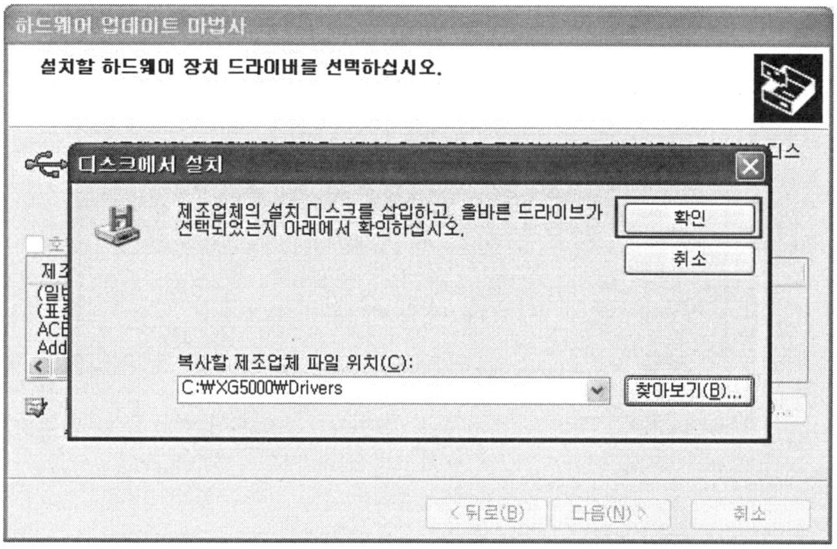


⓫ 장치 드라이버 선택 대화상자의 호환 가능한 하드웨어 표시 리스트에서 [LGIS XGSeries] 드라이버를 선택하고 [다음] 버튼을 누른다.

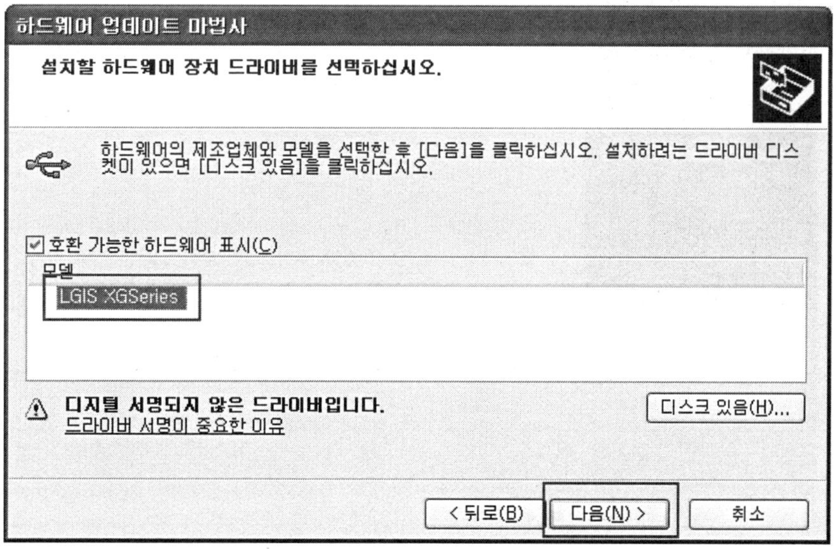

⑫ 하드웨어 설치 대화상자가 나타난다. [계속] 버튼을 눌러 설치를 진행한다.

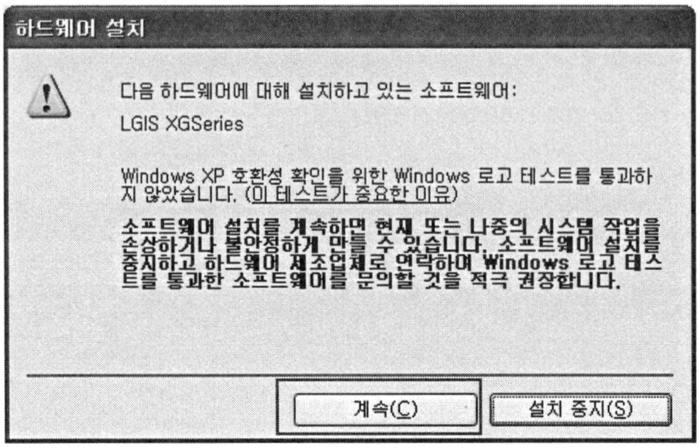


⑬ 하드웨어 업데이트 마법사 완료 대화상자가 나타난다. [마침] 버튼을 눌러 디바이스 드라이버 설치를 완료한다.

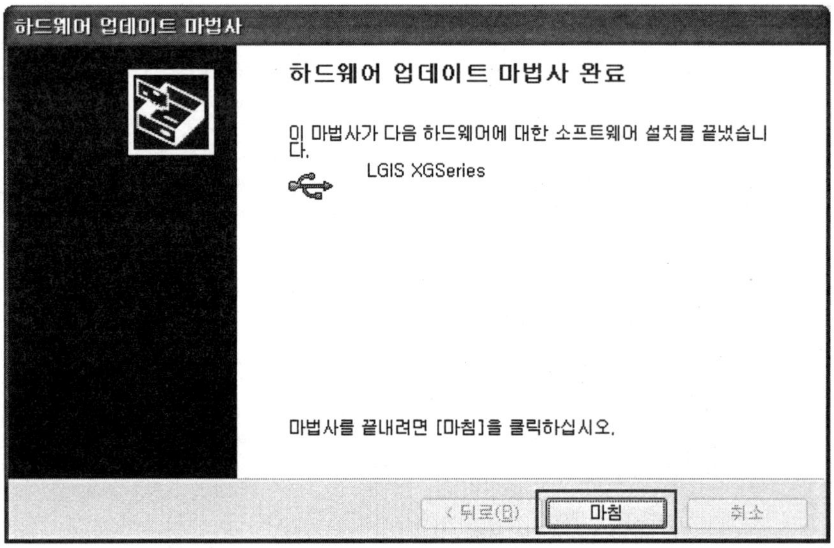

## ⑥ XG5000 화면구성과 기능

### 1. 화면 구성

XG5000 Software의 화면구성은 다음과 같다.

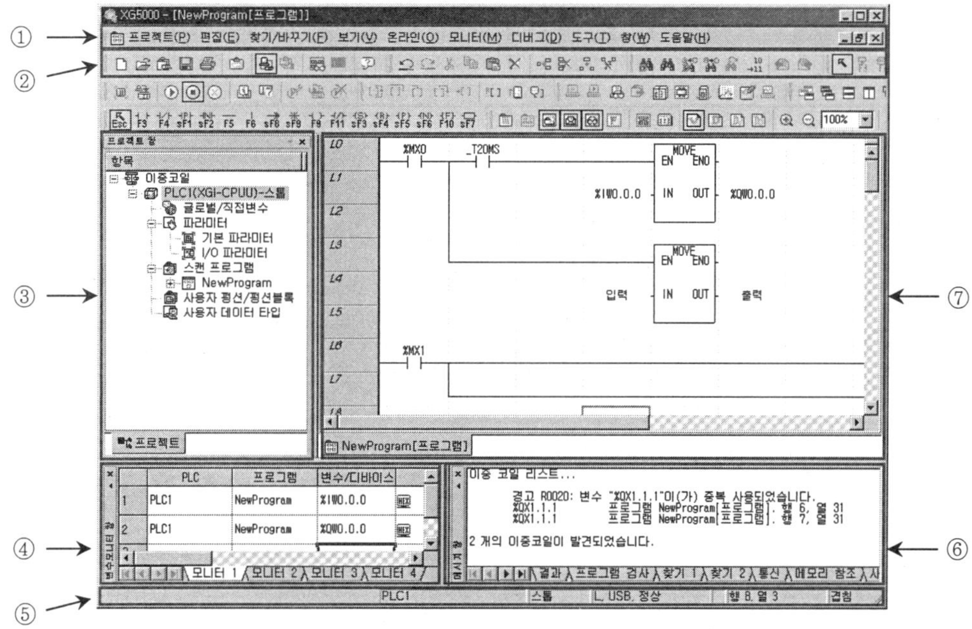


[그림 3-1] XG5000 화면 구성

① 메뉴 : 프로그램 편집을 위한 기본 메뉴이다.

② 도구모음 : 메뉴을 간편하게 실행할 수 있다.

③ 프로젝트 창 : 현재 열려있는 프로젝트의 구성 요소를 나타낸다.

④ 변수 모니터 창 : 변수를 등록하여 모니터 할 수 있다.

⑤ 상태 바 : XG5000의 상태, 접속된 PLC의 정보 등이 나타난다.

⑥ 편집 창 : 현재 LD 편집 창이 나타난다.

⑦ 메시지 창 : XG5000 사용중에 발생하는 각종 메시지가 나타난다.

### 2. 메뉴 구성

메뉴를 선택하면 명령어들이 나타나고, 원하는 명령을 마우스 또는 키로 선택하면 명령을 실행할 수 있다. 단축키(Ctrl+X, Ctrl+C)가 있는 메뉴인 경우에는 단축키를 눌러서 직접 명령을 선택할 수 있다.

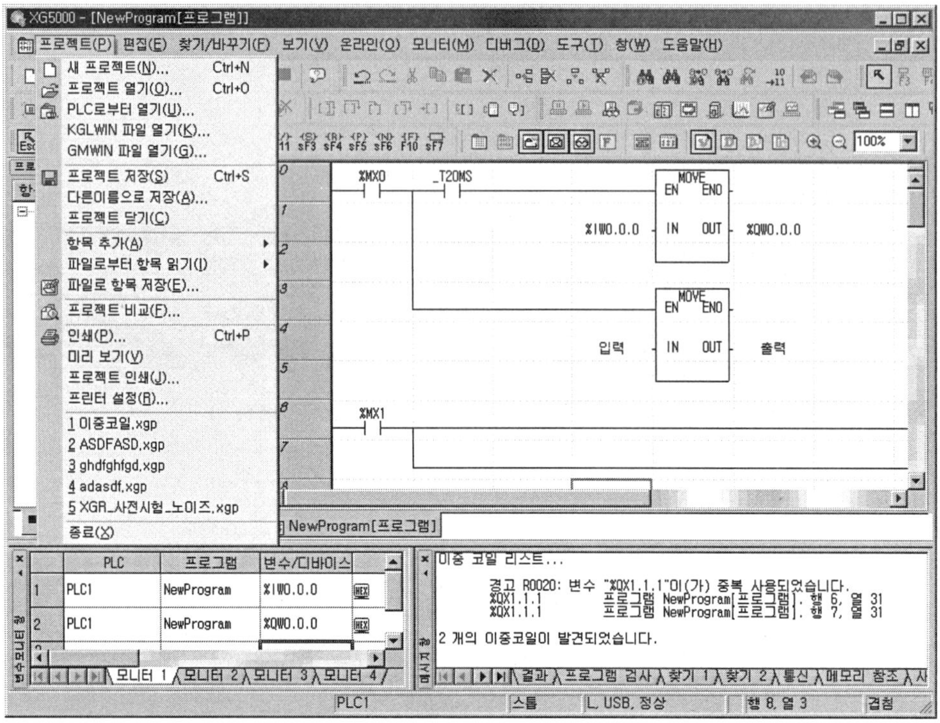


## 1) 프로젝트

| 명 령 | | 설 명 |
|---|---|---|
| 새 프로젝트 | | 프로젝트를 처음 생성 |
| 프로젝트 열기 | | 기존의 프로젝트 열기 |
| PLC로부터 열기 | | PLC에 있는 프로젝트 및 프로그램을 업-로드 |
| KGLWIN 파일 열기 | | KGLWIN용 프로젝트 파일 열기 |
| GMWIN 파일 열기 | | GMWIN용 프로젝트 파일 열기 |
| 프로젝트 저장 | | 프로젝트를 저장 |
| 다른 이름으로 저장 | | 프로젝트를 다른 이름으로 저장 |
| 프로젝트 닫기 | | 프로젝트 닫기 |
| 항목 추가 | PLC | 새로운 PLC를 프로젝트에 추가 |
| | 태스크 | 새로운 태스크를 프로젝트에 추가 |
| | 프로그램 | 새로운 프로그램을 프로젝트에 추가 |
| | 펑션 | 새로운 펑션을 프로젝트에 추가 |
| | 펑션 블록 | 새로운 펑션 블록을 프로젝트에 추가 |
| | 데이터 타입 | 새로운 데이터 타입을 프로젝트에 추가 |

| 명령 | | 설명 |
|---|---|---|
| 파일로 부터 항목 읽기 | PLC | 파일로부터 PLC 프로그램 읽기 |
| | 글로벌/직접변수 | 파일로부터 글로벌/직접변수 읽기 |
| | 프로그램 | 파일로부터 프로그램 읽기 |
| | I/O 파라미터 | 파일로부터 I/O 파라미터 읽기 |
| | 기본 파라미터 | 파일로부터 기본 파라미터 읽기 |
| | 펑션/펑션 블록 | 파일로부터 펑션/펑션 블록 읽기 |
| 파일로 항목 저장 | | 프로젝트 창에서 선택된 항목을 파일로 저장 |
| 변수/설명 파일로 저장 | | 프로젝트에서 선언된 변수들을 파일로 저장 |
| 프로젝트 비교 | | 두 개의 프로젝트를 비교하여 결과를 나타냄. |
| 인쇄 | | 활성화 되어있는 창의 내용을 인쇄 |
| 미리보기 | | 인쇄될 화면 미리보기 |
| 프로젝트 인쇄 | | 프로젝트의 항목을 선택하여 인쇄 |
| 프린터 설정 | | 프린터 옵션을 설정 |
| 종료 | | XG5000 종료 |

## 2) 편집

| 명령 | 설명 |
|---|---|
| 편집 취소 | 프로그램 편집 창에서 편집을 취소하고 바로 이전 상태로 복귀 |
| 재실행 | 편집 취소된 동작을 다시 복구 |
| 잘라내기 | 블록을 잡아 삭제하면서 클립보드에 복사 |
| 복사 | 불록을 잡아 클립보드에 복사 |
| 붙여넣기 | 클립보드로부터 편집 창에 복사 |
| 삭제 | 블록을 잡아 삭제하거나 선택된 항목을 삭제 |
| 모두선택 | 현재 활성화된 창의 모든 내용을 블록으로 표시 |
| 삽입모드 | 겹침 모드 중 삽입 모드로 전환 |
| 겹침 모드 | 삽입 모드 중 겹침 모드로 전환 |
| 라인 삽입 | 커서 위치에 새로운 라인을 추가 |
| 라인 삭제 | 커서 위치에 있는 라인을 삭제 |
| 셀 삽입 | 커서 위치에 입력 가능한 셀을 추가 |
| 셀 삭제 | 커서 위치에서 하나의 셀을 삭제 |
| 프로그램 최적화 | 프로그램 최적화 |
| 설명문/레이블 입력 | 커서 위치에 설명문 또는 레이블을 입력 |

| 명 령 | | 설 명 |
|---|---|---|
| 비실행문 해제 | | 커서가 위치한 렁 또는 블록 설정된 영역의 비실행문을 해제 |
| 북 마크 | 설정/해제 | 북마크를 설정 또는 해제 |
| | 모두 해제 | 모든 북마트 설정을 해제 |
| | 이전 북마크 | 이전 북마크로 이동 |
| | 다음 북마크 | 다음 북마크로 이동 |
| 편집 도구 | | 각 프로그램에 사용되는 편집 도구들 |

### 3) 찾기/바꾸기

| 명 령 | | 설 명 |
|---|---|---|
| 디바이스 찾기 | | 디바이스를 종류별로 찾는다. |
| 문자열 찾기 | | 원하는 문자를 찾는다. |
| 디바이스 바꾸기 | | 원하는 디바이스를 찾아 새로운 디바이스로 바꾼다. |
| 문자열 바꾸기 | | 원하는 문자를 찾아 새로운 문자로 바꾼다. |
| 다시 찾기 | | 이전에 실행한 찾기 또는 바꾸기를 반복 실행한다. |
| 찾아가기 | 스텝/라인 | 원하는 스텝/라인 위치로 커서를 이동시킨다. |
| | 렁 설명문 | 원하는 렁/설명문 위치로 커서를 이동시킨다. |
| | 레이블 | 원하는 레이블 위치로 커서를 이동시킨다. |
| | END 명령어 | END 명령어 위치로 커서를 이동시킨다. |
| 이전 메시지 | | 메시지 창에서 이전 메시지가 가리키는 곳으로 이동 |
| 다음 메시지 | | 메시지 창에서 다음 메시지가 가리키는 곳으로 이동 |

### 4) 보기

| 명 령 | 설 명 |
|---|---|
| IL | LD 편집 중 IL 보기로 전환한다. |
| LD | IL 편집 중 LD 보기로 전환한다. |
| 프로젝트 창 | 프로젝트 창을 보이거나 숨긴다. |
| 메시지 창 | 메시지 창을 보이거나 숨긴다. |
| 변수 모니터 창 | 변수 모니터 창을 보이거나 숨긴다. |
| 명령어 창 | 명령어 창을 보이거나 숨긴다. |
| 메모리 참조 | 메모리 사용 정보를 메시지 창의 메모리 참조 탭에 나타낸다. |
| 사용된 디바이스 | 사용된 디바이스 정보를 메시지 창의 사용된 디바이스 탭에 나타낸다. |

| 명　령 | 설　명 |
|---|---|
| 프로그램 검사 | 프로그램을 검사하여 결과를 메시지 창의 프로그램 검사 탭에 나타낸다. |
| 변수 보기 | 프로그램에 변수 이름을 나타낸다. |
| 디바이스 보기 | 프로그램에 디비이스 이름을 나타낸다. |
| 디바이스/변수 보기 | 프로그램에 디바이스와 변수를 나타낸다. |
| 디바이스/설명문 보기 | 프로그램에 디바이스와 설명문을 나타낸다. |
| 화면 확대 | 화면을 확대하여 보여준다. |
| 화면 축소 | 화면을 축소하여 보여준다. |
| 전체화면 | 프로그램 창 또는 변수/설명 창을 화면 전체로 확대한다. |
| 너비 자동 맞춤 | 변수/설명 창에서 셀의 너비를 문자열의 너비에 자동으로 맞춘다. |
| 높이 자동 맞춤 | LD 또는 변수/설명 창에서 셀의 높이를 문자열의 높이에 자동으로 맞춘다. |
| 등록 정보 | 프로젝트 창에 선택된 항목의 등록 정보를 보여준다. |
| LD화면 속성 | LD 화면의 속성을 설정한다. |
| 접점수 변경 | LD 화면의 접점수를 변경한다. |
| 로컬변수 열기 | 프로그램 화면에서 로컬변수 화면으로 전환한다. |
| 프로그램 열기 | 로컬변수 화면에서 프로그램 화면으로 전환한다. |
| 사용자 펑션/펑션 블록 열기 | LD 화면에서 사용한 사용자 펑션/펑션 블록을 선택하고 사용자 펑션/펑션 블록 열기를 선택하면 사용자 펑션/펑션 블록 프로그램 화면으로 전환한다. |

## 5) 온라인

| 명　령 | | 설　명 |
|---|---|---|
| 접속/접속 끊기 | | PLC와 접속하거나 접속을 해제한다. |
| 접속 설정 | | 접속 방법을 설정한다. |
| 모드전환 | 런 | PLC 모드를 전환한다. |
| | 스톱 | |
| | 디버그 | |
| 읽기 | | 파라미터/프로그램/설명문 등을 PLC로부터 읽어온다. |
| 쓰기 | | 파라미터/프로그램/설명문 등을 PLC에 쓴다. |
| PLC와 비교 | | 프로젝트를 PLC에 저장된 프로젝트와 비교한다. |
| PLC 리셋 | | PLC를 리셋한다. |
| PLC 지우기 | | PLC에 있는 파라미터/프로그램/설명문 등을 지운다. |
| PLC 정보 | | PLC 정보를 보여준다. |

| 명 령 | 설 명 |
|---|---|
| PLC 이력 | PLC 이력을 보여준다. |
| PLC 에러/경고 | PLC 에러/경고 정보를 보여준다. |
| I/O 정보 | PLC I/O 동기화 및 정보를 보여준다. |
| PLC 이력 저장 | PLC 이력을 파일로 저장한다. |
| 강제 I/O 설정 | 강제 I/O 설정용 창을 보여준다. |
| I/O 스킵 설정 | I/O 스킵 설정용 창을 보여준다. |
| 고장 마스크 설정 | 고장 마스크를 설정할 수 있는 창을 보여준다. |
| 모듈 교환 마법사 | 모듈 교환 위한 대화식 창을 나타낸다. |
| 런 중 수정 시작 | 런 중 수정을 시작한다. |
| 런 중 수정 쓰기 | 런 중 수정된 프로그램 및 정보를 PLC에 쓴다. |
| 런 중 수정 종료 | 런 중 수정을 종료한다. |

### 6) 모니터

| 명 령 | 설 명 |
|---|---|
| 모니터 시작/끝 | 모니터를 시작/종료 한다. |
| 모니터 일시정지 | 모니터를 일시정지 한다. |
| 모니터 다시시작 | 일시 정지된 모니터를 다시 시작한다. |
| 모니터 일시정지 설정 | 모니터 일시정지 조건을 설정한다. |
| 현재 값 변경 | 모니터 중인 디바이스의 값을 설정한다. |
| 시스템 모니터 | 시스템 모니터를 실행한다. |
| 디바이스 모니터 | 디바이스 모니터를 실행한다. |
| 특수모듈 모니터 | 특수 모듈 모니터를 실행한다. |
| 트렌드 모니터 | 트렌드 모니터를 실행한다. |
| 사용자 이벤트 | 사용자 이벤트를 설정한다. |
| 데이터 트레이스 | 디바이스를 지정하여 데이터 변화를 모니터한다. |

### 7) 디버그

| 명 령 | 설 명 |
|---|---|
| 디버그 시작/끝 | 디버그 모드로 전환하여 디버그를 시작/종료 한다. |
| 런 | 브레이크 포인트까지 런시킨다. |
| 스텝 오버 | 한 스텝씩 런시킨다. |
| 스텝 인 | 서브 루틴을 디버깅 한다. |
| 스텝 아웃 | 서브 루틴으로부터 빠져 나간다. |
| 커서 위치까지 런 | 커서 위치까지 런시킨다. |

| 명　령 | 설　명 |
|---|---|
| 브레이크 포인트 설정/해제 | 브레이크 포인트를 설정 또는 해제한다. |
| 브레이크 포인트 목록 | 설정된 브레이크 포인트의 목록을 보여준다. |
| 브레이크 조건 | 브레이크 조건을 설정한다. |

## 8) 도구

| 명　령 | 설　명 |
|---|---|
| 네트워크 관리자 | PLC 네트워크를 보여주고 파라미터를 설정한다. |
| 시뮬레이터 시작/끝 | 시뮬레이터를 시작 또는 종료한다. |
| 사용자 정의 | 도구, 명령어를 사용자가 정의한다. |
| 단축키 설정 | 사용자가 단축키를 설정한다. |
| 옵션 | XG5000 환경을 사용자에 맞게 변경할 수 있다. |

## 9) 창

| 명　령 | 설　명 |
|---|---|
| 새 창 | 활성화된 창에 대해 새 창을 연다. |
| 분할 | 활성화된 창을 분할한다. |
| 계당식 배열 | XG5000에 속해 있는 여러 창들을 계단식으로 배열한다. |
| 수평 배열 | XG5000에 속해 있는 여러 창들을 수평 배열한다. |
| 수직 배열 | XG5000에 속해 있는 여러 창들을 수직 배열한다. |
| 아이콘 정렬 | XG5000에 속해 있는 여러 아이콘들을 정렬한다. |
| 모두 닫기 | XG5000에 속해 있는 여러 창들을 모두 닫는다. |

## 10) 도움말

| 명　령 | 설　명 |
|---|---|
| XG5000 사용 도움말 | XG5000 사용 도움말을 연다. |
| XGK/XGB 명령어 도움말 | XGK/XGB 명령어 도움말을 연다. |
| XGI 명령어 도움말 | XGI 명령어 도움말을 연다. |
| LS산전 홈 페이지 | LS산전 홈 페이지에 인터넷 접속한다. |
| XG5000 정보 | XG5000의 정보를 나타낸다. |

## 3. 도구 모음

XG5000에서는 자주 사용되는 메뉴들을 단축 아이콘 형태로 제공하고 있으며, 원하는 도구를 마우스로 누르면 실행된다.

아래 표에 도구의 모양과 그에 대한 설명을 기술하였다. 원하는 도구를 마우스로 누르면 바로 실행된다.

| 도구 | 명령 | 도구 | 명령 |
|---|---|---|---|
|  | 새 프로젝트 |  | 삭제 |
|  | 프로젝트 열기 |  | 라인 삽입 |
|  | PLC로부터 열기 |  | 라인 삭제 |
|  | 프로젝트 저장 |  | 셀 삽입 |
|  | 인쇄 |  | 셀 삭제 |
|  | 접속/접속 끊기 |  | 디바이스 찾기 |
|  | 접속 설정 |  | 문자열 찾기 |
|  | 네트워크 관리자 |  | 디바이스 바꾸기 |
|  | 시뮬레이터 |  | 문자열 바꾸기 |
|  | 온도제어 | 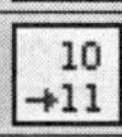 | 스텝/라인 찾아가기 |
|  | 도움말 |  | 이전 메시지 |
|  | 편집취소 |  | 다음 메시지 |
|  | 재 실행 |  | 모니터 시작/끝 |
|  | 잘라내기 |  | 쓰기 |
|  | 복사 |  | 런 |
|  | 붙여넣기 |  | 스톱 |

| 도구 | 명　　령 | 도구 | 명　　령 |
|---|---|---|---|
|  | 디버그 |  | 계단식 배열 |
|  | PLC 정보 |  | 수평 배열 |
|  | PLC 이력 |  | 수직 배열 |
|  | 런 중 수정 시작 |  | 모두 닫기 |
|  | 런 중 수정 쓰기 |  | IL |
|  | 런 중 수정 종료 |  | LD |
|  | 모니터 일시정지 |  | 프로젝트 창 |
|  | 모니터 다시시작 |  | 메시지 창 |
|  | 모니터 일시정지 설정 |  | 변수 모니터 창 |
|  | 현재값 변경 |  | 명령어 창 |
|  | 시스템 모니터 |  | 메모리 참조 |
|  | 디바이스 모니터 |  | 사용된 디바이스 |
|  | 특수모듈 모니터 |  | 변수 보기 |
|  | 트렌드 모니터 |  | 디바이스 보기 |
|  | PID 모니터 |  | 디바이스/변수 보기 |
|  | SOE 모니터 |  | 디바이스/설명문 보기 |
|  | 사용자 이벤트 |  | 변수/설명문 보기 |
|  | 데이터 트레이스 |  | 화면 확대 |
|  | 브레이크 포인트 설정 |  | 화면 축소 |
|  | 브레이크 포인트 목록 |  | 접점수 증가 |
|  | 브레이크 조건 |  | 접점수 감소 |
|  | 새 창 |  | 전체화면/해제 |

## 4. LD

래더 다이어그램 편집에 관련된 아이콘으로 이루어져 있다.

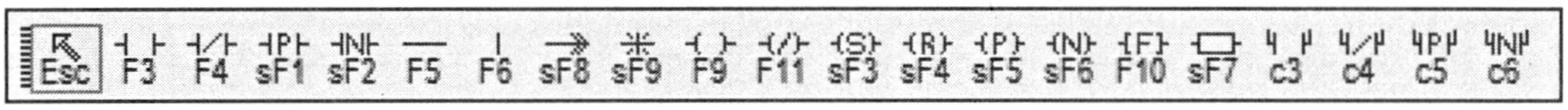


| 기 호 | 단축키 | 기 능 및 명 령 어 |
|---|---|---|
| Esc | Esc | 화살표 모드(선택) |
| F3 | F3 | 평상시 열린 접점(a접점, Normally open contact) |
| F4 | F4 | 평상시 닫힌 접점(b접점, Normally closed contact) |
| sF1 | Shift+F1 | 양변환 검출 접점(Positive transition-sensing contact) |
| sF2 | Shift+F2 | 음변환 검출 접점(Negative transition-sensing contact) |
| F5 | F5 | 가로선 |
| F6 | F6 | 세로선 |
| sF8 | Shift+F8 | 가로선 채우기 |
| sF9 | Shift+F9 | 반전 접점 |
| F9 | F9 | 코일 |
| F11 | F11 | 역코일 |
| sF3 | Shift+F3 | 셋(latch) 코일 |
| sF4 | Shift+F4 | 리셋(unlatch) 코일 |
| sF5 | Shift+F5 | 양변환 검출 코일(Positive transition-sensing coil) |
| sF6 | Shift+F6 | 음변환 검출 접점(Negative transition-sensing coil) |
| F10 | F10 | 펑션/펑션 블록(Function/Function Block) |
| sF7 | Shift+F7 | 확장펑션 |
| c3 | Ctrl+F3 | 평상시 열린 OR 접점(a접점, Normally open contact) |
| c4 | Ctrl+F4 | 평상시 닫힌 OR 접점(b접점, Normally open contact) |
| c5 | Ctrl+F5 | 양변환 검출 OR 접점(Positive transition-sensing contact) |
| c6 | Ctrl+F6 | 음변환 검출 OR 접점(Negative transition-sensing contact) |

## 5. 상태 표시줄

① 명령 설명 : 선택된 메뉴나 명령, 마우스가 위치해 있는 도구모음에 대한 설명이 나타난다.

② PLC 이름 : 선택된 PLC 이름을 표시한다. 하나의 프로젝트에 여러 PLC가 있을 경우 온라인 관련 명령은 이곳에 표시되는 PLC로 적용된다.

③ PLC 모드표시 : PLC의 모드가 표시된다. 하나의 프로젝트에 여러 PLC가 있을 경우 선택된 PLC의 모드가 표시된다.

④ 경고표시 : PLC의 이상 상태(에러)를 표시한다.

⑤ 커서위치 표시 : 프로그램을 편집할 때 커서의 위치를 표시한다.

⑥ 모드표시 : 삽입 모드 또는 겹침 모드를 표시한다.

# 제4장

# PLC 제어 실습

# 제4장 PLC 제어 실습

## 실습 01 프로그래밍 소프트웨어 기본 사용법

### A. 실습목적

1. 프로그래밍 소프트웨어인 XG5000의 사용법을 익힌다.
2. 기본적인 프로그램을 작성, 전송, 실행을 할 수 있다.

### B. 준비물

1. PLC 트레이너
2. PC
   - 펜티엄 이상
   - 256MB 이상의 메모리, 200MB 이상의 하드 디스크
   - 윈도우 2000/XP/VISTA/7
   - 기타(마우스, 프린터)
3. XG5000 소프트웨어 툴

### C. 관계지식

1. **대화상자의 사용법**

   대화상자에는 입력란, 확인란, 목록상자 등이 나타나며 사용자가 원하는 값을 설정할 수 있다.

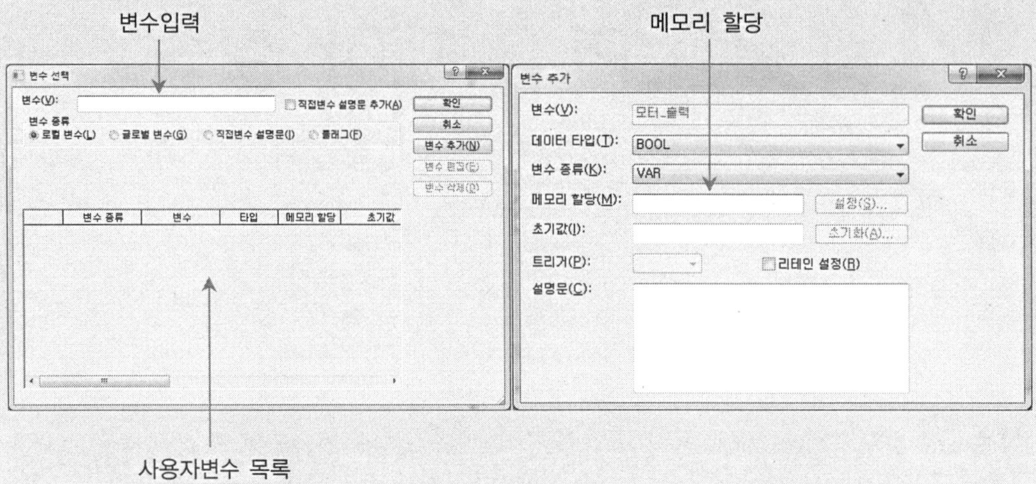


• 변수입력 : 직접변수나 사용자 변수를 입력한다.

• 메모리 할당 : 사용자 변수에 대한 메모리를 할당한다.

• 사용자 변수 목록 : 프로그램에 등록된 사용자 변수 목록이 나타난다.

## 2. PLC와 연결방법

### (1) 접속방법/접속단계 설정

XG5000에서 PLC로의 접속은 방법과 단계의 2가지 옵션을 미리 정해 주어야 한다. 접속 옵션은 메뉴의 [온라인]→[접속 설정]을 선택하여 설정한다.

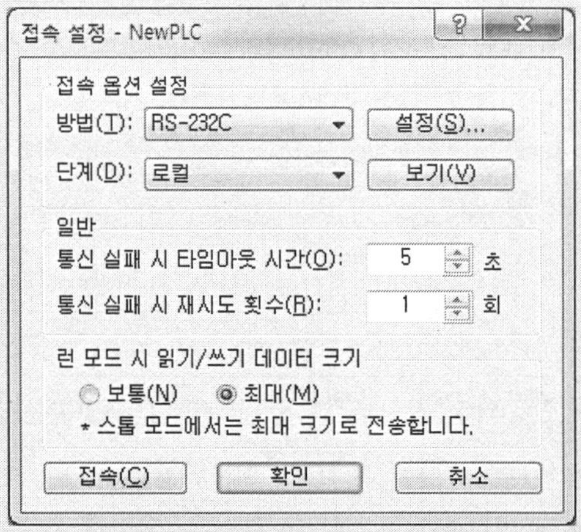

[접속방법]

- RS-232C를 이용한 접속
- USB를 이용한 접속
- Ethernet을 이용한 접속
- 모뎀을 이용한 접속
- 증설베이스 USB를 이용한 접속

[접속단계]

- 로컬접속
- 리모트 1단 접속
- 리모트 2단 접속

(2) RS-232C를 이용한 접속

RS-232C를 이용한 접속을 위한 콘넥터 결선도는 다음과 같다.

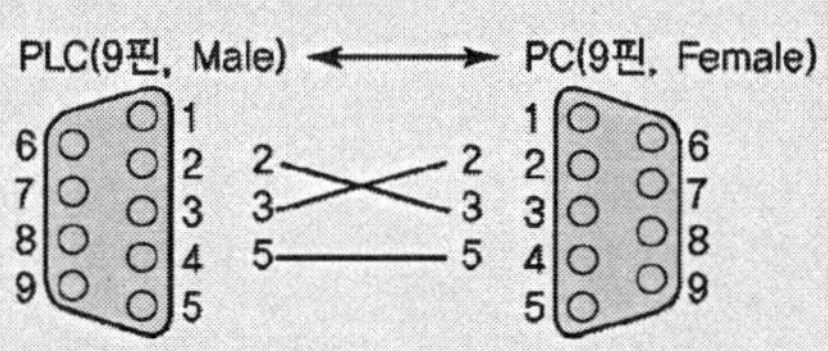


[그림 4-1] PLC ⇔ PC콘넥터 핀 결선도

## D. 기본 프로그램 작성 실습

1. PLC와 PC의 통신포트에 RS-232C 케이블을 접속한다.
2. PC를 켜고 윈도우 초기화면에서 하단의 윈도우 [시작( 시작 )] 버튼을 클릭한다.
3. [모든 프로그램] → [XG5000] → [XG5000]을 클릭한다.

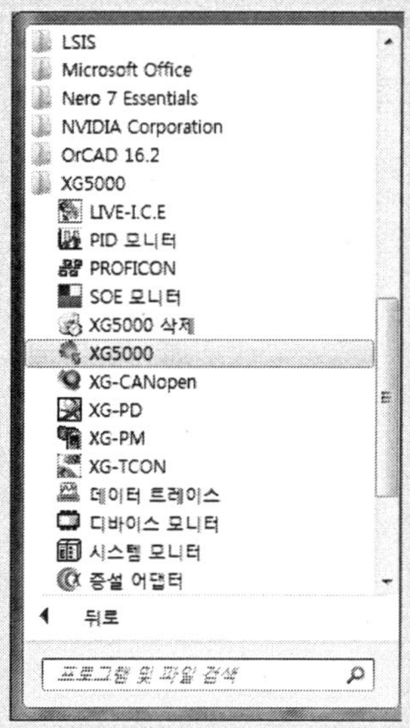

4. 다음과 같이 XG5000의 초기 화면에서 [새 프로젝트] 아이콘을 클릭 한다.

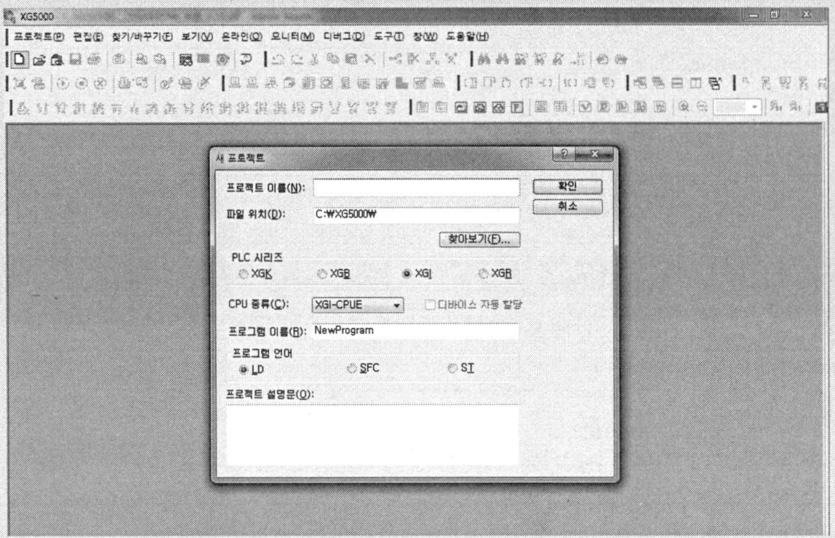


5. 새 프로젝트 대화상자의 입력란에 아래와 같이 입력하고 [확인] 버튼을 누른다.

| 프로젝트 이름(N) | wsb-30p-exp01_kor |
|---|---|
| PLC 시리즈 | XGI |
| CPU 종류(C) | XGI-CPUE |
| 프로그램 이름(R) | wsb-30p-exp01_kor |
| 프로그램 언어 | LD |
| 프로젝트 설명문(O) | 기본 프로그램 |

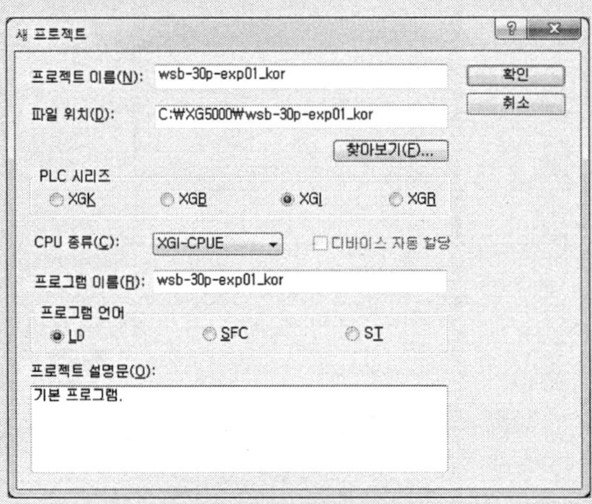

### (1) 프로그램 작성

다음과 같이 화면이 나타나면 프로그램 작성을 시작한다.

① 도구상자에서 [ F3 ]를 선택한 후 프로그램 창의 L0 위치에서 클릭한 후 변수선택 대화 상자의 변수(V) 입력란에 '스위치0'이라고 입력한 다음 확인 버튼을 누르면 변수추가 대화 상자가 나타난다. 이때 메모리 할당(M)란에 '%IX0.0.0'이라고 입력한 후 확인 버튼을 누른다.

② 도구상자에서 [ F4 ]를 선택한 후 [ 스위치0 ]접점의 우측 위치에서 클릭한 후 변수선택 대화 상자의 변수(V) 입력란에 '스위치1'이라고 입력한 다음 확인 버튼을 누르면 변수추가 대화상자가 나타난다. 이때 메모리 할당(M)란에 '%IX0.0.1'이라고 입력한 후 확인 버튼을 누른다.

③ 도구상자에서 [ F9 ]를 선택한 후 [ 스위치1 ─┤/├─ ]접점의 우측 위치에서 클릭한 후 변수선택 대화 상자의 변수(V) 입력란에 '램프'라고 입력한 다음 확인 버튼을 누르면 변수추가 대화상자가 나타난다. 이때 메모리 할당(M)란에 '%QX0.2.0'이라고 입력한 후 확인 버튼을 누른다.

④ 도구상자에서 [ F3 ]를 선택한 후 프로그램 창의 L1 위치에서 클릭한 후 변수선택 대화상자 하단의 목록 중 '램프'를 선택한 다음 확인 버튼을 누른다.

⑤ 도구상자에서 [ F6 ]를 선택한 후 [ 램프 ─┤ ├─ ]접점의 우측 위치에서 클릭한다.

(2) PLC와 PC 간 접속 설정

프로그램 편집이 완료되면 PLC에 프로그램을 다운로드하기 위해 PLC와 접속한다. 메뉴의 [온라인(O)]→[접속 설정(O)...]을 클릭하면 접속 설정 대화상자가 나타나는데, 이때 [방법(T)]을 'RS-232C'로 선택하고 [단계(D)]를 '로컬'로 선택한 다음, [접속(C)] 버튼을 클릭한다.

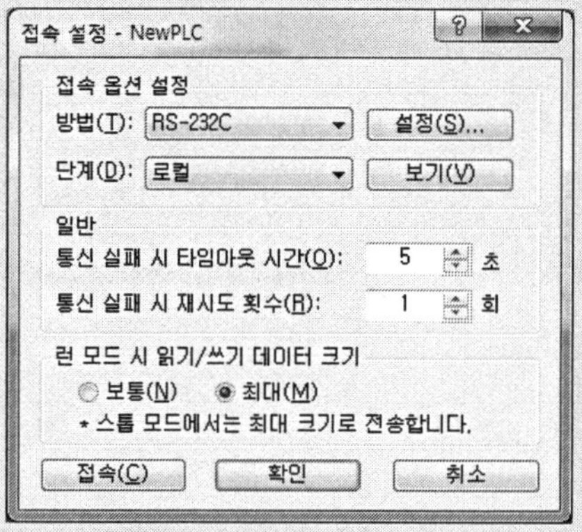


(3) I/O 파라미터 설정

① PLC와의 접속이 완료되면 PLC에 프로그램을 다운로드하기 전에 I/O 파라미터를 설정한다. I/O 파라미터가 설정되지 않은 상태에서 프로그램과 파라미터를 다운로드하면 PLC에 에러가 발생한다.

I/O 파라미터를 설정하기 위해 메뉴의 [보기(V)]→[프로젝트 창(P)]을 선택하면 화면 좌측에 프로젝트 창이 나타난다. 프로젝트 창의 중간부분의 I/O 파라미터 항목을 더블 클릭하면 다음 그림과 같이 I/O 파라미터 설정 창이 나타난다.

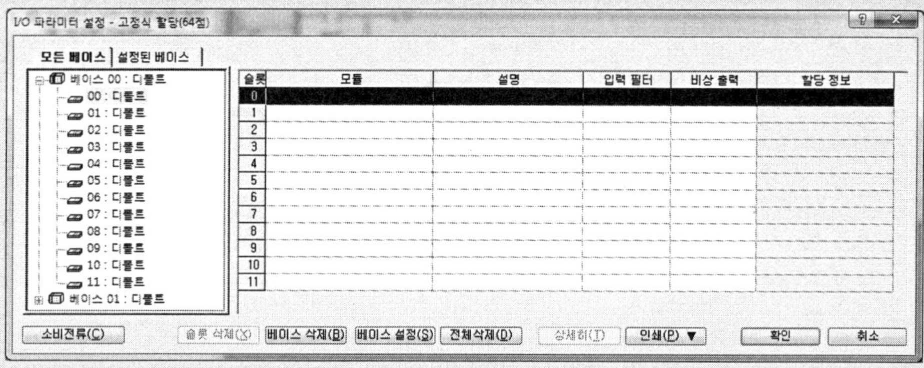

② I/O 파라미터 창의 [슬롯0] 위치를 클릭하면 모듈 리스트가 나타나는데, 디지털 모듈 리스트의 입력모듈을 더블클릭하면 디지털 입력모듈 리스트가 나타난다. 이때 현재 PLC에 장착된 모듈인 'XGI-D22A/B(DC24V 입력, 16점)'을 선택하면 슬롯0에 디지털 입력모듈이 설정된다. 이와 같은 방법으로 현재 PLC에 장착되어 있는 모듈에 대해 I/O 파라미터를 설정하고 설정이 완료되면 확인 버튼을 누른다.

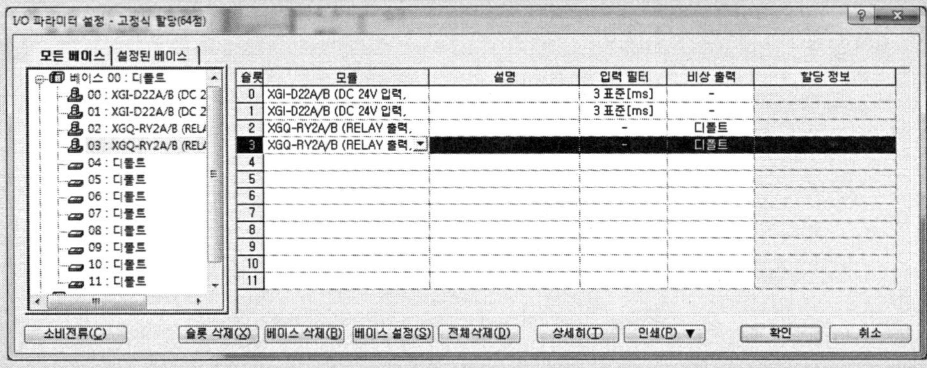


(4) 프로그램 다운로드

① I/O 파라미터 설정이 완료되면 PLC에 프로그램을 다운로드하기 위해 메뉴의 [온라인]→[쓰기]를 선택하면 쓰기 대화상자가 나타난다. 이때 모든 항목을 체크한 후 확인 버튼을 누르면 PLC에 프로그램이 다운로드된다.

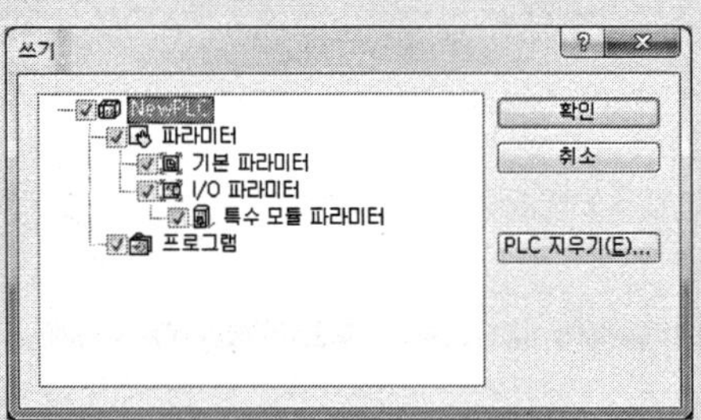


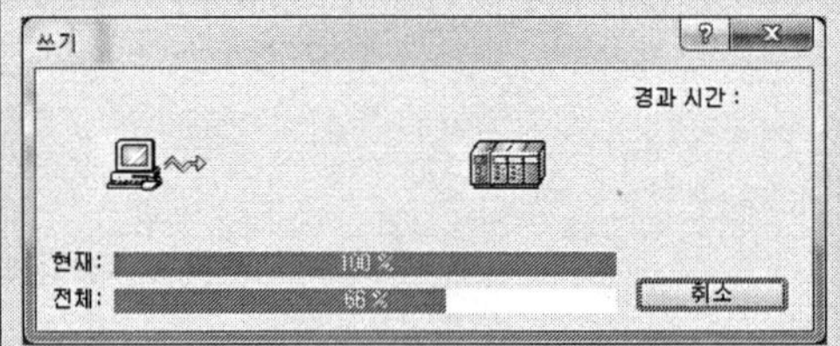


② PLC에 프로그램 다운로드가 정상적으로 완료되면 다음 그림과 같이 런 모드로의 전환 메시지가 나타난다. 이때 [예(Y)] 버튼을 누르면 PLC가 런된다.

## E. 프로그램 모니터링

1. PLC에 전송된 프로그램을 모니터하기 위해 메뉴의 [모니터(M)]→[모니터 시작(M)]을 선택하면 모니터링이 시작된다.

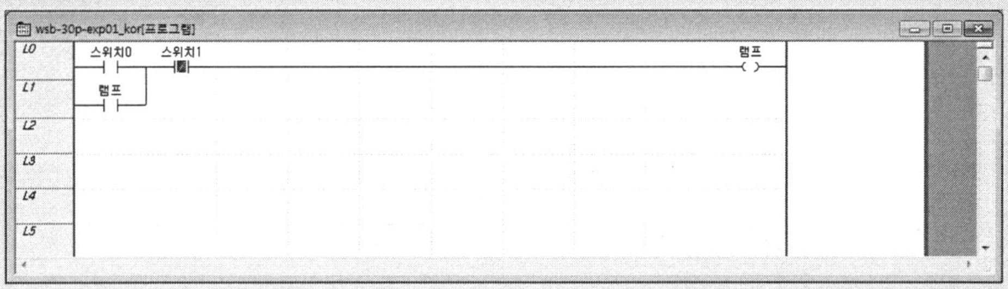


2. 스위치0(%IX0.0.0)을 On하면 다음 그림과 같이 스위치0 접점이 On되고 램프(%QX0.2.0) 출력이 On된다.

3. 스위치0(%IX0.0.0)을 Off해도 다음 그림과 같이 좌측의 램프(%QX0.2.0)접점이 On되어 출력이 계속 On되고 이것을 '자기유지'라 한다.

4. 스위치1(%IX0.0.1)을 On하면 다음 그림과 같이 램프(%QX0.2.0) 출력이 Off된다.

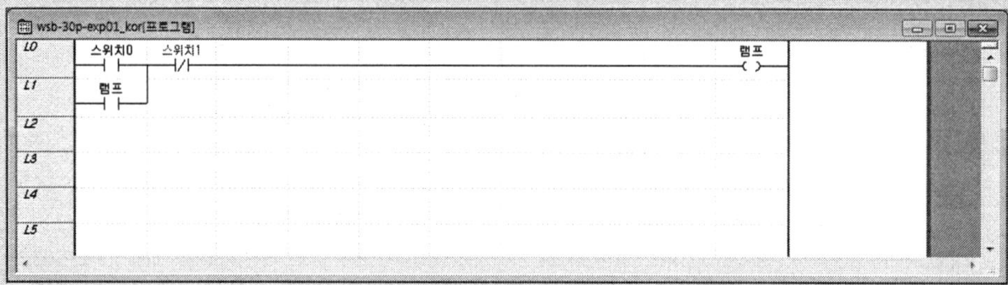


5. 스위치1(%IX0.0.1)을 Off하면 다음 그림과 같이 초기상태가 된다.

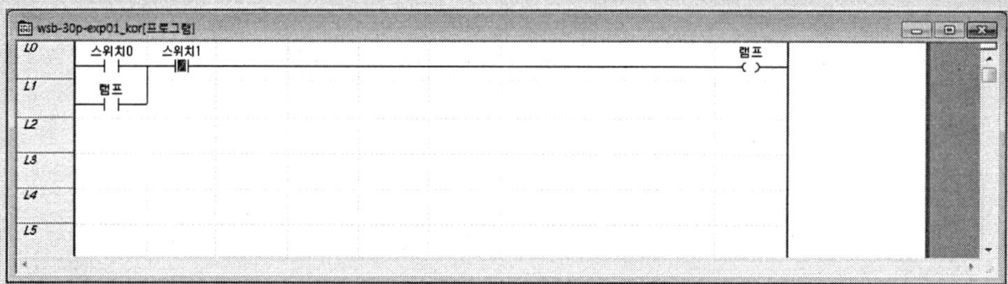


## F. 끝내기

1. 실습을 종료하기 위해 메뉴의 [온라인(O)] → [모드전환(M)] → [스톱(S)]을 선택하여 PLC를 스톱시킨다.
2. PLC가 스톱되면 접속을 끊기 위해 다시 메뉴의 [온라인(O)] → [접속 끊기(M)]를 선택하면 PLC와 PC 간 접속이 해제된다.

# 실습 02 기본 명령어 LOAD와 LOAD NOT

## A. 실습목적

1. 모선과 전원 흐름선(연결선)의 의미를 이해한다.
2. 접점과 코일의 용도와 사용법을 익힌다.

## B. 준비물

1. PLC 트레이너
2. PC
   - 펜티엄 이상
   - 256MB 이상의 메모리, 200MB 이상의 하드 디스크
   - 윈도우 2000/XP/VISTA/7
   - 기타(마우스, 프린터)
3. XG5000 소프트웨어 툴

## C. 관계지식

### 1. 모선과 연결선

(1) 모선

| | 기 호 | 설 명 |
|---|---|---|
| 왼쪽 모선 | ‖— | 언제나 BOOL 1의 값을 가지고 있다. |
| 오른쪽 모선 | —‖ | 값은 정해지지 않는다. |

(2) 연결선(전원 흐름선)

전원 흐름선은 언제나 BOOL 값을 가지며, 접점이나 코일에 연결되어 있고 한 Rung에서 하나만 존재한다.

| | 기 호 | 설 명 |
|---|---|---|
| 가로 연결선 | —— | 왼쪽의 값을 오른쪽으로 전달한다. |
| 세로 연결선 | │ | 왼쪽에 있는 가로 연결선들의 논리합 |

※ Rung : 래더 다이어그램의 처음부터 밑으로 내려가는 선이 없는 줄까지를 말함.

2. **접점**

접점은 왼쪽에 있는 가로 연결선의 상태와 현 접점과 연관된 BOOL 입력, 출력, 또는 메모리 변수간의 논리곱을 한 값을 오른쪽에 위치한 가로 연결선에 전달한다.

| 접 점 | 기 호 | 설 명 |
|---|---|---|
| a 접점<br>N.O(Normally Open Contact) | ┤├ | 평상시 열린 접점으로 BOOL 변수의 상태가 On일 때 왼쪽 연결선 상태는 오른쪽의 연결선으로 복사되며, 그렇지 않을 경우는 오른쪽 연결선 상태는 Off이다. |
| b 접점<br>N.C(Normally Close Contact) | ┤/├ | 평상시 닫힌 접점으로 BOOL 변수의 상태가 Off일 때 왼쪽 연결선 상태는 오른쪽의 연결선으로 복사되며, 그렇지 않을 경우는 오른쪽 연결선 상태는 On이다. |

3. **코일**

코일은 왼쪽의 연결선의 상태 또는 상태 변환에 대한 처리 결과를 연관된 BOOL 변수에 저장시킨다.

| 코 일 | 기 호 | 설 명 |
|---|---|---|
| 코일 | ( ) | 왼쪽에 있는 연결선 상태를 관련된 BOOL변수에 넣는다. |
| 역 코일 | (/) | 왼쪽에 있는 연결선 상태의 반대값을 관련된 BOOL 변수에 넣는다. 즉, 왼쪽 연결선 상태가 Off이면 관련된 변수를 On시키고, 왼쪽 연결선 상태가 On이면 관련된 변수를 Off시킨다. |

※ 코일은 래더 다이어그램의 가장 오른쪽에만 올 수 있다. 즉, 코일의 우측에는 언제나 오른쪽 모선만 있다.

## D. 입·출력 결선도(I/O 리스트)

1. **입력 결선도(Input List)**

| 심 벌 | 간접변수 | 직접변수 | 내 용 |
|---|---|---|---|
| 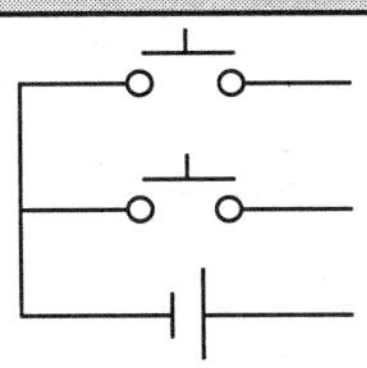 | 스위치0 | %IX0.0.0 | 외부입력 스위치0(Switch Block) |
| | 스위치1 | %IX0.0.1 | 외부입력 스위치1(Switch Block) |
| DC24V | Com1 | | %IX0.0.0~%IX0.0.15까지의 입력 Common |

2. 출력 결선도(Output List)

| 심 벌 | 간접변수 | 직접변수 | 내 용 |
|---|---|---|---|
| | PL0 | %QX0.2.0 | 외부 출력 표시등0(Lamp & Bz Block) |
| | PL1 | %QX0.2.1 | 외부 출력 표시등1(Lamp & Bz Block) |
| | PL2 | %QX0.2.2 | 외부 출력 표시등2(Lamp & Bz Block) |
| DC24V | Com1 | | %QX0.2.0~%QX0.2.15까지의 출력 Common |

## E. 실습순서

1. 리드선을 사용하여 입력 결선도와 같이 결선하시오. 이때 입력 스위치들의 공통선과 PLC의 입력 Common 단자 사이에는 DC24V 전원을 연결해 주어야 한다.(극성무관)
2. 리드선을 사용하여 출력 결선도와 같이 결선하시오. 이때 출력 램프들의 공통선과 PLC의 출력 Common 단자 사이에는 램프의 정격 전압에 해당하는 DC24V 전원을 연결해 주어야 한다.
3. PLC와 PC를 통신 케이블로 연결하시오.
4. PC를 켜고 XG5000을 실행시키시오.
5. **프로그램 작성**

   아래의 변수목록과 래더 다이어그램을 보고 프로그램을 작성하시오.

| 번호 | 변수 명 | 변수 종류 | 데이터 타입 | 메모리 할당 |
|---|---|---|---|---|
| 1 | 스위치0 | VAR | BOOL | %IX0.0.0 |
| 2 | 스위치1 | VAR | BOOL | %IX0.0.1 |
| 3 | PL0 | VAR | BOOL | %QX0.2.0 |
| 4 | PL1 | VAR | BOOL | %QX0.2.1 |
| 5 | PL2 | VAR | BOOL | %QX0.2.2 |

[ 변수목록 ]

[ 래더 다이어그램 ]

### 6. I/O 파라미터 설정

다음 그림과 같이 I/O 파라미터를 설정하시오.

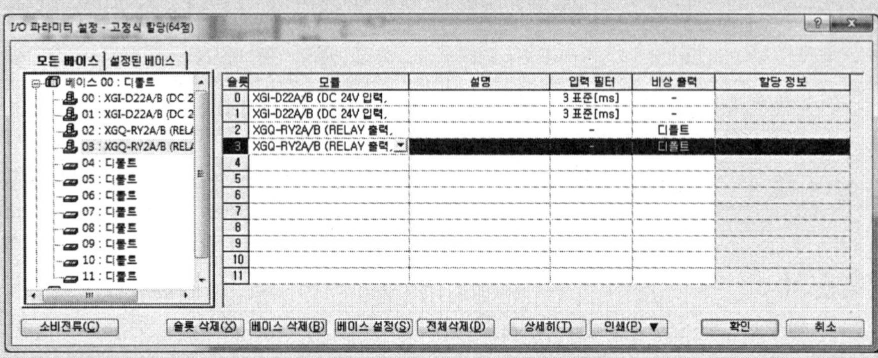

### 7. 프로그램 전송

(1) 프로그램을 전송하기 전에 PC와 PLC의 통신케이블 연결 상태를 다시 확인한다.

(2) PLC에 전원을 인가하고 CPU 모듈의 모드 전환키는 STOP 상태로 한다.

(3) 메뉴의 [온라인(O)]→[접속 설정(O)]을 클릭하면 접속 설정 대화상자가 나타나는데, 이때 [방법(T)]을 'RS-232C'로 선택하고, [단계(D)]를 '로컬'로 선택한 다음, [접속(C)] 버튼을 클릭한다.

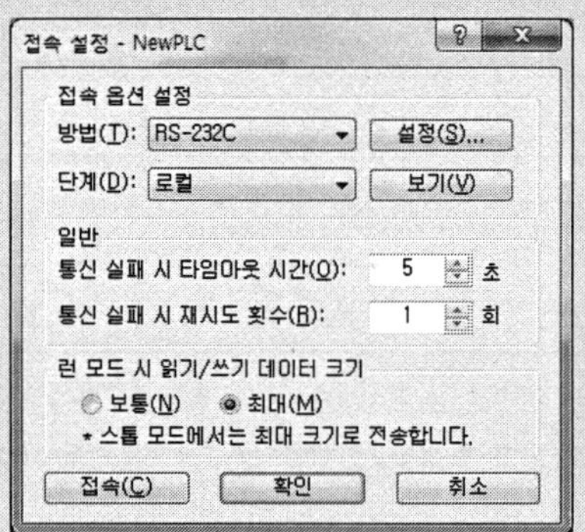

(4) PLC에 프로그램을 다운로드하기 위해 메뉴의 [온라인(O)]→[쓰기(W)...]를 선택하면 쓰기 대화상자가 나타난다. 이때 모든 항목을 체크한 후 [확인] 버튼을 누르면 PLC에 프로그램이 다운로드된다.

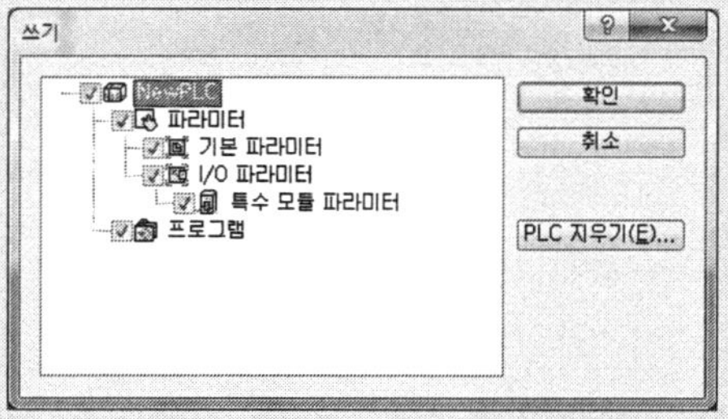

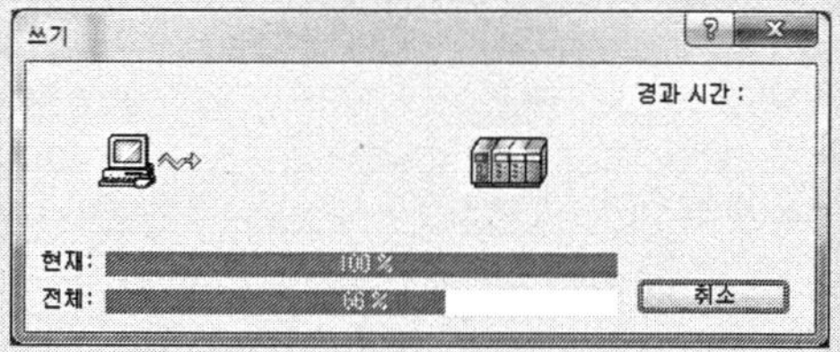


(5) PLC에 프로그램 다운로드가 정상적으로 완료되면 다음 그림과 같이 런 모드로의 전환 메시지가 나타난다. 이때 [예(Y)] 버튼을 누르면 PLC가 런된다.

8. 이때 점등되는 표시등이 있는가?

9. 스위치0(%IX0.0.0)을 누르시오. 변화가 있는가?

10. 스위치0(%IX0.0.0)에서 손을 떼시오. 어떤 변화가 있는가?

11. 스위치1(%IX0.0.1)을 누르시오. 변화가 있는가?

12. 스위치1(%IX0.0.1)에서 손을 떼시오. 어떤 변화가 있는가?

## F. 끝내기

1. 실습을 종료하기 위해 메뉴의 [온라인(O)]→[모드전환(M)]→[스톱(S)]을 선택하여 PLC를 스톱시킨다.
2. PLC가 스톱되면 접속을 끊기 위해 다시 메뉴의 [온라인(O)]→[접속 끊기(M)]를 선택하면 PLC와 PC 간 접속이 해제된다.

## 실습 03 기본 명령어 AND와 AND NOT

### A. 실습목적

1. AND 명령의 의미를 알고 용도와 사용법을 익힌다.
2. AND NOT 명령의 의미를 알고 용도와 사용법을 익힌다.

### B. 준비물

1. PLC 트레이너
2. PC
   - 펜티엄 이상
   - 256MB 이상의 메모리, 200MB 이상의 하드 디스크
   - 윈도우 2000/XP/VISTA/7
   - 기타(마우스, 프린터)
3. XG5000 소프트웨어 툴

### C. 관계지식

1. 한 회로에서 앞에 사용된 접점과 직렬로 a접점을 연결할 때를 AND라 한다.
2. 한 회로에서 앞에 사용된 접점과 직렬로 b접점을 연결할 때를 AND NOT이라 한다.
3. 직렬로 연결하는 접점의 수는 LD프로그램의 2번 열에서부터 30번 열까지 입력 가능하다. 만일 평션으로 입력할 때에는 한 평션에서 최대 8개까지 입력이 가능하므로 연결 접점의 수는 더 늘어날 수 있다.

### D. 입·출력 결선도(I/O List)

1. **입력 결선도(Input List)**

| 심 벌 | 간접변수 | 직접변수 | 내 용 |
|---|---|---|---|
| 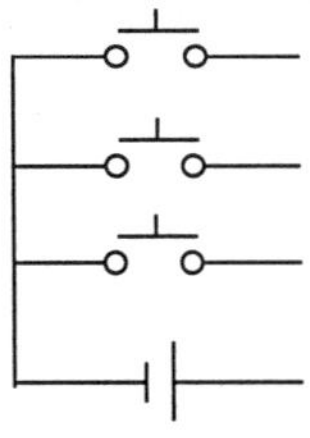 | 스위치0 | %IX0.0.0 | 외부입력 스위치0(Switch Block) |
| | 스위치1 | %IX0.0.1 | 외부입력 스위치1(Switch Block) |
| | 스위치2 | %IX0.0.2 | 외부입력 스위치2(Switch Block) |
| DC24V | Com1 | | %IX0.0.0 ~ %IX0.0.15까지의 입력 Common |

2. **출력 결선도(Output List)**

| 심 벌 | 간접변수 | 직접변수 | 내 용 |
|---|---|---|---|
| 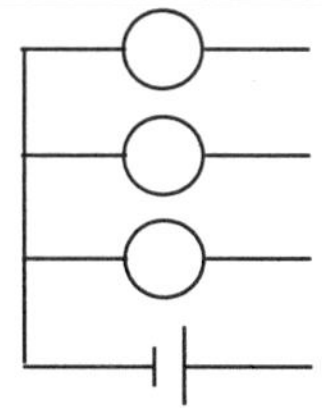 DC24V | PL0 | %QX0.2.0 | 외부 출력 표시등0(Lamp & Bz. Block) |
| | PL1 | %QX0.2.1 | 외부 출력 표시등1(Lamp & Bz. Block) |
| | PL2 | %QX0.2.2 | 외부 출력 표시등2(Lamp & Bz. Block) |
| | Com1 | | %QX0.2.0 ~ %QX0.2.15까지의 출력 Common |

## E. 실습순서

1. 리드선을 사용하여 입력 결선도와 같이 결선하시오. 이때 입력 스위치들의 공통선과 PLC의 입력 Common 단자 사이에는 DC24V 전원을 연결해 주어야 한다.(극성무관)
2. 리드선을 사용하여 출력 결선도와 같이 결선하시오. 이때 출력 램프들의 공통선과 PLC의 출력 Common 단자 사이에는 램프의 정격 전압에 해당하는 DC24V 전원을 연결해 주어야 한다.
3. PLC와 PC를 통신 케이블로 연결하시오.
4. PC를 켜고 XG5000을 실행시키시오.
5. **프로그램 작성**

   아래의 변수 목록과 래더 다이어그램을 보고 프로그램을 작성하시오.

| 번호 | 변수 명 | 변수 종류 | 데이터 타입 | 메모리 할당 |
|---|---|---|---|---|
| 1 | 스위치0 | VAR | BOOL | %IX0.0.0 |
| 2 | 스위치1 | VAR | BOOL | %IX0.0.1 |
| 3 | 스위치2 | VAR | BOOL | %IX0.0.2 |
| 4 | PL0 | VAR | BOOL | %QX0.2.0 |
| 5 | PL1 | VAR | BOOL | %QX0.2.1 |
| 6 | PL2 | VAR | BOOL | %QX0.2.2 |

[ 변수목록 ]

[ 래더 다이어그램 ]

6. I/O 파라미터 설정

다음 그림과 같이 I/O 파라미터를 설정하시오.

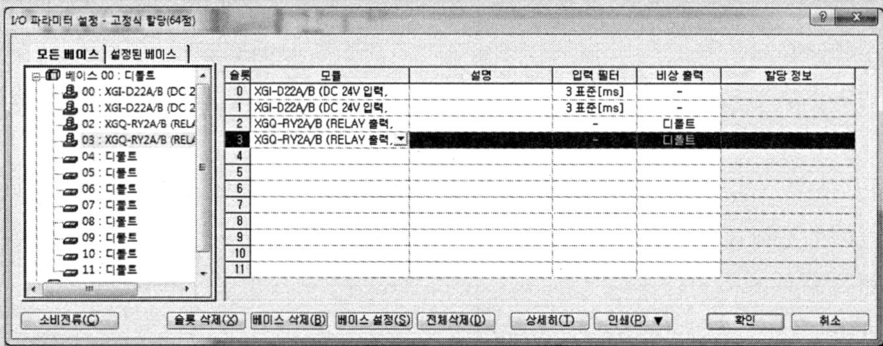


7. **프로그램 전송**

(1) 프로그램을 전송하기 전에 PC와 PLC의 통신케이블 연결 상태를 다시 확인한다.

(2) PLC에 전원을 인가하고 CPU 모듈의 모드 전환키는 STOP 상태로 한다.

(3) 메뉴의 [온라인(O)]→[접속 설정(O)...]을 클릭하면 접속 설정 대화상자가 나타나는데, 이때 [방법(T)]을 'RS-232C'로 선택하고, [단계(D)]를 '로컬'로 선택한 다음, [접속(C)] 버튼을 클릭한다.

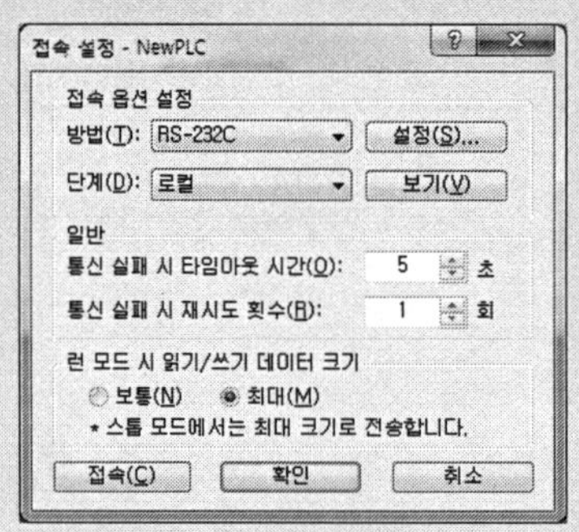

(4) PLC에 프로그램을 다운로드하기 위해 메뉴의 [온라인(O)] → [쓰기(W)]를 선택하면 쓰기 대화상자가 나타난다. 이때 모든 항목을 체크한 후 [확인] 버튼을 누르면 PLC에 프로그램이 다운로드된다.

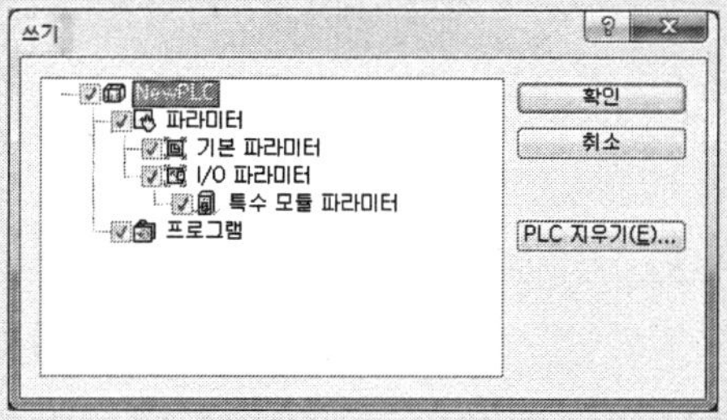


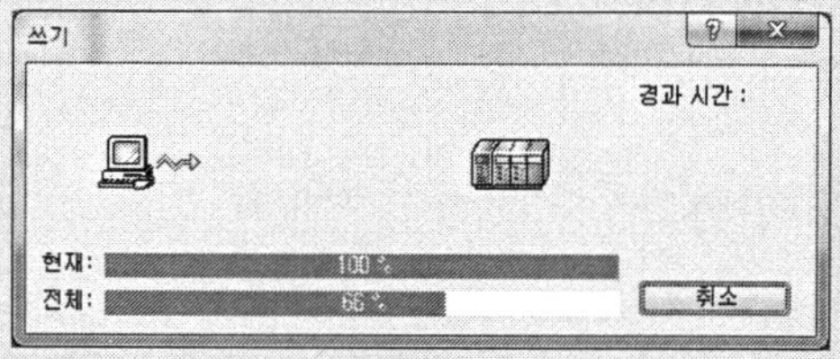


(5) PLC에 프로그램 다운로드가 정상적으로 완료되면 다음 그림과 같이 런 모드로의 전환 메시지가 나타난다. 이때 [예(Y)] 버튼을 누르면 PLC가 런된다.

8. 이때 점등되어 있는 표시등이 있는가?
9. PL0(%QX0.2.0)에 연결된 외부 출력 표시등이 On되려면 어떤 스위치가 On되어야 하는가?
10. PL1(%QX0.2.1)에 연결된 외부 출력 표시등이 On되려면 어떤 스위치가 On되어야 하는가?
11. PL2(%QX0.2.2)에 연결된 외부 출력 표시등이 On되려면 어떤 스위치가 On되어야 하는가?

## F. 끝내기

1. 실습을 종료하기 위해 메뉴의 [온라인(O)] → [모드전환(M)] → [스톱(S)]을 선택하여 PLC를 스톱시킨다.
2. PLC가 스톱되면 접속을 끊기 위해 다시 메뉴의 [온라인(O)] → [접속 끊기(M)]를 선택하면 PLC와 PC 간 접속이 해제된다.

# 실습 04 기본 명령어 OR와 OR NOT

## A. 실습목적

1. OR 명령의 의미를 알고 용도와 사용법을 익힌다.
2. OR NOT 명령의 의미를 알고 용도와 사용법을 익힌다.

## B. 준비물

1. PLC 트레이너
2. PC
   - 펜티엄 이상
   - 256MB 이상의 메모리, 200MB 이상의 하드 디스크
   - 윈도우 2000/XP/VISTA/7
   - 기타(마우스, 프린터)
3. XG5000 소프트웨어 툴

## C. 관계지식

1. 한 회로에서 앞에 사용된 접점과 병렬로 a접점을 연결할 때에는 OR를, b접점을 연결할 때에는 OR NOT을 사용한다.
2. 병렬로 연결하는 접점의 수는 제한이 없다. 단, 펑션으로 입력할 때에는 한 펑션에서 최대 8개까지 입력이 가능하다.

## D. 입·출력 결선도(I/O List)

1. 입력 결선도(Input List)

| 심 벌 | 간접변수 | 직접변수 | 내 용 |
|---|---|---|---|
| 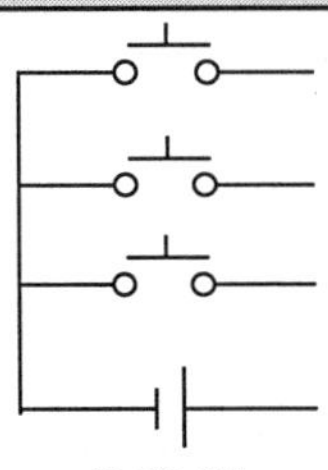 | 스위치0 | %IX0.0.0 | 외부입력 스위치0(Switch Block) |
| | 스위치1 | %IX0.0.1 | 외부입력 스위치1(Switch Block) |
| | 스위치2 | %IX0.0.2 | 외부입력 스위치2(Switch Block) |
| DC24V | COM | | %IX0.0.0 ~ %IX0.0.15까지의 입력 Common |

2. 출력 결선도(Output List)

| 심 벌 | 간접변수 | 직접변수 | 내 용 |
|---|---|---|---|
| 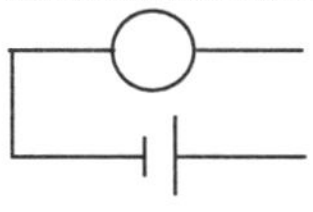 | PL0 | %QX0.2.0 | 외부 출력 표시등(Lamp & Bz. Block) |
| DC24V | COM | | %QX0.2.0 ~ %QX0.2.15까지의 출력 Common |

## E. 실습순서

1. 리드선을 사용하여 입력 결선도와 같이 결선하시오. 이때 입력 스위치들의 공통선과 PLC의 입력 Common 단자 사이에는 DC24V 전원을 연결해 주어야 한다.(극성무관)
2. 리드선을 사용하여 출력 결선도와 같이 결선하시오. 이때 출력 램프들의 공통선과 PLC의 출력 Common 단자 사이에는 램프의 정격 전압에 해당하는 DC24V 전원을 연결해 주어야 한다.
3. PLC와 PC를 통신 케이블로 연결하시오.
4. PC를 켜고 XG5000을 실행시키시오.
5. **프로그램 작성**

   아래의 변수 목록과 래더 다이어그램을 보고 프로그램을 작성하시오.

| 번호 | 변수 명 | 변수 종류 | 데이터 타입 | 메모리 할당 |
|---|---|---|---|---|
| 1 | 스위치0 | VAR | BOOL | %IX0.0.0 |
| 2 | 스위치1 | VAR | BOOL | %IX0.0.1 |
| 3 | 스위치2 | VAR | BOOL | %IX0.0.2 |
| 4 | PL0 | VAR | BOOL | %QX0.2.0 |

[ 변수목록 ]

[ 래더 다이어그램 ]

## 6. I/O 파라미터 설정

다음 그림과 같이 I/O 파라미터를 설정하시오.

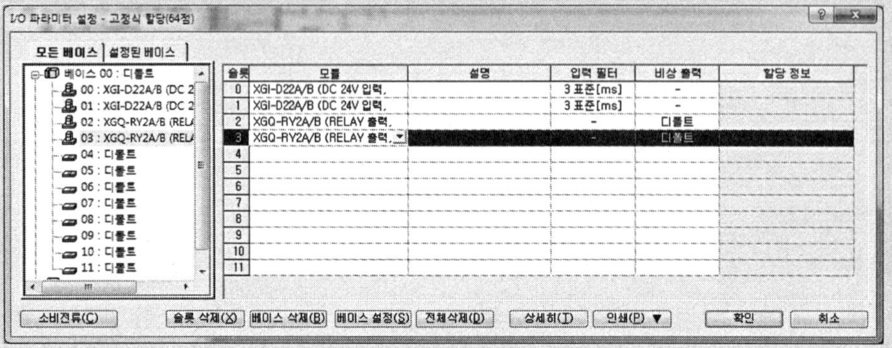

## 7. 프로그램 전송

(1) 프로그램을 전송하기 전에 PC와 PLC의 통신케이블 연결 상태를 다시 확인한다.

(2) PLC에 전원을 인가하고 CPU 모듈의 모드 전환키는 STOP 상태로 한다.

(3) 메뉴의 [온라인(O)] → [접속 설정(O)...]을 클릭하면 접속 설정 대화상자가 나타나는데, 이때 [방법(T)]을 'RS-232C'로 선택하고, [단계(D)]를 '로컬'로 선택한 다음, [접속(C)] 버튼을 클릭한다.

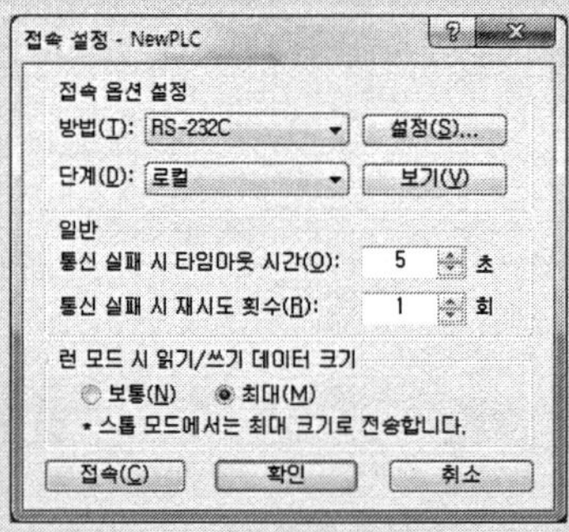

(4) PLC에 프로그램을 다운로드하기 위해 메뉴의 [온라인(O)] → [쓰기(W)...]를 선택하면 쓰기 대화상자가 나타난다. 이때 모든 항목을 체크한 후 [확인] 버튼을 누르면 PLC에 프로그램이 다운로드된다.

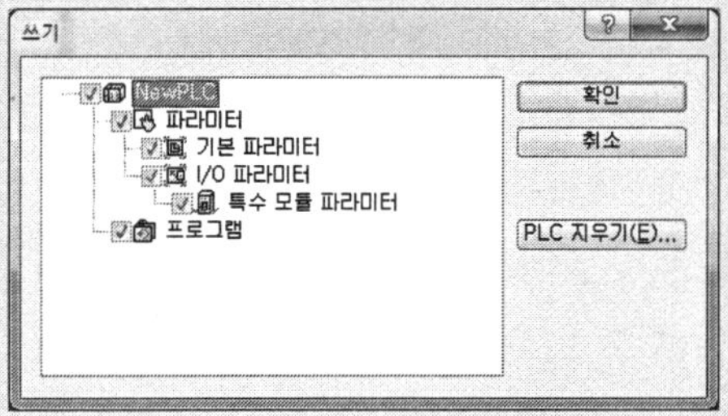


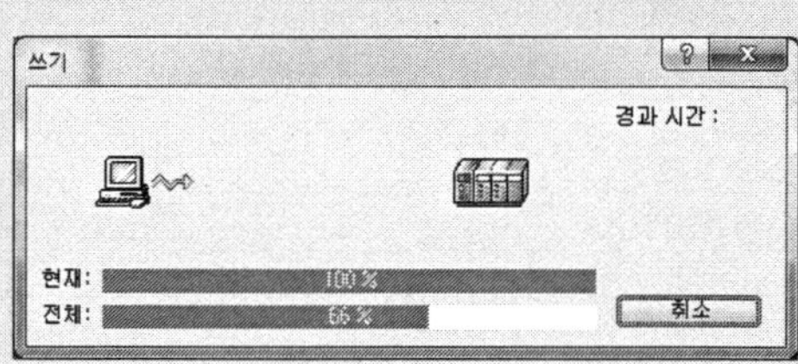


(5) PLC에 프로그램 다운로드가 정상적으로 완료되면 다음 그림과 같이 런 모드로의 전환 메시지가 나타난다. 이때 [예(Y)] 버튼을 누르면 PLC가 런된다.

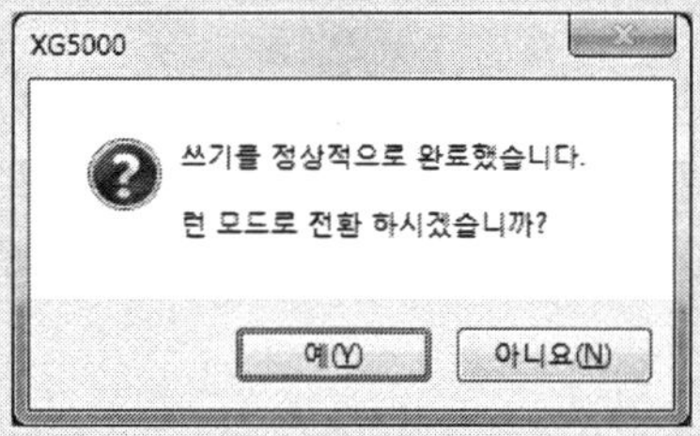


8. 점등되어 있는 표시등이 있는가?
   그 이유는 무엇인가?

9. 스위치2(%IX0.0.2)를 On하시오.
   어떠한 변화가 있는가?
   그 이유는 무엇인가?

10. 그 밖에 외부출력 PL0(%QX0.2.0)에 연결된 표시등이 점등 될 수 있는 경우를 말하시오.

## F. 끝내기

1. 실습을 종료하기 위해 메뉴의 [온라인(O)]→[모드전환(M)]→[스톱(S)]을 선택하여 PLC를 스톱시킨다.
2. PLC가 스톱되면 접속을 끊기 위해 다시 메뉴의 [온라인(O)]→[접속 끊기(M)]를 선택하면 PLC와 PC 간 접속이 해제된다.

## 실습 05 기본 명령어 코일(Coils)

### A. 실습목적

1. 코일 명령이 사용되는 출력의 종류를 이해한다.
2. 코일 명령의 사용법을 익힌다.

### B. 준비물

1. PLC 트레이너
2. PC
   - 펜티엄 이상
   - 256MB 이상의 메모리, 200MB 이상의 하드 디스크
   - 윈도우 2000/XP/VISTA/7
   - 기타(마우스, 프린터)
3. XG5000 소프트웨어 툴

### C. 관계지식

1. 임시코일(Momentary Coils)의 종류

| 코 일 | 기 호 | 설 명 |
|---|---|---|
| 코 일 | -( )- | 왼쪽에 있는 연결선 상태를 관련된 BOOL 변수에 넣는다. |
| 역 코일 | -(/)- | 왼쪽에 있는 연결선 상태의 반대값을 관련된 BOOL 변수에 넣는다. 즉, 왼쪽 연결선 상태가 Off이면 관련된 변수를 On시키고, 왼쪽 연결선 상태가 On이면 관련된 변수를 Off시킨다. |

2. 코일은 왼쪽의 연결선의 상태 변환에 대한 처리 결과를 연관된 BOOL 변수에 저장시킨다.
3. 외부 입력에는 사용하지 않는다.
4. 병렬의 OUT 명령(다중출력)은 몇 번이라도 가능하나 중복코일은 문법적인 오류는 발생하지 않지만 동작은 가장 뒤에 나오는 직접변수 접점조건에 의해서만 동작한다. 또 간접 변수로 동작조건을 주면 중복출력은 동작하지 않는다.
5. 코일은 래더 다이어그램의 가장 오른쪽에만 올 수 있다. 즉, 코일의 우측에는 언제나 오른쪽 모선만 있어야 한다.

## D. 입·출력 결선도(I/O List)

1. 입력 결선도(Input List)

| 심 벌 | 간접변수 | 직접변수 | 내 용 |
|---|---|---|---|
| 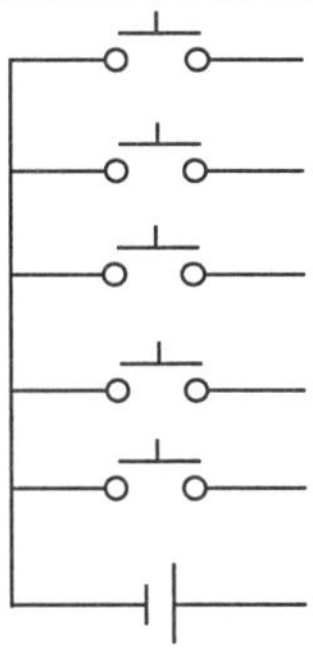 | 스위치0 | %IX0.0.0 | 외부입력 스위치0(Switch Block) |
| | 스위치1 | %IX0.0.1 | 외부입력 스위치1(Switch Block) |
| | 스위치2 | %IX0.0.2 | 외부입력 스위치2(Switch Block) |
| | 스위치3 | %IX0.0.3 | 외부입력 스위치3(Switch Block) |
| | 스위치4 | %IX0.0.4 | 외부입력 스위치4(Switch Block) |
| DC24V | Com1 | | %IX0.0.0 ~ %IX0.0.15까지의 입력 Common |

2. 출력 결선도(Output List)

| 심 벌 | 간접변수 | 직접변수 | 내 용 |
|---|---|---|---|
| 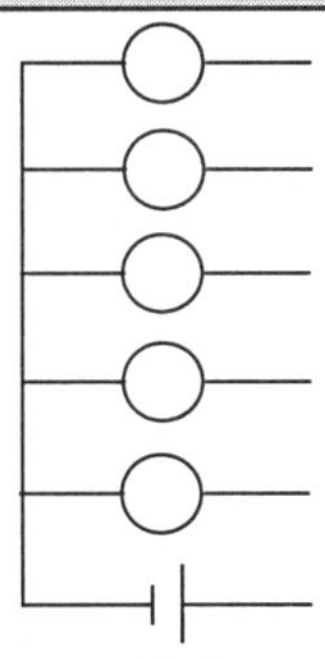 | PL0 | %QX0.2.0 | 외부 출력 표시등0(Lamp & Bz. Block) |
| | PL1 | %QX0.2.1 | 외부 출력 표시등1(Lamp & Bz. Block) |
| | PL2 | %QX0.2.2 | 외부 출력 표시등2(Lamp & Bz. Block) |
| | PL3 | %QX0.2.3 | 외부 출력 표시등3(Lamp & Bz. Block) |
| | PL4 | %QX0.2.4 | 외부 출력 표시등4(Lamp & Bz. Block) |
| DC24V | Com1 | | %QX0.2.0 ~ %QX0.2.15까지의 출력 Common |

## E. 실습순서

1. 리드선을 사용하여 입력 결선도와 같이 결선하시오. 이때 입력 스위치들의 공통선과 PLC의 입력 Common 단자 사이에는 DC24V 전원을 연결해 주어야 한다.(극성무관)
2. 리드선을 사용하여 출력 결선도와 같이 결선하시오. 이때 출력 램프들의 공통선과 PLC의 출력 Common 단자 사이에는 램프의 정격 전압에 해당하는 DC24V 전원을 연결해 주어야 한다.
3. PLC와 PC를 통신 케이블로 연결하시오.
4. PC를 켜고 XG5000을 실행시키시오.

## 5. 프로그램 작성

아래의 변수 목록과 래더 다이어그램을 보고 프로그램을 작성하시오.

| 번호 | 변수 명 | 변수 종류 | 데이터 타입 | 메모리 할당 |
|---|---|---|---|---|
| 1 | 스위치0 | VAR | BOOL | %IX0.0.0 |
| 2 | 스위치1 | VAR | BOOL | %IX0.0.1 |
| 3 | 스위치2 | VAR | BOOL | %IX0.0.2 |
| 4 | 스위치3 | VAR | BOOL | %IX0.0.3 |
| 5 | 스위치4 | VAR | BOOL | %IX0.0.4 |
| 6 | 자기유지 | VAR | BOOL | 〈자동〉 |
| 7 | PL0 | VAR | BOOL | %QX0.2.0 |
| 8 | PL1 | VAR | BOOL | %QX0.2.1 |
| 9 | PL2 | VAR | BOOL | %QX0.2.2 |
| 10 | PL3 | VAR | BOOL | %QX0.2.3 |
| 11 | PL4 | VAR | BOOL | %QX0.2.4 |

[ 변수목록 ]

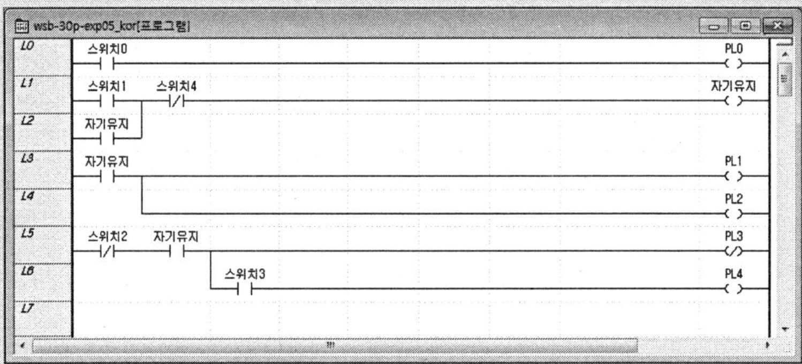


[ 래더 다이어그램 ]

## 6. I/O 파라미터 설정

다음 그림과 같이 I/O 파라미터를 설정하시오.

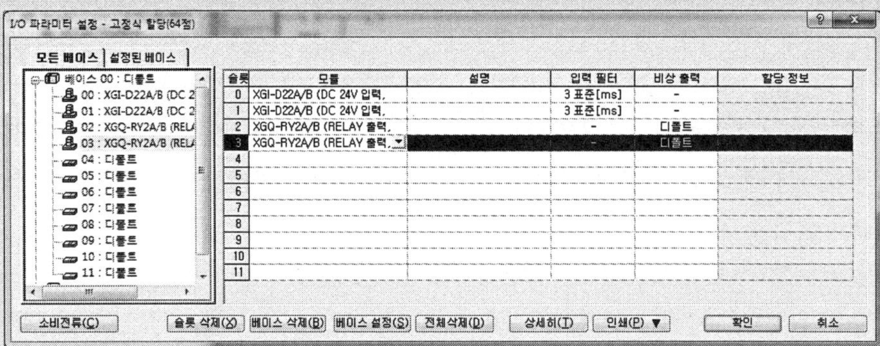

7. **프로그램 전송**

(1) 프로그램을 전송하기 전에 PC와 PLC의 통신케이블 연결 상태를 다시 확인한다.

(2) PLC에 전원을 인가하고 CPU 모듈의 모드 전환키는 STOP 상태로 한다.

(3) 메뉴의 [온라인(O)]→[접속 설정(O)...]을 클릭하면 접속 설정 대화상자가 나타나는데, 이때 [방법(T)]을 'RS-232C'로 선택하고, [단계(D)]를 '로컬'로 선택한 다음, [접속(C)] 버튼을 클릭한다.

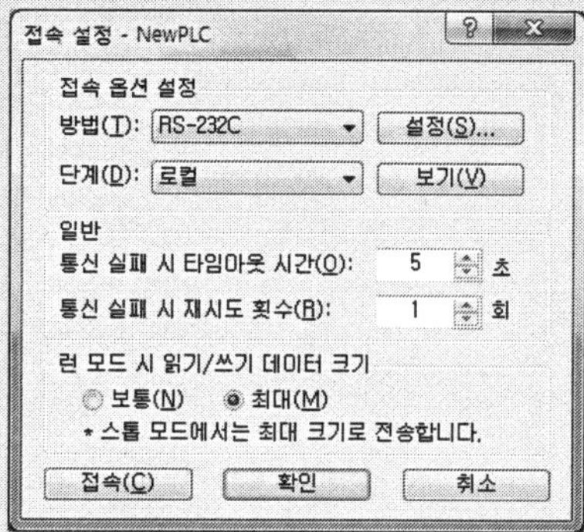


(4) PLC에 프로그램을 다운로드하기 위해 메뉴의 [온라인(O)]→[쓰기(W)]를 선택하면 쓰기 대화상자가 나타난다. 이때 모든 항목을 체크한 후 [확인] 버튼을 누르면 PLC에 프로그램이 다운로드된다.

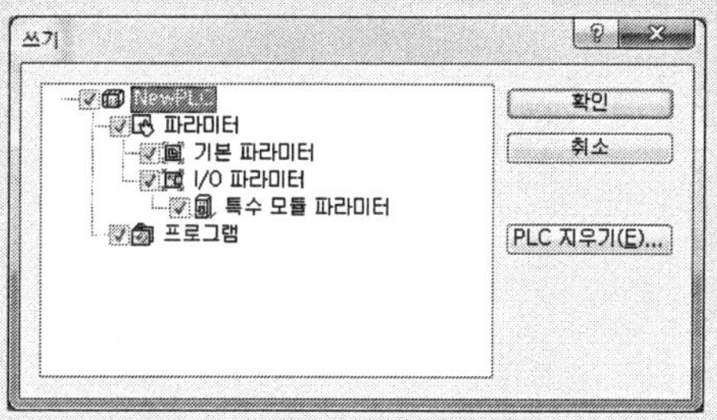


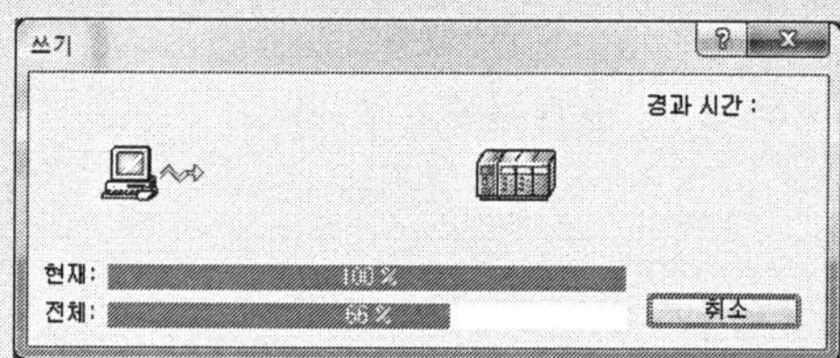


(5) PLC에 프로그램 다운로드가 정상적으로 완료되면 다음 그림과 같이 런 모드로의 전환 메시지가 나타난다. 이때 [예(Y)] 버튼을 누르면 PLC가 런된다.

8. 점등되어 있는 표시등이 있는가?
   그 이유는 무엇인가?

9. 스위치0(%IX0.0.0)을 On하면 PL0(%QX0.2.0)이 On되는가?

10. 스위치1(%IX0.0.1)을 On하면 자기유지가 On되고 출력의 PL1(%QX0.2.1)과 PL2(%QX0.2.2)가 On되는가? 또한 PL3(%QX0.2.3)은 Off되는가?

11. 스위치3(%IX0.0.3)을 On하시오.
    이때 PL4(%QX0.2.4)도 On되는가?

12. 스위치2(%IX0.0.2)을 On하시오.
    이때 PL3(%QX0.2.3)은 On되고, PL4(%QX0.2.4)는 Off되는가?

13. 스위치4(%IX0.0.4)를 On하시오.
    이때 어떠한 변화가 나타나는가?

### F. 끝내기

1. 실습을 종료하기 위해 메뉴의 [온라인(O)] → [모드전환(M)] → [스톱(S)]을 선택하여 PLC를 스톱시킨다.
2. PLC가 스톱되면 접속을 끊기 위해 다시 메뉴의 [온라인(O)] → [접속 끊기(M)]를 선택하면 PLC와 PC 간 접속이 해제된다.

## 실습 06 기본 명령어 SET와 RST

### A. 실습목적

1. SET, RST 명령의 의미를 알고 사용법을 익힌다.
2. 자기유지 회로와 비교하여 본다.

### B. 준비물

1. PLC 트레이너
2. PC
   - 펜티엄 이상
   - 256MB 이상의 메모리, 200MB 이상의 하드 디스크
   - 윈도우 2000/XP/VISTA/7
   - 기타(마우스, 프린터)
3. XG5000 소프트웨어 툴

### C. 관계지식

1. 래치 코일(Latched Coils)의 종류

| 코 일 | 기 호 | 설 명 |
|---|---|---|
| SET | -(S)- | 왼쪽의 연결선 상태가 On되었을 때에는 관련된 BOOL 변수로 표현된 것이 On된다. RET 코일로 리셋시킨다. |
| RESET | -(R)- | 왼쪽에 연결선 상태가 On되었을 때에는 관련된 BOOL 변수로 표현된 것이 Off된다. SET된 변수를 리셋시키는 기능을 한다. |

2. 코일은 래더 다이어그램의 가장 오른쪽에만 올 수 있다. 즉, 코일의 우측에는 언제나 오른쪽 모선만 있어야 한다.
3. 코일에 사용할 수 있는 변수는 다음 표와 같다.

| 변 수 | 설 명 |
|---|---|
| %QX0.2.0 | 외부 출력 |
| %MX0 | 내부 메모리 |
| M1 | 간접변수(사용자 정의 변수) |
| %MB0.0 | BYTE형 내부 메모리 데이터 변수의 1BIT |
| %MW0.0 | WORD형 내부 메모리 데이터 변수의 1BIT |

## D. 입·출력 결선도(I/O List)

1. 입력 결선도(Input List)

| 심 벌 | 간접변수 | 직접변수 | 내 용 |
|---|---|---|---|
| 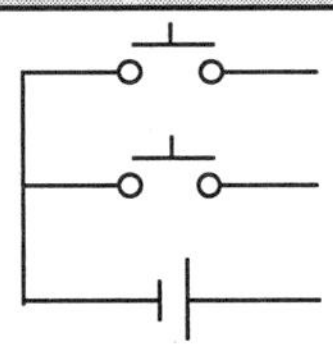 | 스위치0 | %IX0.0.0 | 외부입력 스위치0(Switch Block) |
| | 스위치1 | %IX0.0.1 | 외부입력 스위치1(Switch Block) |
| DC24V | Com1 | | %IX0.0.0 ~ %IX0.0.15까지의 입력 Common |

2. 출력 결선도(Output List)

| 심 벌 | 간접변수 | 직접변수 | 내 용 |
|---|---|---|---|
| 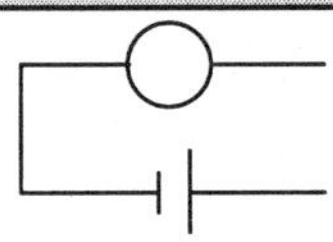 | PL0 | %QX0.2.0 | 외부 출력 표시등0(Lamp & Bz. Block) |
| DC24V | Com1 | | %QX0.2.0 ~ %QX0.2.15까지의 출력 Common |

## E. 실습순서

1. 리드선을 사용하여 입력 결선도와 같이 결선하시오. 이때 입력 스위치들의 공통선과 PLC의 입력 Common 단자 사이에는 DC24V 전원을 연결해 주어야 한다.(극성무관)
2. 리드선을 사용하여 출력 결선도와 같이 결선하시오. 이때 출력 램프들의 공통선과 PLC의 출력 Common 단자 사이에는 램프의 정격 전압에 해당하는 DC24V 전원을 연결해 주어야 한다.
3. PLC와 PC를 통신 케이블로 연결하시오.
4. PC를 켜고 XG5000을 실행시키시오.

## 5. 프로그램 작성

아래의 변수 목록과 래더 다이어그램을 보고 프로그램을 작성하시오.

| 번호 | 변수 명 | 변수 종류 | 데이터 타입 | 메모리 할당 |
|---|---|---|---|---|
| 1 | 스위치0 | VAR | BOOL | %IX0.0.0 |
| 2 | 스위치1 | VAR | BOOL | %IX0.0.1 |
| 3 | PL0 | VAR | BOOL | %QX0.2.0 |

[ 변수목록 ]

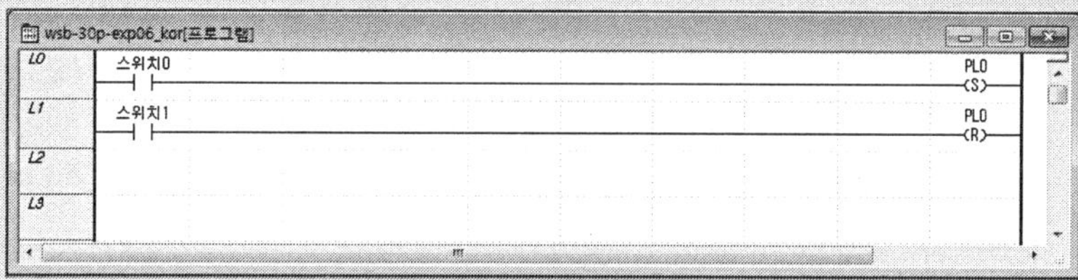


[ 래더 다이어그램 ]

## 6. I/O 파라미터 설정

다음 그림과 같이 I/O 파라미터를 설정하시오.

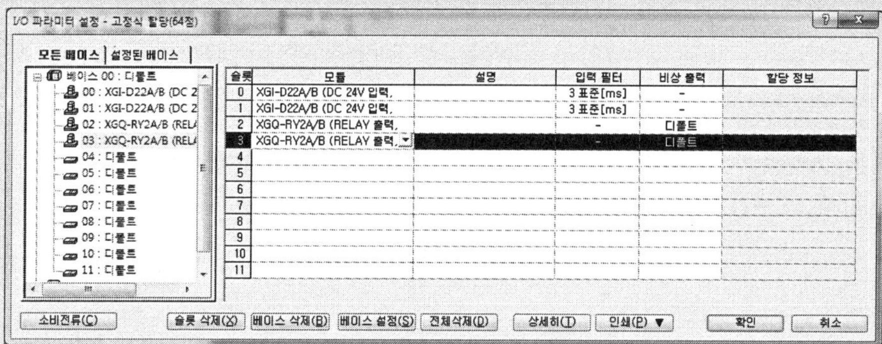


## 7. 프로그램 전송

(1) 프로그램을 전송하기 전에 PC와 PLC의 통신케이블 연결 상태를 다시 확인한다.

(2) PLC에 전원을 인가하고 CPU 모듈의 모드 전환키는 STOP 상태로 한다.

(3) 메뉴의 [온라인(O)]→[접속 설정(O)...]을 클릭하면 접속 설정 대화상자가 나타나는데, 이때 [방법(T)]을 'RS-232C'로 선택하고, [단계(D)]를 '로컬'로 선택한 다음, [접속(C)] 버튼을 클릭한다.

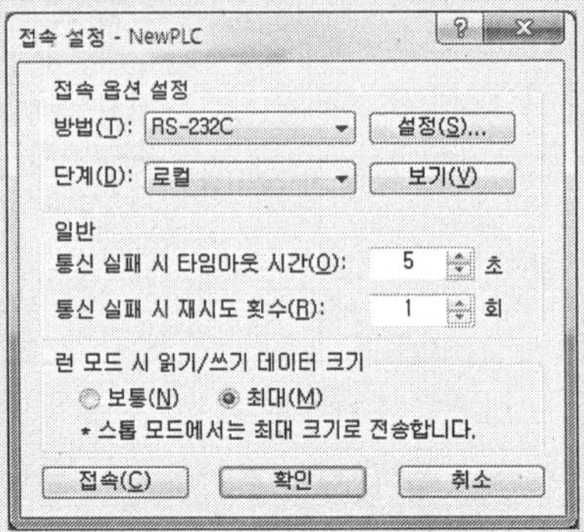


(4) PLC에 프로그램을 다운로드하기 위해 메뉴의 [온라인(O)] → [쓰기(W)]를 선택하면 쓰기 대화상자가 나타난다. 이때 모든 항목을 체크한 후 [확인] 버튼을 누르면 PLC에 프로그램이 다운로드된다.

(5) PLC에 프로그램 다운로드가 정상적으로 완료되면 다음 그림과 같이 런 모드로의 전환 메시지가 나타난다. 이때 [예(Y)] 버튼을 누르면 PLC가 런된다.

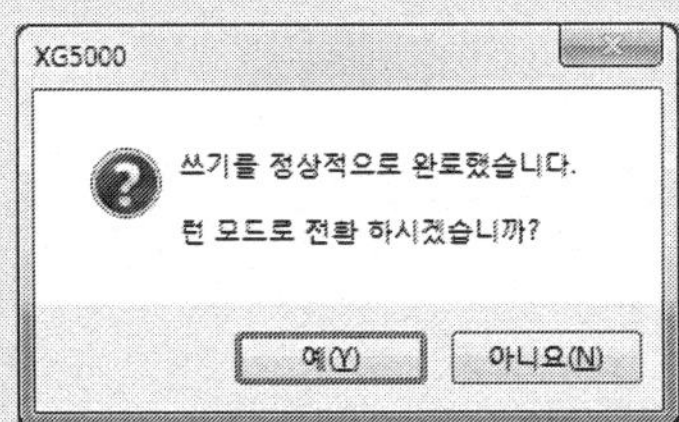


8. 점등되어 있는 표시등이 있는가?
그 이유는 무엇인가?

9. 스위치0(%IX0.0.0)을 On하시오.
이때 PL0(%QX0.2.0)이 On되는가?

10. 스위치1(%IX0.0.1)를 On하시오.
이때 PL0(%QX0.2.0)이 Off되는가?

## F. 끝내기

1. 실습을 종료하기 위해 메뉴의 [온라인(O)]→[모드전환(M)]→[스톱(S)]을 선택하여 PLC를 스톱시킨다.
2. PLC가 스톱되면 접속을 끊기 위해 다시 메뉴의 [온라인(O)]→[접속 끊기(M)]를 선택하면 PLC와 PC 간 접속이 해제된다.

## 실습 07 자기유지 회로

### A. 실습목적

1. 자기유지 회로의 동작을 이해한다.
2. 정지우선과 시동우선의 의미를 이해한다.

### B. 준비물

1. PLC 트레이너
2. PC
   - 펜티엄 이상
   - 256MB 이상의 메모리, 200MB 이상의 하드 디스크
   - 윈도우 2000/XP/VISTA/7
   - 기타(마우스, 프린터)
3. XG5000 소프트웨어 툴

### C. 관계지식

**1. 자기유지 회로**

외부로부터의 신호를 일시적으로 기억하는 회로를 자기유지 회로라하며 기억회로라고도 한다. 정지우선 자기유지 회로와 시동우선 자기유지 회로가 있는데, 일반적으로 정지우선 자기유지 회로를 많이 사용한다.

**2. 정지우선 자기유지 회로**

다음의 래더 다이어그램에서 '운전_스위치'와 '정지_스위치'를 동시에 눌렀을 때 코일은 Off된다. 이와 같은 자기유지 회로를 정지우선 자기유지 회로라 한다.

3. 시동우선 자기유지 회로

다음의 래더 다이어그램에서 '운전_스위치'와 '정지_스위치'를 동시에 눌렀을 때 코일이 On된다. 이와 같은 자기유지 회로를 시동우선 자기유지 회로라 한다.

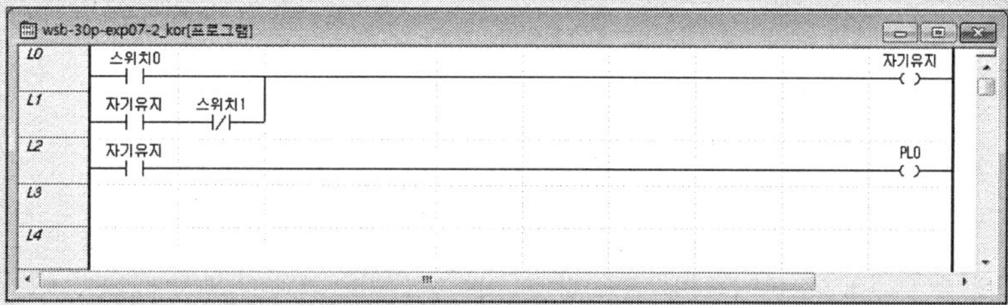


## D. 입·출력 결선도(I/O List)

1. 입력 결선도(Input List)

| 심 벌 | 간접변수 | 직접변수 | 내 용 |
|---|---|---|---|
| | 스위치0 | %IX0.0.0 | 외부입력 스위치0(Switch Block) |
| | 스위치1 | %IX0.0.1 | 외부입력 스위치1(Switch Block) |
| | 스위치2 | %IX0.0.2 | 외부입력 스위치2(Switch Block) |
| | 스위치3 | %IX0.0.3 | 외부입력 스위치3(Switch Block) |
| DC24V | Com1 | | %IX0.0.0 ~ %IX0.0.15까지의 입력 Common |

2. 출력 결선도(Output List)

| 심 벌 | 간접변수 | 직접변수 | 내 용 |
|---|---|---|---|
| | PL0 | %QX0.2.0 | 외부 출력 표시등0(Lamp & Bz. Block) |
| | PL1 | %QX0.2.1 | 외부 출력 표시등1(Lamp & Bz. Block) |
| DC24V | Com1 | | %QX0.2.0 ~ %QX0.2.15까지의 출력 Common |

## E. 실습순서

1. 리드선을 사용하여 입력 결선도와 같이 결선하시오. 이때 입력 스위치들의 공통선과 PLC의 입력 Common 단자 사이에는 DC24V 전원을 연결해 주어야 한다.(극성무관)

2. 리드선을 사용하여 출력 결선도와 같이 결선하시오. 이때 출력 램프들의 공통선과 PLC의 출력 Common 단자 사이에는 램프의 정격 전압에 해당하는 DC24V 전원을 연결해 주어야 한다.
3. PLC와 PC를 통신 케이블로 연결하시오.
4. PC를 켜고 XG5000을 실행시키시오.
5. **프로그램 작성**

   아래의 변수 목록과 래더 다이어그램을 보고 프로그램을 작성하시오.

| 번호 | 변수 명 | 변수 종류 | 데이터 타입 | 메모리 할당 |
|---|---|---|---|---|
| 1 | 스위치0 | VAR | BOOL | %IX0.0.0 |
| 2 | 스위치1 | VAR | BOOL | %IX0.0.1 |
| 3 | 스위치2 | VAR | BOOL | %IX0.0.2 |
| 4 | 스위치3 | VAR | BOOL | %IX0.0.3 |
| 5 | 자기유지1 | VAR | BOOL | 〈자동〉 |
| 6 | 자기유지2 | VAR | BOOL | 〈자동〉 |
| 7 | PL0 | VAR | BOOL | %QX0.2.0 |
| 8 | PL1 | VAR | BOOL | %QX0.2.1 |

[ 변수목록 ]

[ 래더 다이어그램 ]

## 6. I/O 파라미터 설정

다음 그림과 같이 I/O 파라미터를 설정하시오.

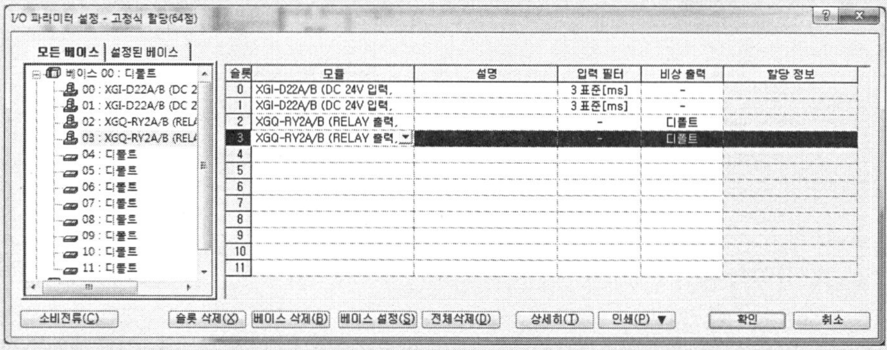

## 7. 프로그램 전송

(1) 프로그램을 전송하기 전에 PC와 PLC의 통신케이블 연결 상태를 다시 한 번 확인한다.

(2) PLC에 전원을 인가하고 CPU 모듈의 모드 전환키는 STOP 상태로 한다.

(3) 메뉴의 [온라인(O)]→[접속 설정(O)...]을 클릭하면 접속 설정 대화상자가 나타나는데, 이때 [방법(T)]을 'RS-232C'로 선택하고, [단계(D)]를 '로컬'로 선택한 다음, [접속(C)] 버튼을 클릭한다.

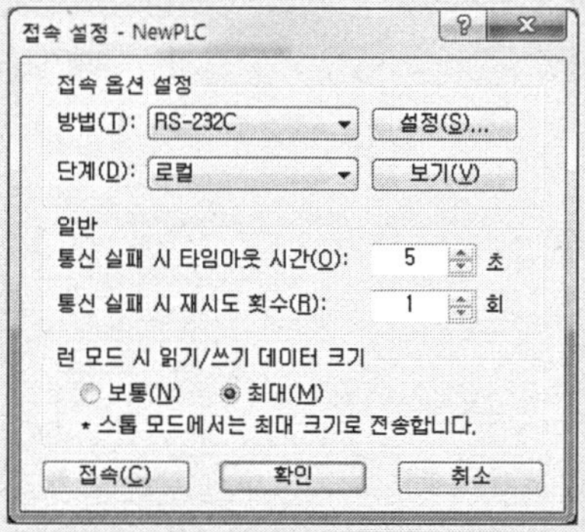

(4) PLC에 프로그램을 다운로드하기 위해 메뉴의 [온라인(O)]→[쓰기(W)]를 선택하면 쓰기 대화상자가 나타난다. 이때 모든 항목을 체크한 후 [확인] 버튼을 누르면 PLC에 프로그램이 다운로드된다.

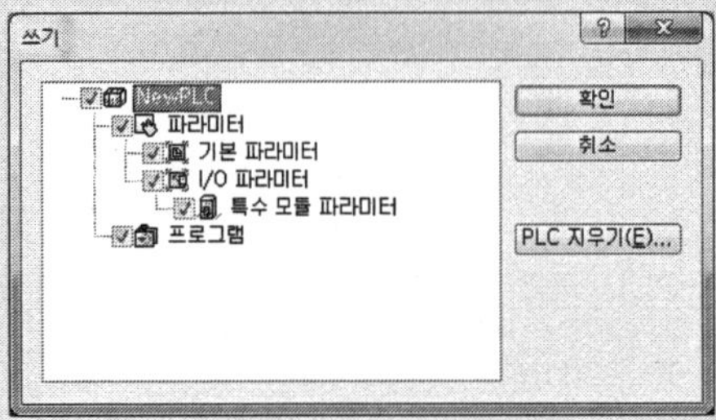


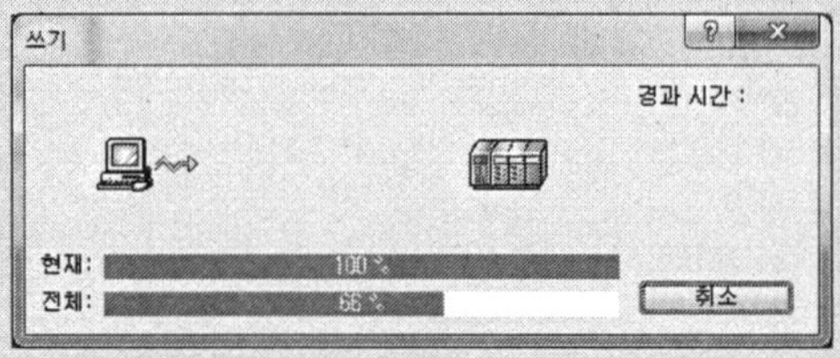


(5) PLC에 프로그램 다운로드가 정상적으로 완료되면 다음 그림과 같이 런 모드로의 전환 메시지가 나타난다. 이때 [예(Y)] 버튼을 누르면 PLC가 런된다.

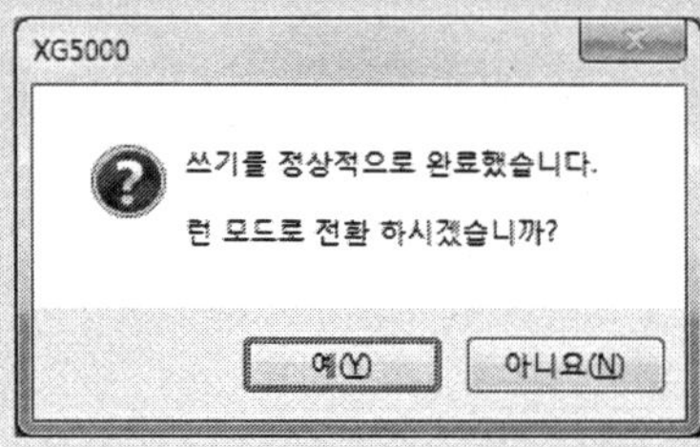


8. 스위치0(%IX0.0.0)을 On하시오.
   이때 자기유지1이 On되고, PL0(%QX0.2.0)이 On되는가?
9. 스위치1(%IX0.0.1)을 On하시오.
   이때 자기유지1이 Off되고, PL0(%QX0.2.0)이 Off되는가?
10. 스위치2(%IX0.0.2)을 On하시오.
    이때 자기유지2가 On되고, PL1(%QX0.2.1)이 On되는가?
11. 스위치3(%IX0.0.3)을 On하시오.
    이때 자기유지2가 Off되고, PL1(%QX0.2.1)이 Off되는가?
12. 스위치0과 스위치1을 모두 On하시오.
    이때 자기유지1과 PL0(%QX0.2.0)은 어떻게 되는가?
13. 스위치2와 스위치3을 모두 On하시오.
    이때 자기유지2와 PL1(%QX0.2.1)은 어떻게 되는가?

### F. 끝내기

1. 실습을 종료하기 위해 메뉴의 [온라인(O)]→[모드전환(M)]→[스톱(S)]을 선택하여 PLC를 스톱시킨다.
2. PLC가 스톱되면 접속을 끊기 위해 다시 메뉴의 [온라인(O)]→[접속 끊기(M)]를 선택하면 PLC와 PC 간 접속이 해제된다.

## 실습 08 상태변환 검출코일(Transition-Sensing Coils)

### A. 실습목적

1. 양변환 검출 코일과 음변환 검출 코일의 동작을 이해한다.
2. 1Scan의 의미를 이해한다.
3. 양변환 검출 코일과 음변환 검출 코일의 용도를 알아본다.

### B. 준비물

1. PLC 트레이너
2. PC
   - 펜티엄 이상
   - 256MB 이상의 메모리, 200MB 이상의 하드 디스크
   - 윈도우 2000/XP/VISTA/7
   - 기타(마우스, 프린터)
3. XG5000 소프트웨어 툴

### C. 관계지식

1. 양변환 검출코일과 음변환 검출 코일은 코일 사용변수 범위 내에서 얼마든지 사용할 수 있다.

| 코 일 | 기 호 | 설 명 |
|---|---|---|
| 양변환 검출 코일 | -(P)- | 왼쪽의 연결선 상태가 전 스캔에서 Off이었던 것이 현재 스캔에 On이 되는 경우 관련된 BOOL 변수가 현재 스캔 동안만 On된다. |
| 음변환 검출 코일 | -(N)- | 왼쪽의 연결선 상태가 전 스캔에서 On이었던 것이 현재 스캔에서는 Off로 되는 경우 관련된 BOOL 변수가 현재 스캔동안만 On된다. |

2. 양변환 검출 코일은 입력이 Off에서 On으로 변화했을 때, 음변환 검출 코일은 입력이 On에서 Off로 변화했을 때, 그 시점부터 1스캔 동안 On한다.
3. 양변환 검출 코일, 음변환 검출 코일은 펑션, 펑션 블록의 기동조건으로 사용될 수 있다.

4. 실습순서의 래더 다이어그램에 대한 타임 차트는 다음과 같다.

• ( -{P}- sF5 ) 에 의한 Time Chart

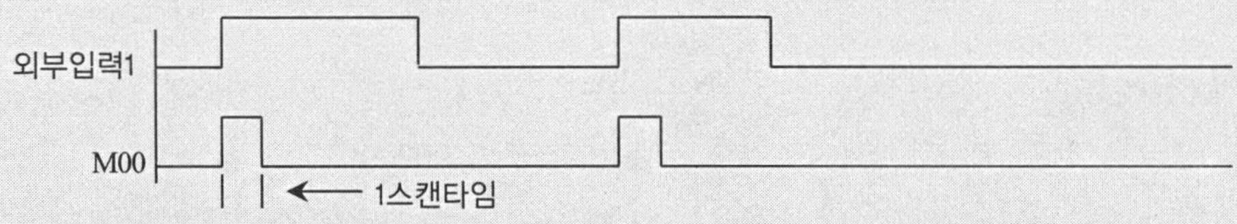


• ( -{N}- sF6 ) 에 의한 Time Chart

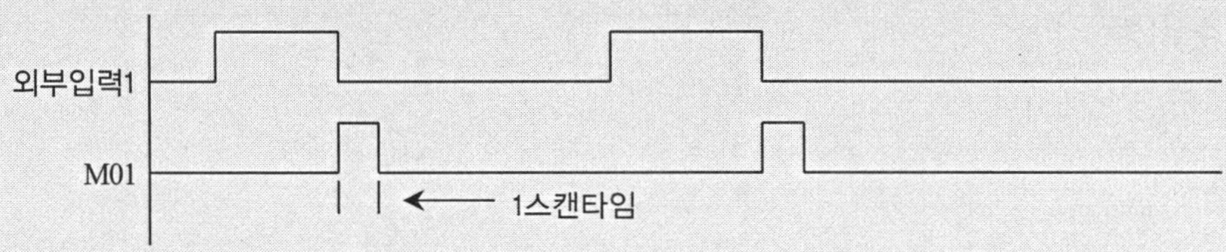


## D. 입·출력 결선도(I/O List)

### 1. 입력 결선도(Input List)

| 심 벌 | 간접변수 | 직접변수 | 내 용 |
|---|---|---|---|
| 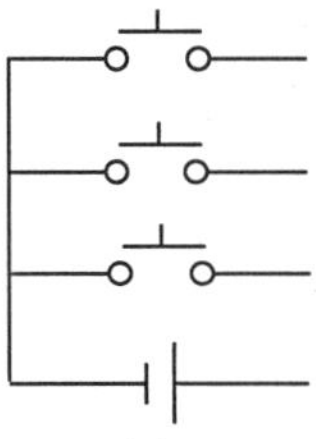 | 스위치0 | %IX0.0.0 | 외부입력 스위치0(Switch Block) |
| | 스위치1 | %IX0.0.1 | 외부입력 스위치1(Switch Block) |
| | 스위치2 | %IX0.0.2 | 외부입력 스위치2(Switch Block) |
| DC24V | Com1 | | %IX0.0.0 ~ %IX0.0.15까지의 입력 Common |

### 2. 출력 결선도(Output List)

| 심 벌 | 간접변수 | 직접변수 | 내 용 |
|---|---|---|---|
| 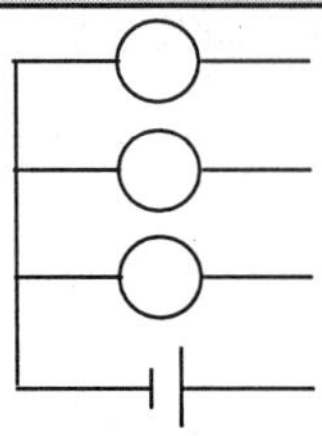 | PL0 | %QX0.2.0 | 외부 출력 표시등0(Lamp & Bz. Block) |
| | PL1 | %QX0.2.1 | 외부 출력 표시등1(Lamp & Bz. Block) |
| | PL2 | %QX0.2.2 | 외부 출력 표시등2(Lamp & Bz. Block) |
| DC24V | Com1 | | %QX0.2.0 ~ %QX0.2.15까지의 출력 Common |

## E. 실습순서

1. 리드선을 사용하여 입력 결선도와 같이 결선하시오. 이때 입력 스위치들의 공통선과 PLC의 입력 Common 단자 사이에는 DC24V 전원을 연결해 주어야 한다.(극성무관)
2. 리드선을 사용하여 출력 결선도와 같이 결선하시오. 이때 출력 램프들의 공통선과 PLC의 출력 Common 단자 사이에는 램프의 정격 전압에 해당하는 DC24V 전원을 연결해 주어야 한다.
3. PLC와 PC를 통신 케이블로 연결하시오.
4. PC를 켜고 XG5000을 실행시키시오.
5. **프로그램 작성**

   아래의 변수 목록과 래더 다이어그램을 보고 프로그램을 작성하시오.

| 번호 | 변수 명 | 변수 종류 | 데이터 타입 | 메모리 할당 |
|---|---|---|---|---|
| 1 | 릴레이0 | VAR | BOOL | 〈자동〉 |
| 2 | 릴레이1 | VAR | BOOL | 〈자동〉 |
| 3 | 스위치0 | VAR | BOOL | %IX0.0.0 |
| 4 | 스위치1 | VAR | BOOL | %IX0.0.1 |
| 5 | 스위치2 | VAR | BOOL | %IX0.0.2 |
| 6 | PL0 | VAR | BOOL | %QX0.2.0 |
| 7 | PL1 | VAR | BOOL | %QX0.2.1 |

**[ 변수목록 ]**

**[ 래더 다이어그램 ]**

## 6. I/O 파라미터 설정

다음 그림과 같이 I/O 파라미터를 설정하시오.

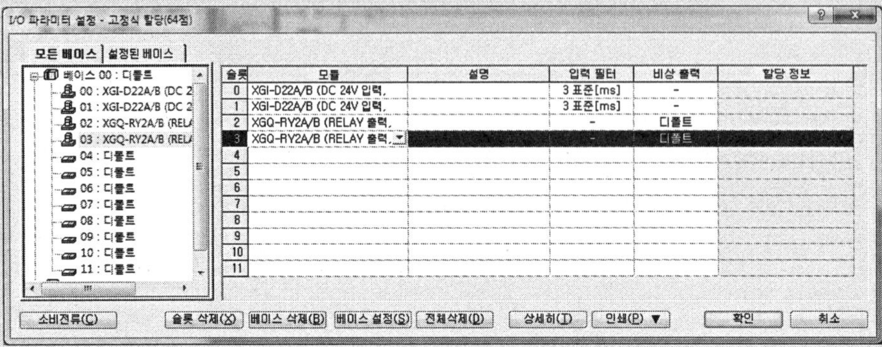

## 7. 프로그램 전송

(1) 프로그램을 전송하기 전에 PC와 PLC의 통신케이블 연결 상태를 다시 확인한다.

(2) PLC에 전원을 인가하고 CPU 모듈의 모드 전환키는 STOP 상태로 한다.

(3) 메뉴의 [온라인(O)]→[접속 설정(O)...]을 클릭하면 접속설정 대화상자가 나타나는데, 이때 [방법(T)]을 'RS-232C'로 선택하고, [단계(D)]를 '로컬'로 선택한 다음, [접속(C)] 버튼을 클릭한다.

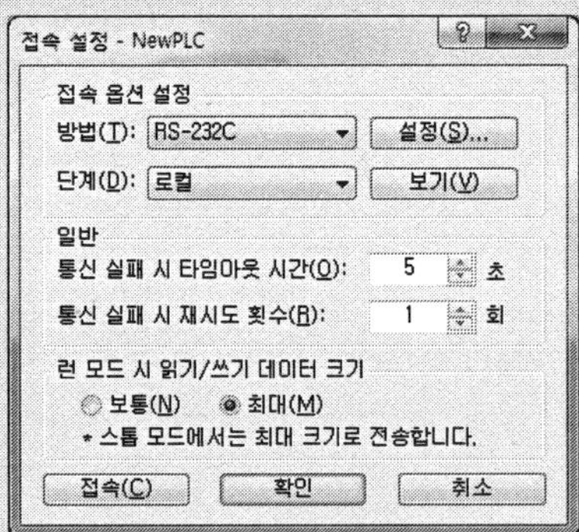

(4) PLC에 프로그램을 다운로드하기 위해 메뉴의 [온라인(O)]→[쓰기(W)]를 선택하면 쓰기 대화상자가 나타난다. 이때 모든 항목을 체크한 후 [확인] 버튼을 누르면 PLC에 프로그램이 다운로드된다.

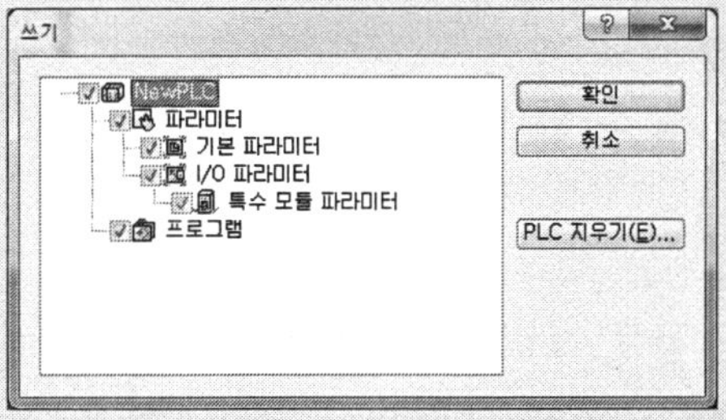


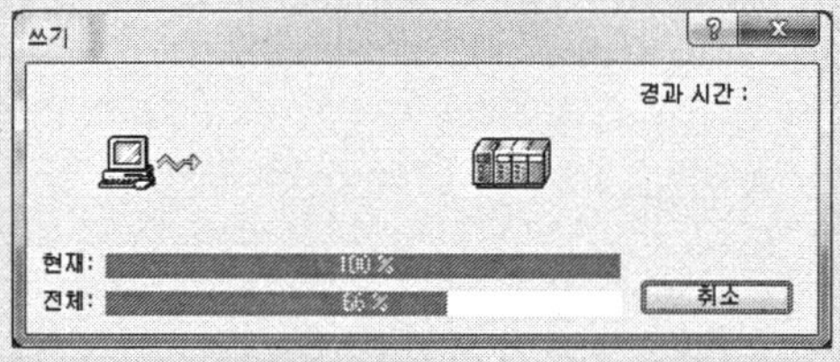


(5) PLC에 프로그램 다운로드가 정상적으로 완료되면 다음 그림과 같이 런 모드로의 전환 메시지가 나타난다. 이때 [예(Y)] 버튼을 누르면 PLC가 런된다.

8. 스위치0(%IX0.0.0)을 On한 후 Off하시오.
   이때 PL0(%QX0.2.0)은 언제 On되는가?

9. 스위치1(%IX0.0.1)을 On한 후 Off하시오.
   이때 PL1(%QX0.2.1)은 언제 On되는가?

10. 스위치2(%IX0.0.2)를 On하시오.
    이때 PL0(%QX0.2.0)과 PL1(%QX0.2.1)은 모두 Off되는가?

## F. 끝내기

1. 실습을 종료하기 위해 메뉴의 [온라인(O)] → [모드전환(M)] → [스톱(S)]을 선택하여 PLC를 스톱시킨다.
2. PLC가 스톱되면 접속을 끊기 위해 다시 메뉴의 [온라인(O)] → [접속 끊기(M)]를 선택하면 PLC와 PC 간 접속이 해제된다.

## 실습 09 펑션 블록 명령어 TON(On Delay Timer)

### A. 실습목적

1. On Delay Timer의 설정시간 범위를 이해한다.
2. On Delay Timer의 사용법을 익힌다.

### B. 준비물

1. PLC 트레이너
2. PC
   - 펜티엄 이상
   - 256MB 이상의 메모리, 200MB 이상의 하드 디스크
   - 윈도우 2000/XP/VISTA/7
   - 기타(마우스, 프린터)
3. XG5000 소프트웨어 툴

### C. 관계지식

1. 도구모음의 펑션/펑션 블록 [{F} F10]을 마우스로 선택한 후 편집 창을 클릭하면 [펑션/펑션 블록] 대화상자가 나타난다. 이때 'TON'을 선택하면 'On Delay Timer'가 생성된다.

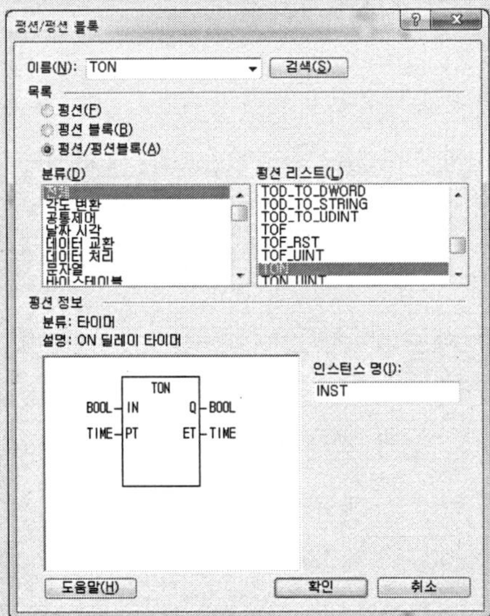

2. 타이머 점수는 제한이 없으며, 타이머의 이름을 입력하면 자동으로 접점출력 Q와 경과치 데이터변수 ET가 생성된다.
3. 시간 설정 범위는 0.001초 ~ 4,294,967.259초(1,193시간)까지이다.
   설정형식은 T#XXXX(ms),T#XXXX(S)이며, 간접변수를 이용할 수도 있다.
4. TON 타이머는 On Delay 타이머이며, 타이머 조건이 On되면 경과치(ET)가 증가되어 설정시간(PT)가 되면 접점출력 Q가 On된다.
5. 타이머 조건이 Off되면 경과치(ET)도 0으로 리셋 된다.

## D. 입·출력 결선도(I/O List)

1. 입력 결선도(Input List)

| 심 벌 | 간접변수 | 직접변수 | 내 용 |
|---|---|---|---|
| 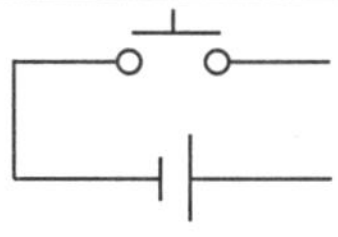 DC24V | 스위치0 | %IX0.0.0 | 외부입력 스위치0(Switch Block) |
| | Com1 | | %IX0.0.0 ~ %IX0.0.15까지의 입력 Common |

2. 출력 결선도(Output List)

| 심 벌 | 간접변수 | 직접변수 | 내 용 |
|---|---|---|---|
| 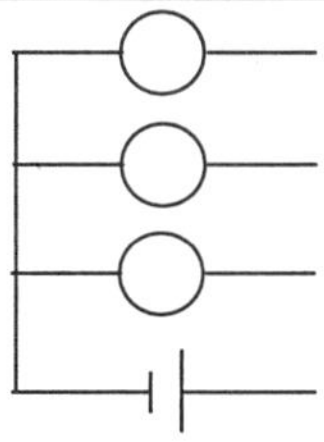 DC24V | PL0 | %QX0.2.0 | 외부 출력 표시등0(Lamp & Bz. Block) |
| | PL1 | %QX0.2.1 | 외부 출력 표시등1(Lamp & Bz. Block) |
| | PL2 | %QX0.2.2 | 외부 출력 표시등2(Lamp & Bz. Block) |
| | Com1 | | %QX0.2.0 ~ %QX0.2.15까지의 출력 Common |

## E. 실습순서

1. 리드선을 사용하여 입력 결선도와 같이 결선하시오. 이때 입력 스위치들의 공통선과 PLC의 입력 Common 단자 사이에는 DC24V 전원을 연결해 주어야 한다.(극성무관)
2. 리드선을 사용하여 출력 결선도와 같이 결선하시오. 이때 출력 램프들의 공통선과 PLC의 출력 Common 단자 사이에는 램프의 정격 전압에 해당하는 DC24V 전원을 연결해 주어야 한다.

3. PLC와 PC를 통신 케이블로 연결하시오.
4. PC를 켜고 XG5000을 실행시키시오.
5. **프로그램 작성**

아래의 변수 목록과 래더 다이어그램을 보고 프로그램을 작성하시오.

| 번호 | 변수 명 | 변수 종류 | 데이터 타입 | 메모리 할당 |
|---|---|---|---|---|
| 1 | 스위치0 | VAR | BOOL | %IX0.0.0 |
| 2 | INST0 | VAR | FB Instance | 〈자동〉 |
| 3 | INST1 | VAR | FB Instance | 〈자동〉 |
| 4 | INST2 | VAR | FB Instance | 〈자동〉 |
| 5 | PL0 | VAR | BOOL | %QX0.2.0 |
| 6 | PL1 | VAR | BOOL | %QX0.2.1 |
| 7 | PL2 | VAR | BOOL | %QX0.2.2 |

[ 변수목록 ]

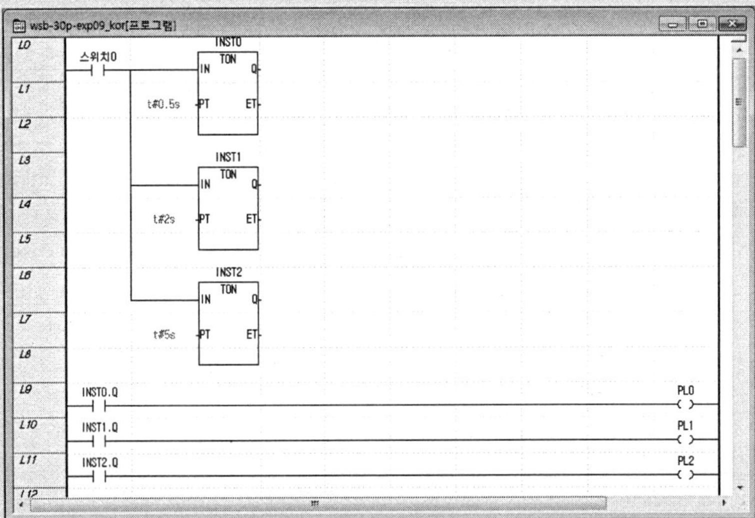


[ 래더 다이어그램 ]

6. I/O 파라미터 설정

다음 그림과 같이 I/O 파라미터를 설정하시오.

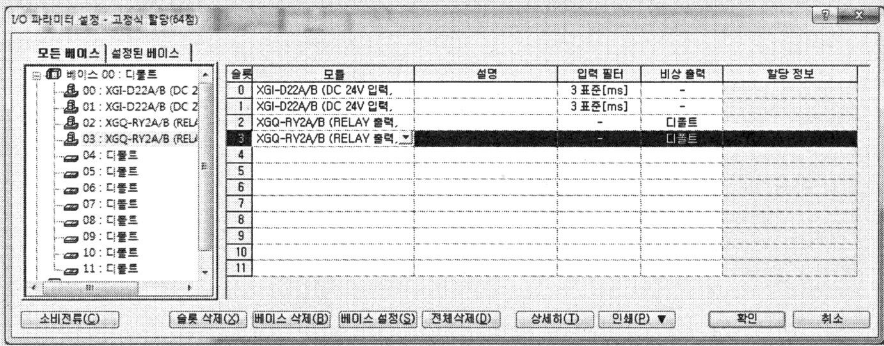

7. 프로그램 전송

(1) 프로그램을 전송하기 전에 PC와 PLC의 통신케이블 연결 상태를 다시 확인한다.

(2) PLC에 전원을 인가하고 CPU 모듈의 모드 전환키는 STOP 상태로 한다.

(3) 메뉴의 [온라인(O)]→[접속 설정(O)...]을 클릭하면 접속 설정 대화상자가 나타나는데, 이때 [방법(T)]을 'RS-232C'로 선택하고, [단계(D)]를 '로컬'로 선택한 다음, [접속(C)] 버튼을 클릭한다.

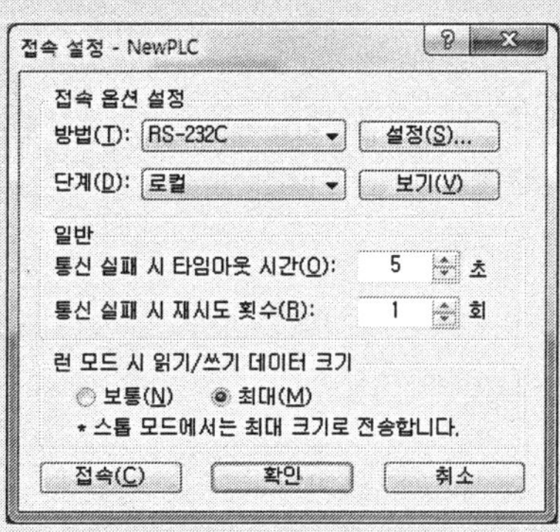

(4) PLC에 프로그램을 다운로드하기 위해 메뉴의 [온라인(O)]→[쓰기(W)]를 선택하면 쓰기 대화상자가 나타난다. 이때 모든 항목을 체크한 후 [확인] 버튼을 누르면 PLC에 프로그램이 다운로드된다.

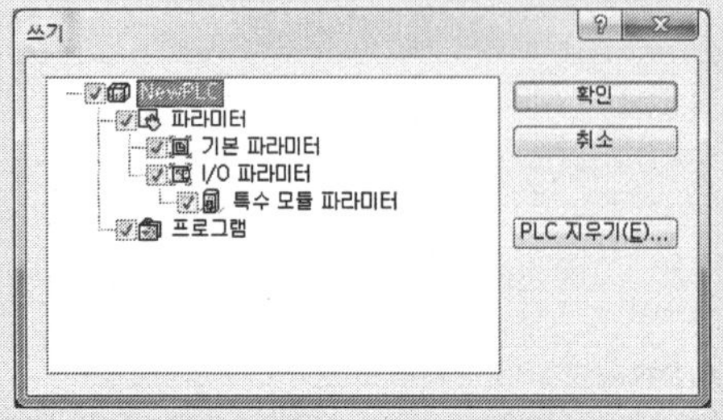


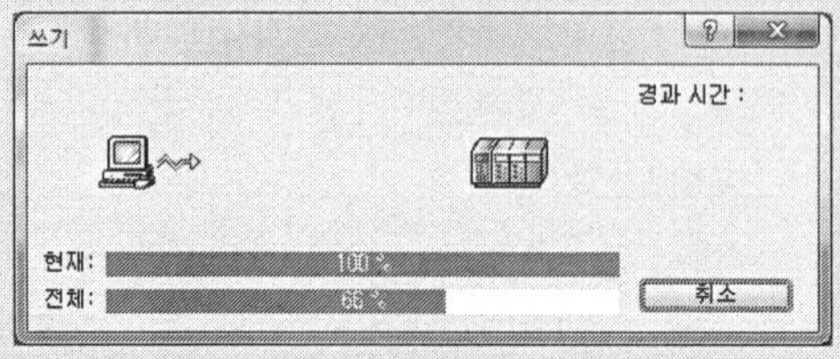


(5) PLC에 프로그램 다운로드가 정상적으로 완료되면 다음 그림과 같이 런 모드로의 전환 메시지가 나타난다. 이때 [예(Y)] 버튼을 누르면 PLC가 런된다.

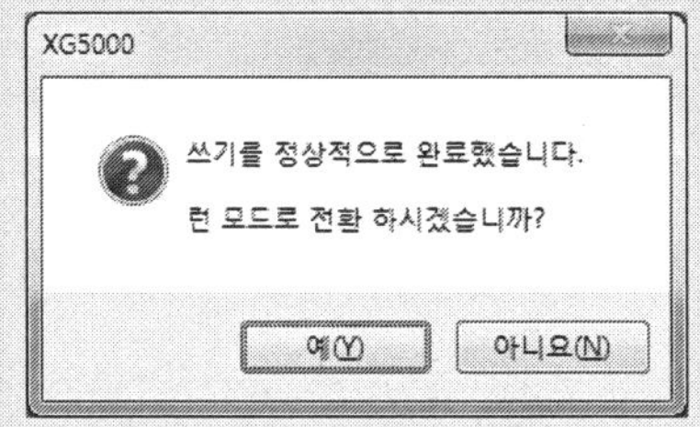


8. 스위치0(%IX0.0.0)을 계속 On하시오.
   이때 3개의 On Delay Timer에 전원이 공급되고 시간이 증가되는가?

9. 약 0.5초 후 PL0(%QX0.2.0)이 On되는가?
   또한 약 2초 후 PL1(%QX0.2.1)이 On되고, 약 5초 후 PL2(%QX0.2.2)가 On되는가?

10. 스위치0(%IX0.0.0)을 Off하시오.
    이때 3개의 On Delay Timer가 모두 Off되고, PL0(%QX0.2.0), PL1(%QX0.2.1), PL2(%QX0.2.2)가 Off되는가?

## F. 끝내기

1. 실습을 종료하기 위해 메뉴의 [온라인(O)]→[모드전환(M)]→[스톱(S)]을 선택하여 PLC를 스톱시킨다.
2. PLC가 스톱되면 접속을 끊기 위해 다시 메뉴의 [온라인(O)]→[접속 끊기(M)]를 선택하면 PLC와 PC 간 접속이 해제된다.

## 실습 10 펑션 블록 명령어 TOF(Off Delay Timer)

### A. 실습목적

1. Off Delay Timer의 설정시간 범위를 이해한다.
2. Off Delay Timer의 사용법을 익힌다.

### B. 준비물

1. PLC 트레이너
2. PC
   - 펜티엄 이상
   - 256MB 이상의 메모리, 200MB 이상의 하드 디스크
   - 윈도우 2000/XP/VISTA/7
   - 기타(마우스, 프린터)
3. XG5000 소프트웨어 툴

### C. 관계지식

1. 도구모음의 펑션/펑션 블록 [ {F} F10 ]을 마우스로 선택한 후 편집 창을 클릭하면 [펑션/펑션 블록] 대화상자가 나타난다. 이때 'TOF'를 선택하면 'Off Delay Timer'가 생성된다.

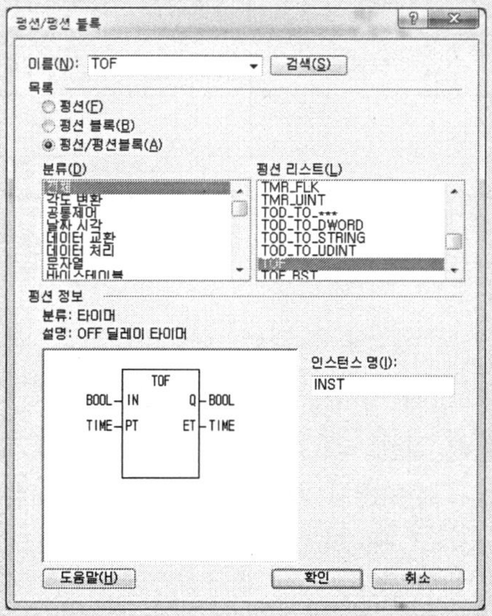

2. 타이머 점수는 제한이 없으며, 타이머의 이름을 입력하면 자동으로 접점출력 Q와 경과치 데이터 변수 ET가 생성된다.
3. 시간 설정 범위는 0.001초 ~ 4,294,967.259초(1,193시간)까지이다.
   설정형식은 T#XXXX(ms),T#XXXX(S)이며, 간접변수를 이용할 수도 있다.
4. TOF 타이머는 Off Delay타이머이며, 타이머 조건이 On되면 접점출력 Q가 On되고, 타이머 조건이 Off되면 경과치(ET)가 증가되어 설정시간(PT)가 되면 접점출력 Q가 Off된다.

## D. 입·출력 결선도(I/O List)

1. 입력 결선도(Input List)

| 심 벌 | 간접변수 | 직접변수 | 내 용 |
|---|---|---|---|
| 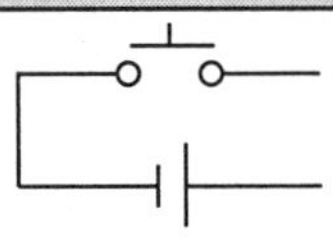 | 스위치0 | %IX0.0.0 | 외부입력 스위치0(Switch Block) |
| DC24V | Com1 | | %IX0.0.0 ~ %IX0.0.15까지의 입력 Common |

2. 출력 결선도(Output List)

| 심 벌 | 간접변수 | 직접변수 | 내 용 |
|---|---|---|---|
| 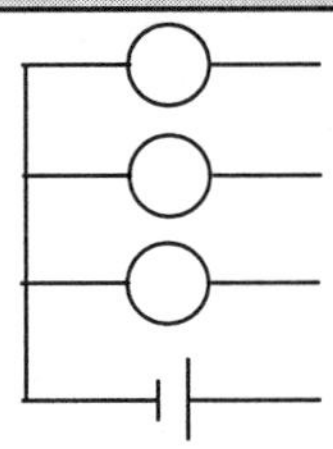 | PL0 | %QX0.2.0 | 외부 출력 표시등0(Lamp & Bz. Block) |
| | PL1 | %QX0.2.1 | 외부 출력 표시등1(Lamp & Bz. Block) |
| | PL2 | %QX0.2.2 | 외부 출력 표시등2(Lamp & Bz. Block) |
| DC24V | Com1 | | %QX0.2.0 ~ %QX0.2.15까지의 출력 Common |

## E. 실습순서

1. 리드선을 사용하여 입력 결선도와 같이 결선하시오. 이때 입력 스위치들의 공통선과 PLC의 입력 Common 단자 사이에는 DC24V 전원을 연결해 주어야 한다.(극성무관)
2. 리드선을 사용하여 출력 결선도와 같이 결선하시오. 이때 출력 램프들의 공통선과 PLC의 출력 Common 단자 사이에는 램프의 정격 전압에 해당하는 DC24V 전원을 연결해 주어야 한다.

3. PLC와 PC를 통신 케이블로 연결하시오.

4. PC를 켜고 XG5000을 실행시키시오.

5. **프로그램 작성**

아래의 변수 목록과 래더 다이어그램을 보고 프로그램을 작성하시오.

| 번호 | 변수 명 | 변수 종류 | 데이터 타입 | 메모리 할당 |
|---|---|---|---|---|
| 1 | 스위치0 | VAR | BOOL | %IX0.0.0 |
| 2 | INST0 | VAR | FB Instance | 〈자동〉 |
| 3 | INST1 | VAR | FB Instance | 〈자동〉 |
| 4 | INST2 | VAR | FB Instance | 〈자동〉 |
| 5 | PL0 | VAR | BOOL | %QX0.2.0 |
| 6 | PL1 | VAR | BOOL | %QX0.2.1 |
| 7 | PL2 | VAR | BOOL | %QX0.2.2 |

**[ 변수목록 ]**

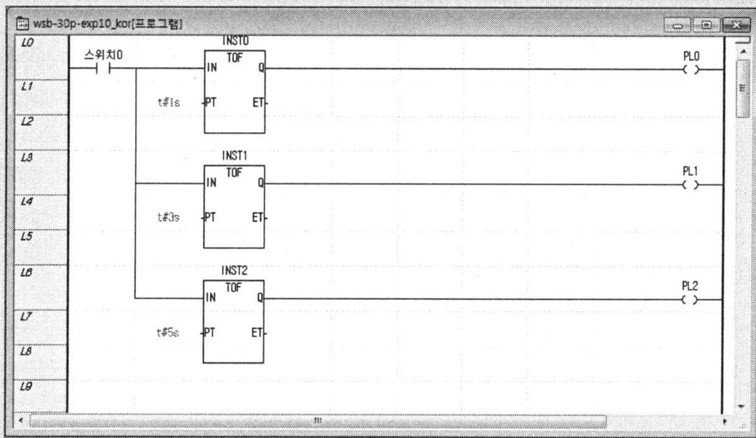


**[ 래더 다이어그램 ]**

## 6. I/O 파라미터 설정

다음 그림과 같이 I/O 파라미터를 설정하시오.

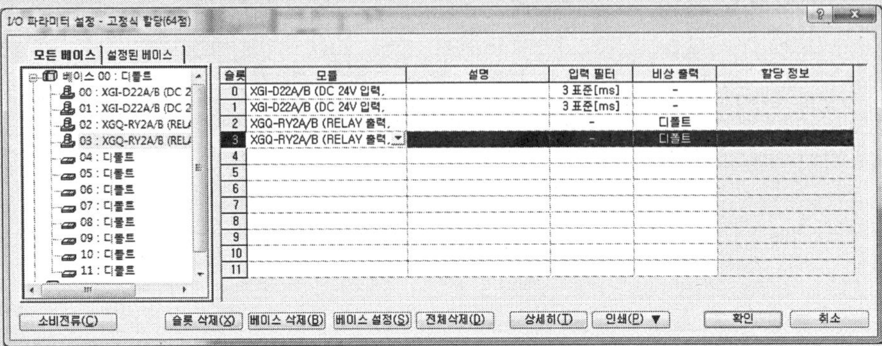

## 7. 프로그램 전송

(1) 프로그램을 전송하기 전에 PC와 PLC의 통신 케이블 연결 상태를 다시 확인한다.

(2) PLC에 전원을 인가하고 CPU 모듈의 모드 전환키는 STOP 상태로 한다.

(3) 메뉴의 [온라인(O)]→[접속 설정(O)...]을 클릭하면 접속 설정 대화상자가 나타나는데, 이때 [방법(T)]을 'RS-232C'로 선택하고, [단계(D)]를 '로컬'로 선택한 다음, [접속(C)] 버튼을 클릭한다.

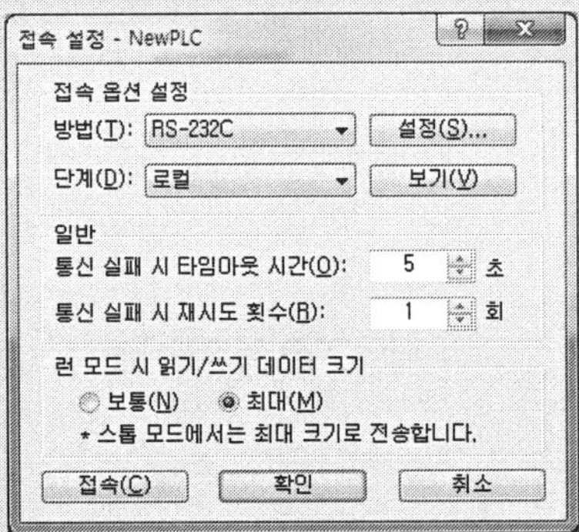

(4) PLC에 프로그램을 다운로드하기 위해 메뉴의 [온라인(O)]→[쓰기(W)]를 선택하면 쓰기 대화상자가 나타난다. 이때 모든 항목을 체크한 후 [확인] 버튼을 누르면 PLC에 프로그램이 다운로드된다.

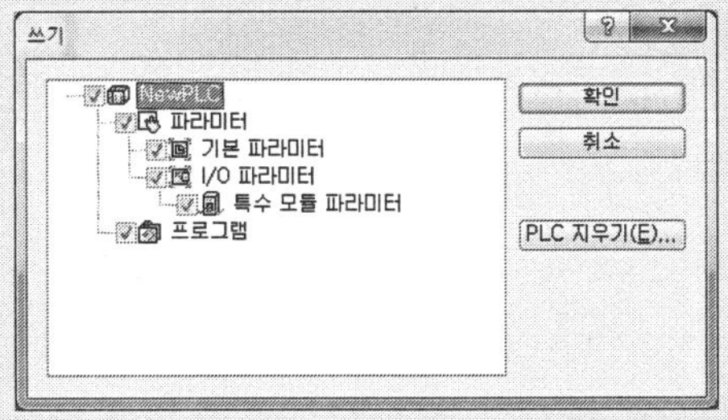


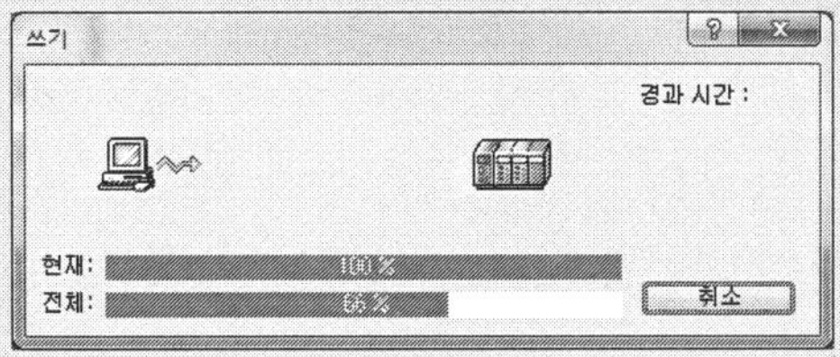


(5) PLC에 프로그램 다운로드가 정상적으로 완료되면 다음 그림과 같이 런 모드로의 전환 메시지가 나타난다. 이때 [예(Y)] 버튼을 누르면 PLC가 런된다.

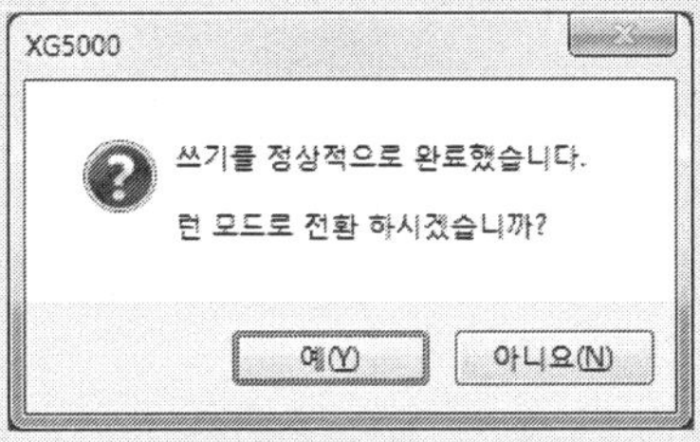


8. 스위치0(%IX0.0.0)을 On한 후 Off하시오.
   이때 PL0(%QX0.2.0), PL1(%QX0.2.1), PL2(%QX0.2.2)가 모두 On되는가?

9. 약 1초 후 PL0(%QX0.2.0)이 Off되는가?

10. 약 3초 후 PL1(%QX0.2.1)이 Off되는가?

11. 약 5초 후 PL2(%QX0.2.2)가 Off되는가?

## F. 끝내기

1. 실습을 종료하기 위해 메뉴의 [온라인(O)] → [모드전환(M)] → [스톱(S)]을 선택하여 PLC를 스톱시킨다.
2. PLC가 스톱되면 접속을 끊기 위해 다시 메뉴의 [온라인(O)] → [접속 끊기(M)]를 선택하면 PLC와 PC 간 접속이 해제된다.

# 실습 11 펑션 블록 명령어 CTU(Up Counter) & CTD(Down Counter)

## A. 실습목적

가산 카운터와 감산 카운터 사용법과 차이점을 이해한다.

## B. 준비물

1. PLC 트레이너
2. PC
   - 펜티엄 이상
   - 256MB 이상의 메모리, 200MB 이상의 하드 디스크
   - 윈도우 2000/XP/VISTA/7
   - 기타(마우스, 프린터)
3. XG5000 소프트웨어 툴

## C. 관계지식

1. 카운터 사용횟수는 제한이 없으며, 카운터 하나당 8byte씩 간접변수(심볼릭 변수)의 메모리를 점유한다.
2. 카운터의 설정값 범위는 카운터의 종류에 따라 다르며, INT형은 -32,768 ~ +32,767까지이고, DINT형은 -2147483648 ~ +2147483647까지이다. 또한 LINT형은 -263 ~ +263-1까지이며, UINT형은 0 ~ 65535까지이고, UDINT형은 0 ~ 4294967295까지이며, ULINT형은 0 ~ 264-1까지이다.
3. 도구모음의 펑션/펑션블록 [ {F} F10 ]을 마우스로 선택한 후 편집 창을 클릭하면 [펑션/펑션 블록] 대화상자가 나타난다. 이때 'CTU_INT'는 가산 카운터이며, 'CTD_INT'는 감산 카운터이다.

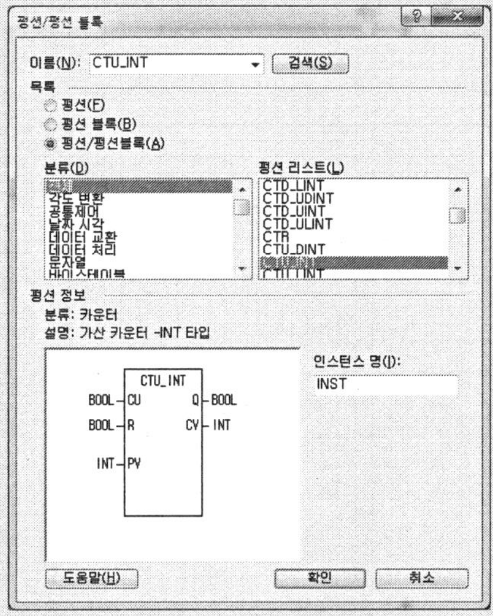


[ CTU_INT(가산 카운터) ]

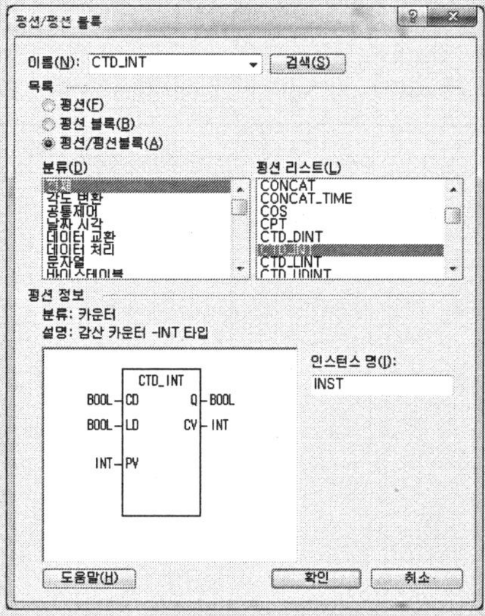


[ CTD_INT(감산 카운터) ]

4. CTU_INT(Up Counter)는 가산 카운터로서, 입력은 BOOL 타입의 CU와 R이 있으며, CU는 가산 카운터의 펄스 신호 입력이고 R은 가산 카운터의 리셋 신호 입력이다. 즉, CU에 신호가 On되면 CTU는 1씩 가산 카운트를 진행하고, R에 신호가 On되면 가산 카운터가 리셋된다. 또한 INT 타입의 PV가 있는데, PV는 가산 카운터의 목푯값 설정위치이다.
5. CTU(Up Counter)의 출력은 BOOL 타입의 Q와 INT 타입의 CV가 있으며, Q는 위의 목푯값 설정 위치에 입력한 값과 CV의 값이 일치했을 때 On된다. 또한 CV는 현재값 표시위치로서, CTU의 현재값이 표시된다.
6. CTD_INT(Down Counter)는 감산 카운터로서, 입력은 BOOL 타입의 CD와 LD가 있으며, CD는 감산 카운터의 펄스 신호 입력이고, LD는 감산 카운터의 로드 신호 입력이다. 즉, CD에 신호가 On되면 CTD는 1씩 감산 카운트를 진행하고, LD에 신호가 On되면 목푯값이 현재값으로 로드된다. 또한 INT 타입의 PV가 있는데, PV는 감산 카운터의 목푯값 설정위치이다.
7. CTD(Down Counter)의 출력은 BOOL 타입의 Q와 INT 타입의 CV가 있으며, Q는 감산 카운터의 현재값이 0이 되었을 때 On된다. 또한 CV는 현재값 표시위치로서, CTD의 현재값이 표시된다.

## D. 입·출력 결선도(I/O List)

### 1. 입력 결선도(Input List)

| 심 벌 | 간접변수 | 직접변수 | 내 용 |
|---|---|---|---|
| 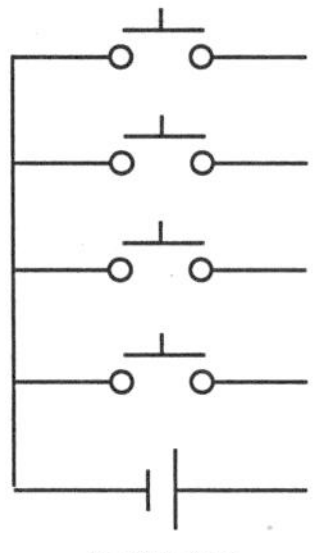 | 스위치0 | %IX0.0.0 | 외부입력 스위치0(Switch Block) |
| | 스위치1 | %IX0.0.1 | 외부입력 스위치1(Switch Block) |
| | 스위치2 | %IX0.0.2 | 외부입력 스위치2(Switch Block) |
| | 스위치3 | %IX0.0.3 | 외부입력 스위치3(Switch Block) |
| DC24V | Com1 | | %IX0.0.0 ~ %IX0.0.15까지의 입력 Common |

### 2. 출력 결선도(Output List)

| 심 벌 | 간접변수 | 직접변수 | 내 용 |
|---|---|---|---|
| 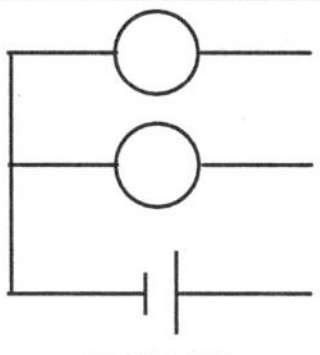 | PL0 | %QX0.2.0 | 외부 출력 표시등0(Lamp & Bz. Block) |
| | PL1 | %QX0.2.1 | 외부 출력 표시등1(Lamp & Bz. Block) |
| DC24V | Com1 | | %QX0.2.0 ~ %QX0.2.15까지의 출력 Common |

## E. 실습순서

1. 리드선을 사용하여 입력 결선도와 같이 결선하시오. 이때 입력 스위치들의 공통선과 PLC의 입력 Common 단자 사이에는 DC24V 전원을 연결해 주어야 한다.(극성무관)
2. 리드선을 사용하여 출력 결선도와 같이 결선하시오. 이때 출력 램프들의 공통선과 PLC의 출력 Common 단자 사이에는 램프의 정격 전압에 해당하는 DC24V 전원을 연결해 주어야 한다.
3. PLC와 PC를 통신 케이블로 연결하시오.
4. PC를 켜고 XG5000을 실행시키시오.
5. 프로그램 작성

   다음 변수 목록과 래더 다이어그램을 보고 프로그램을 작성하시오.

| 번호 | 변수 명 | 변수 종류 | 데이터 타입 | 메모리 할당 |
|---|---|---|---|---|
| 1 | 스위치0 | VAR | BOOL | %IX0.0.0 |
| 2 | 스위치1 | VAR | BOOL | %IX0.0.1 |
| 3 | 스위치2 | VAR | BOOL | %IX0.0.2 |
| 4 | 스위치3 | VAR | BOOL | %IX0.0.3 |
| 5 | INST0 | VAR | FB Instance | 〈자동〉 |
| 6 | INST1 | VAR | FB Instance | 〈자동〉 |
| 7 | PL0 | VAR | BOOL | %QX0.2.0 |
| 8 | PL1 | VAR | BOOL | %QX0.2.1 |

[ 변수목록 ]

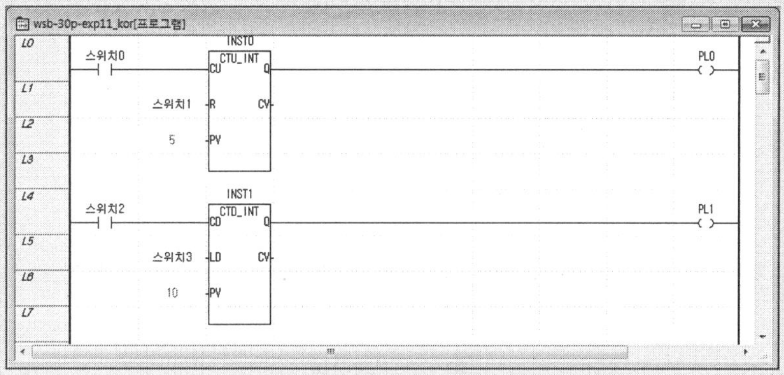


[ 래더 다이어그램 ]

## 6. I/O 파라미터 설정

다음 그림과 같이 I/O 파라미터를 설정하시오.

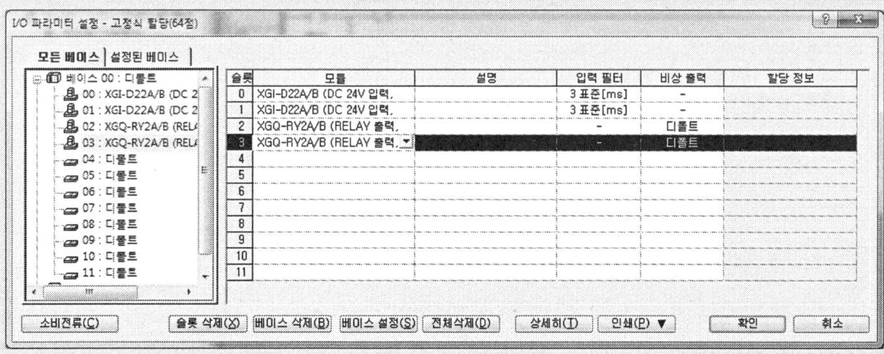

## 7. 프로그램 전송

(1) 프로그램을 전송하기 전에 PC와 PLC의 통신케이블 연결 상태를 다시 한 번 확인한다.

(2) PLC에 전원을 인가하고 CPU 모듈의 모드 전환키는 STOP 상태로 한다.

(3) 메뉴의 [온라인(O)]→[접속 설정(O)...]을 클릭하면 접속 설정 대화상자가 나타나는데, 이때 [방법(T)]을 'RS-232C'로 선택하고, [단계(D)]를 '로컬'로 선택한 다음, [접속(C)] 버튼을 클릭한다.

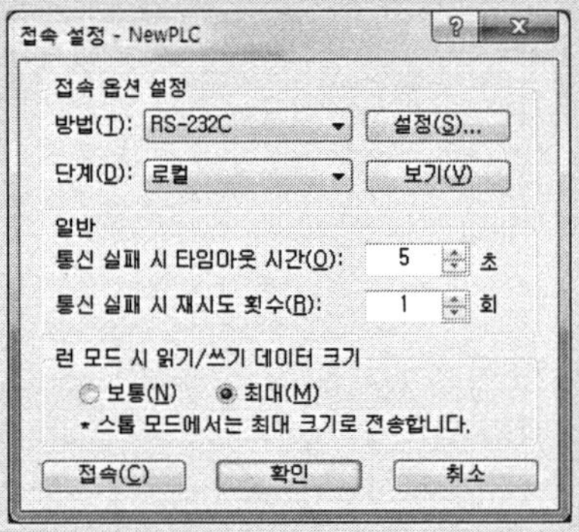


(4) PLC에 프로그램을 다운로드하기 위해 메뉴의 [온라인(O)]→[쓰기(W)]를 선택하면 쓰기 대화상자가 나타난다. 이때 모든 항목을 체크한 후 [확인] 버튼을 누르면 PLC에 프로그램이 다운로드된다.

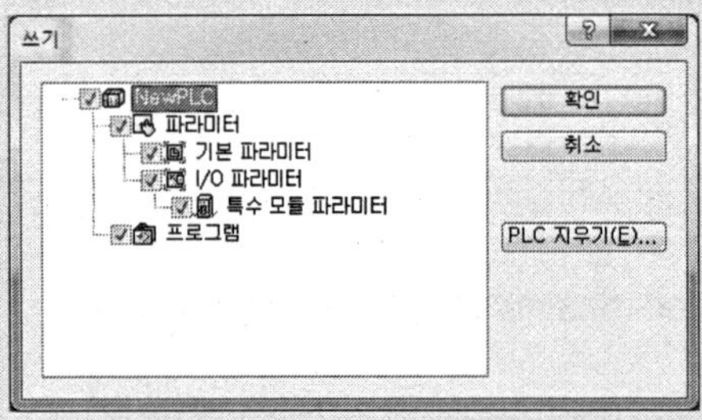


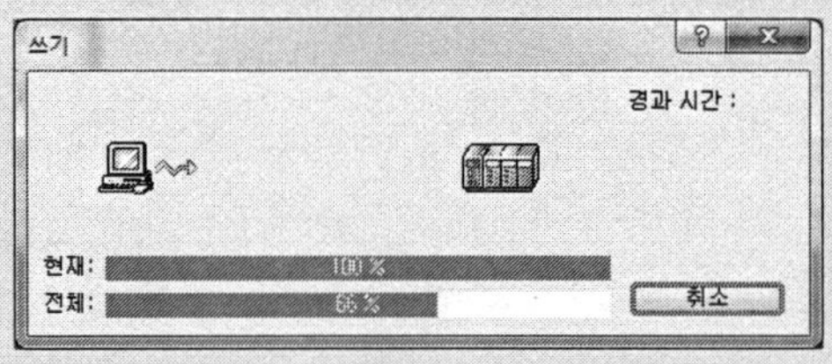


(5) PLC에 프로그램 다운로드가 정상적으로 완료되면 다음 그림과 같이 런 모드로의 전환 메시지가 나타난다. 이때 [예(Y)] 버튼을 누르면 PLC가 런된다.

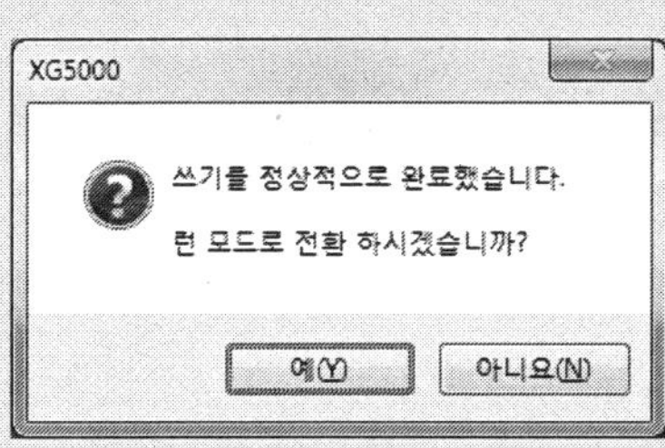


8. 가산 카운터의 펄스입력 신호인 스위치0(%IX0.0.0)을 3회만 On하시오.
   이때 가산 카운터의 현재값(CV)은 어떻게 되며, PL0(%QX0.2.0)이 On되는가?

9. 가산 카운터 펄스입력 신호인 스위치0(%IX0.0.0)를 5회까지 On하시오.
   이때 가산 카운터의 현재값(CV)은 어떻게 되며, PL0(%QX0.2.0)이 On되는가?

10. 가산 카운터의 리셋입력 신호인 스위치1(%IX0.0.1)을 On하시오.
    이때 가산 카운터의 현재값(CV)은 0으로 리셋되고, PL0(%QX0.2.0)이 Off되는가?

11. 감산 카운터의 로드신호 입력인 스위치3(%IX0.0.3)를 On하여 목푯값을 로드한 후 펄스입력 신호인 스위치2(%IX0.0.2)를 5회 On하시오.
    이때 감산 카운터의 현재값(CV)은 어떻게 되며, PL1(%QX0.2.1)이 On되는가?

12. 계속하여 감산 카운터의 펄스입력 신호인 스위치2(%IX0.0.2)를 10회까지 On하시오.
    이때 감산 카운터의 현재값(CV)은 어떻게 되며, PL1(%QX0.2.1)이 On되는가?

13. 감산 카운터의 로드신호 입력인 스위치3(%IX0.0.3)을 On하여 목푯값을 로드하시오.
    이때 감산 카운터의 현재값(CV)은 어떻게 되며, PL1(%QX0.2.1)이 On되는가?

## F. 끝내기

1. 실습을 종료하기 위해 메뉴의 [온라인(O)]→[모드전환(M)]→[스톱(S)]을 선택하여 PLC를 스톱시킨다.
2. PLC가 스톱되면 접속을 끊기 위해 다시 메뉴의 [온라인(O)]→[접속 끊기(M)]를 선택하면 PLC와 PC 간 접속이 해제된다.

## 실습 12 펑션 명령어 MCS와 MCSCLR

### A. 실습목적

1. MCS, MCSCLR의 사용법을 이해한다.

### B. 준비물

1. PLC 트레이너
2. PC
   - 펜티엄 이상
   - 256MB 이상의 메모리, 200MB 이상의 하드 디스크
   - 윈도우 2000/XP/VISTA/7
   - 기타(마우스, 프린터)
3. XG5000 소프트웨어 툴

### C. 관계지식

1. MCS, MCSCLR 명령은 모선을 제어하는 접점에 사용하며 반드시 쌍으로 사용한다.
2. 쌍으로 되어 있지 않으면 문법 에러가 된다.
3. MCS 명령 다음에는 LOAD 또는 LOAD NOT으로 시작한다.
4. 전체회로에서 사용 가능한 MCS는 16개(0~15) 이내로 작성하여야 한다.(네스팅은 15 레벨까지 가능하다. 15레벨 이상이 되면 문법에러가 된다.)

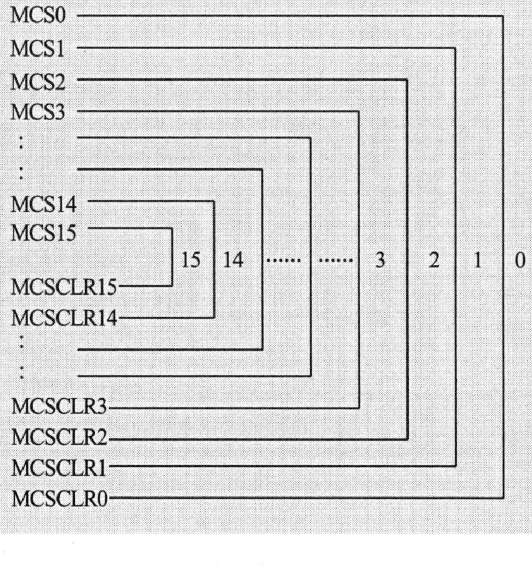

5. 제어 시스템을 자동/수동 등 여러 가지 모드 전환 기능에 적용하면 편리하다.

## D. 입·출력 결선도(I/O List)

### 1. 입력 결선도(Input List)

| 심 벌 | 간접변수 | 직접변수 | 내 용 |
|---|---|---|---|
| 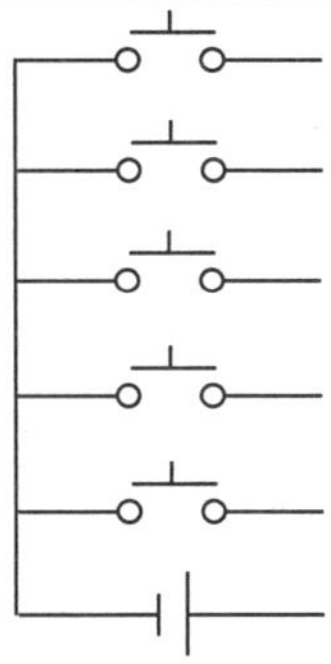 | 스위치0 | %IX0.0.0 | 외부입력 스위치0(Switch Block) |
| | 스위치1 | %IX0.0.1 | 외부입력 스위치1(Switch Block) |
| | 스위치2 | %IX0.0.2 | 외부입력 스위치2(Switch Block) |
| | 스위치3 | %IX0.0.3 | 외부입력 스위치3(Switch Block) |
| | 스위치4 | %IX0.0.4 | 외부입력 스위치4(Switch Block) |
| DC24V | Com1 | | %IX0.0.0 ~ %IX0.0.15까지의 입력 Common |

### 2. 출력 결선도(Output List)

| 심 벌 | 간접변수 | 직접변수 | 내 용 |
|---|---|---|---|
| 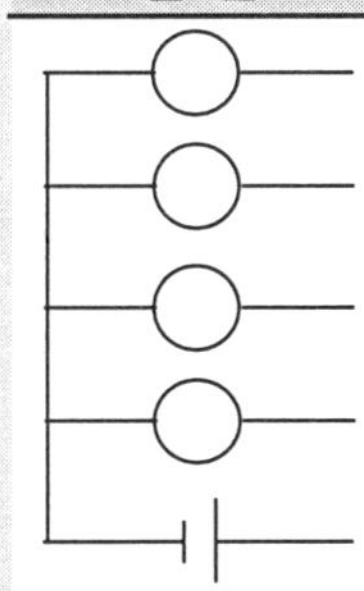 | PL0 | %QX0.2.0 | 외부 출력 표시등0(Lamp & Bz. Block) |
| | PL1 | %QX0.2.1 | 외부 출력 표시등1(Lamp & Bz. Block) |
| | PL2 | %QX0.2.2 | 외부 출력 표시등2(Lamp & Bz. Block) |
| | PL3 | %QX0.2.3 | 외부 출력 표시등3(Lamp & Bz. Block) |
| DC24V | Com1 | | %QX0.2.0 ~ %QX0.2.15까지의 출력 Common |

## E. 실습순서

1. 리드선을 사용하여 입력 결선도와 같이 결선하시오. 이때 입력 스위치들의 공통선과 PLC의 입력 Common 단자 사이에는 DC24V 전원을 연결해 주어야 한다.(극성무관)
2. 리드선을 사용하여 출력 결선도와 같이 결선하시오. 이때 출력 램프들의 공통선과 PLC의 출력 Common 단자 사이에는 램프의 정격 전압에 해당하는 DC24V 전원을 연결해 주어야 한다.

3. PLC와 PC를 통신 케이블로 연결하시오.
4. PC를 켜고 XG5000을 실행시키시오.
5. **프로그램 작성**

아래의 변수 목록과 래더 다이어그램을 보고 프로그램을 작성하시오.

| 번호 | 변수 명 | 변수 종류 | 데이터 타입 | 메모리 할당 |
|---|---|---|---|---|
| 1 | 스위치0 | VAR | BOOL | %IX0.0.0 |
| 2 | 스위치1 | VAR | BOOL | %IX0.0.1 |
| 3 | 스위치2 | VAR | BOOL | %IX0.0.2 |
| 4 | 스위치3 | VAR | BOOL | %IX0.0.3 |
| 5 | 스위치4 | VAR | BOOL | %IX0.0.4 |
| 6 | 자기유지1 | VAR | BOOL | 〈자동〉 |
| 7 | 자기유지2 | VAR | BOOL | 〈자동〉 |
| 8 | DMMY | VAR | BOOL | 〈자동〉 |
| 9 | PL0 | VAR | BOOL | %QX0.2.0 |
| 10 | PL1 | VAR | BOOL | %QX0.2.1 |
| 11 | PL2 | VAR | BOOL | %QX0.2.2 |
| 12 | PL3 | VAR | BOOL | %QX0.2.3 |

[ 변수목록 ]

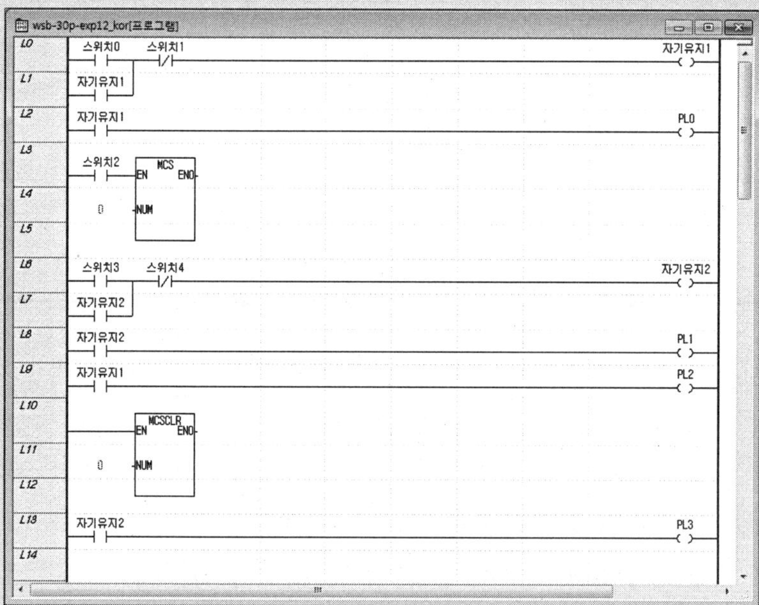


[ 래더 다이어그램 ]

## 6. I/O 파라미터 설정

다음 그림과 같이 I/O 파라미터를 설정하시오.

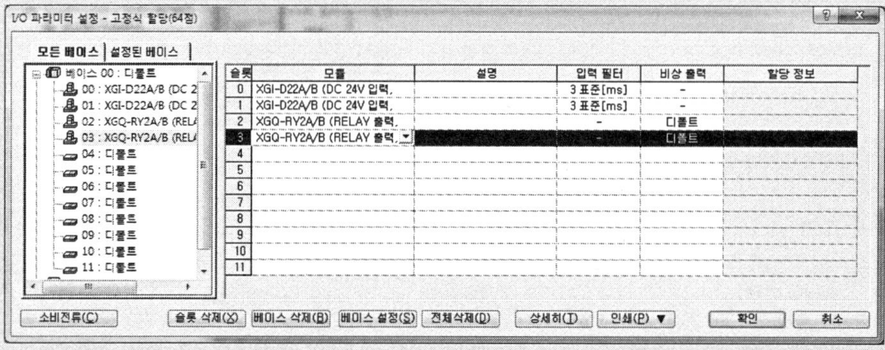


## 7. 프로그램 전송

(1) 프로그램을 전송하기 전에 PC와 PLC의 통신케이블 연결 상태를 다시 확인한다.

(2) PLC에 전원을 인가하고 CPU 모듈의 모드 전환키는 STOP 상태로 한다.

(3) 메뉴의 [온라인(O)]→[접속 설정(O)...]을 클릭하면 접속 설정 대화상자가 나타나는데, 이때 [방법(T)]을 'RS-232C'로 선택하고, [단계(D)]를 '로컬'로 선택한 다음, [접속(C)] 버튼을 클릭한다.

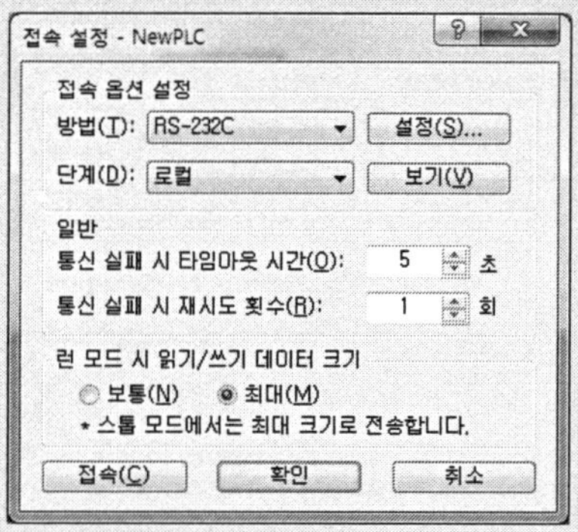


(4) PLC에 프로그램을 다운로드하기 위해 메뉴의 [온라인(O)]→[쓰기(W)]를 선택하면 쓰기 대화상자가 나타난다. 이때 모든 항목을 체크한 후 [확인] 버튼을 누르면 PLC에 프로그램이 다운로드된다.

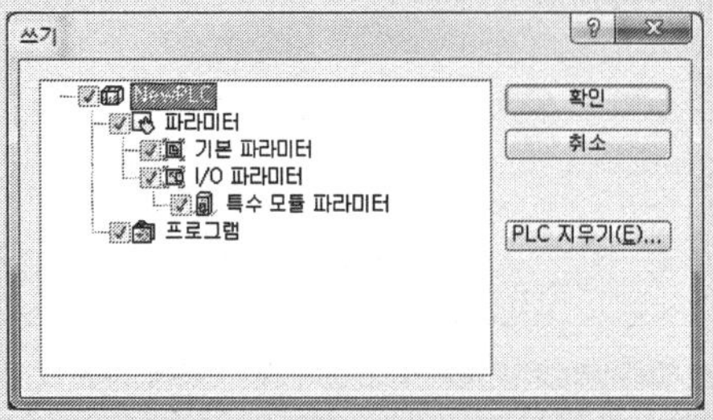


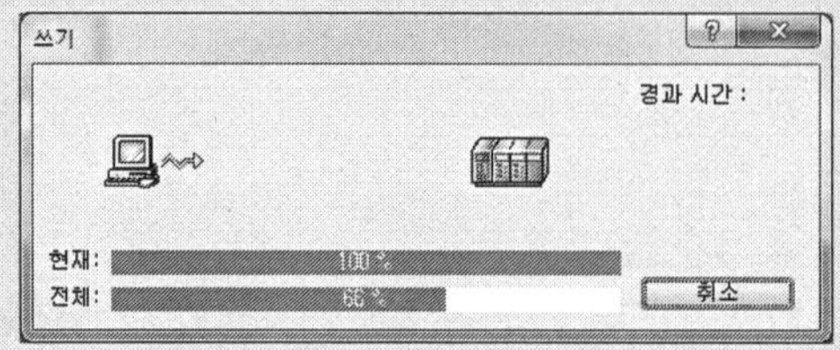


(5) PLC에 프로그램 다운로드가 정상적으로 완료되면 다음 그림과 같이 런 모드로 의 전환 메시지가 나타난다. 이때 [예(Y)] 버튼을 누르면 PLC가 런된다.

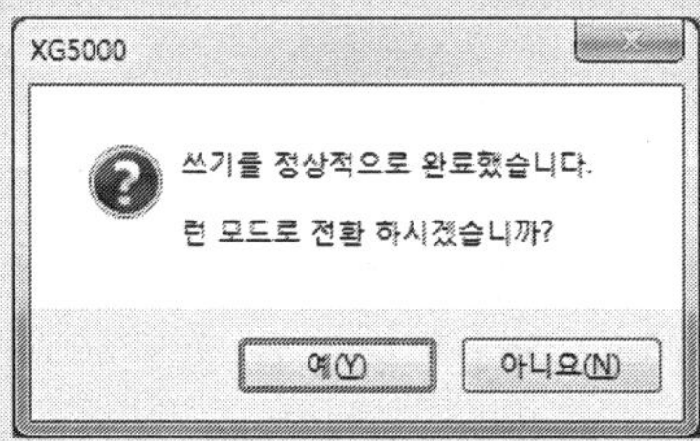


8. 스위치0(%IX0.0.0)을 On하시오. 이때 자기유지1이 On되고, PL0(%QX0.2.0)이 On되는가?
   또한 행9의 PL2(%QX0.2.2)가 On되는가?

9. 현재 상태에서 스위치2(%IX0.0.2)을 On하시오. 이때 행9의 PL2(%QX0.2.2)가 On되는가?

10. 스위치1(%IX0.0.1)을 On하시오. 이때 자기유지1이 On되고, PL0(%QX0.2.0)이 Off되는가?
    또한 행9의 PL2(%QX0.2.2)가 Off되는가?

11. 스위치2(%IX0.0.2)를 On한 상태에서 스위치3(%IX0.0.3)을 On하시오.
    이때 자기유지2가 On되고, PL1(%QX0.2.1)이 On되는가?
    또한 행13의 PL3(%QX0.2.3)이 On되는가?

12. 현재 상태에서 스위치2(%IX0.0.2)를 Off하시오.
이때 자기유지2가 Off되고, PL1(%QX0.2.1)이 Off되는가?
또한 행13의 PL3(%QX0.2.3)이 Off되는가?

## F. 끝내기

1. 실습을 종료하기 위해 메뉴의 [온라인(O)] → [모드전환(M)] → [스톱(S)]을 선택하여 PLC를 스톱시킨다.
2. PLC가 스톱되면 접속을 끊기 위해 다시 메뉴의 [온라인(O)] → [접속 끊기(M)]를 선택하면 PLC와 PC 간 접속이 해제된다.

## 실습 13 퀴즈 표시장치 회로

### A. 실습목적

1. 유접점 시퀀스에 대하여 PLC의 장점과 특징이 잘 나타난 회로를 작성하고 실행하여 PLC의 사용법을 숙달한다.

### B. 준비물

1. PLC 트레이너
2. PC
   - 펜티엄 이상
   - 256MB 이상의 메모리, 200MB 이상의 하드 디스크
   - 윈도우 2000/XP/VISTA/7
   - 기타(마우스, 프린터)
3. XG5000 소프트웨어 툴

### C. 관계지식

1. 외부 입력은 프로그램 용량 내에서 얼마든지 중복하여 사용할 수 있다.

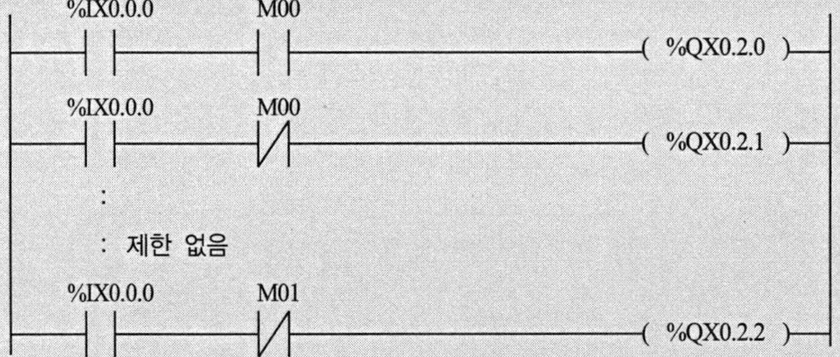

2. 직렬 또는 병렬로 접속되는 접점의 수에는 제한이 없다.

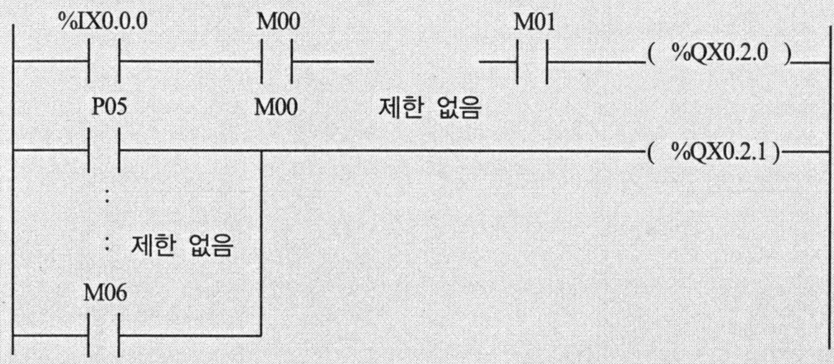


3. 외부에 접속한 스위치는 a접점을 사용하였다 하더라도 프로그램에서는 a접점 또는 b접점으로 사용할 수 있다.

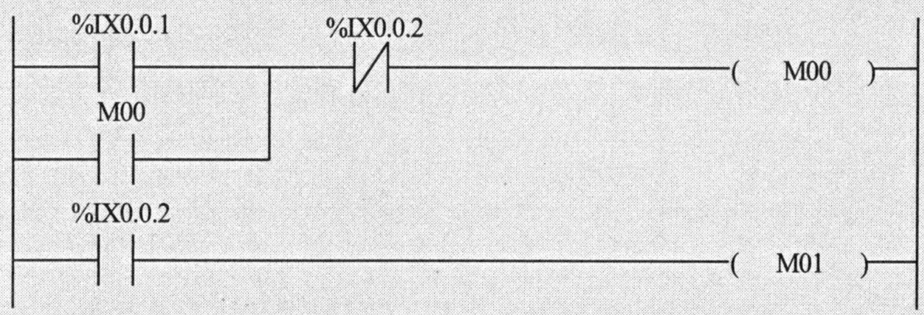


4. 출력은 중복하여 사용할 수 없다.
   단, 출력이 병렬로 연결되는 다중 출력은 가능하다.

5. 내부출력과 외부출력의 접점 수에는 제한이 없다.

6. **퀴즈 표시회로의 구성**

(1) 외부 입력 스위치 - 출연자 4명용 호출 스위치 4개
- 사회자용 리셋 스위치 1개

(2) 외부 출력 - 출연자용 표시등 4개
- 출연자용 공통 부저 1개

(3) 퀴즈 표시기는 선행우선 회로를 사용한다.

## D. 입·출력 결선도(I/O List)

1. **입력 결선도(Input List)**

| 심 벌 | 간접변수 | 직접변수 | 내 용 |
|---|---|---|---|
| 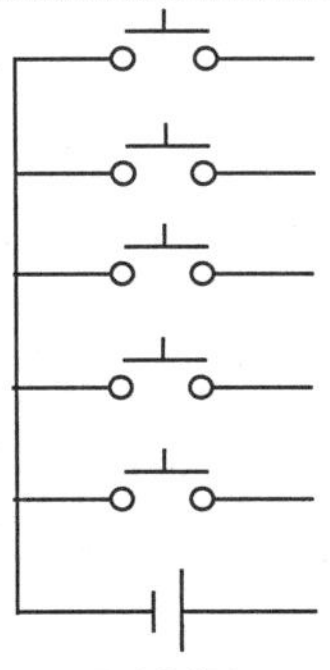 | 사회자 | %IX0.0.0 | 사회자 리셋 스위치(Switch Block) |
| | 출연1 | %IX0.0.1 | 1번 출연자 호출 스위치(Switch Block) |
| | 출연2 | %IX0.0.2 | 2번 출연자 호출 스위치(Switch Block) |
| | 출연3 | %IX0.0.3 | 3번 출연자 호출 스위치(Switch Block) |
| | 출연4 | %IX0.0.4 | 4번 출연자 호출 스위치(Switch Block) |
| DC24V | Com1 | | %IX0.0.0 ~ %IX0.0.15까지의 입력 Common |

2. **출력 결선도(Output List)**

| 심 벌 | 간접변수 | 직접변수 | 내 용 |
|---|---|---|---|
| 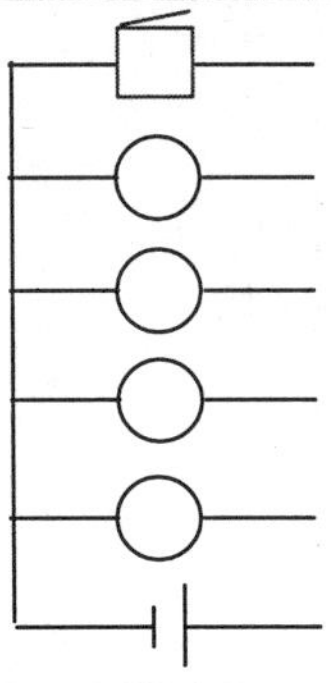 | 공통부저 | %QX0.2.0 | 호출 부저(Lamp & Bz. Block) |
| | 출연1_표시등 | %QX0.2.1 | 1번 출연자 선택 표시등(Lamp & Bz. Block) |
| | 출연2_표시등 | %QX0.2.2 | 2번 출연자 선택 표시등(Lamp & Bz. Block) |
| | 출연3_표시등 | %QX0.2.3 | 3번 출연자 선택 표시등(Lamp & Bz. Block) |
| | 출연4_표시등 | %QX0.2.4 | 4번 출연자 선택 표시등(Lamp & Bz. Block) |
| DC24V | Com1 | | %QX0.2.0 ~ %QX0.2.15까지의 출력 Common |

## E. 실습순서

1. 리드선을 사용하여 입력 결선도와 같이 결선하시오. 이때 입력 스위치들의 공통선과 PLC의 입력 Common 단자 사이에는 DC24V 전원을 연결해 주어야 한다.(극성무관)
2. 리드선을 사용하여 출력 결선도와 같이 결선하시오. 이때 출력 램프들의 공통선과 PLC의 출력 Common 단자 사이에는 램프의 정격 전압에 해당하는 DC24V 전원을 연결해 주어야 한다.
3. PLC와 PC를 통신 케이블로 연결하시오.
4. PC를 켜고 XG5000을 실행시키시오.
5. **프로그램 작성**

   아래의 변수 목록과 래더 다이어그램을 보고 프로그램을 작성하시오.

| 번호 | 변수 명 | 변수 종류 | 데이터 타입 | 메모리 할당 |
|---|---|---|---|---|
| 1 | 공통부져 | VAR | BOOL | %QX0.2.0 |
| 2 | 사회자 | VAR | BOOL | %IX0.0.4 |
| 3 | 출연1 | VAR | BOOL | %IX0.0.0 |
| 4 | 출연1_표시등 | VAR | BOOL | %QX0.2.1 |
| 5 | 출연2 | VAR | BOOL | %IX0.0.1 |
| 6 | 출연2_표시등 | VAR | BOOL | %QX0.2.2 |
| 7 | 출연3 | VAR | BOOL | %IX0.0.2 |
| 8 | 출연3_표시등 | VAR | BOOL | %QX0.2.3 |
| 9 | 출연4 | VAR | BOOL | %IX0.0.3 |
| 10 | 출연4_표시등 | VAR | BOOL | %QX0.2.4 |

**[ 변수목록 ]**

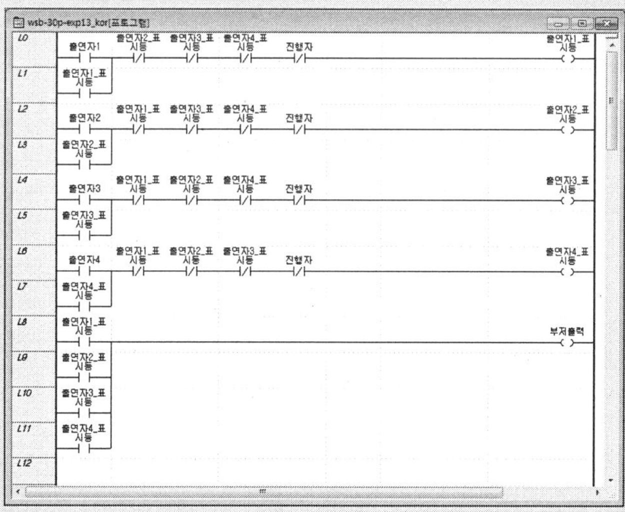

**[ 래더 다이어그램 ]**

## 6. I/O 파라미터 설정

다음 그림과 같이 I/O 파라미터를 설정하시오.

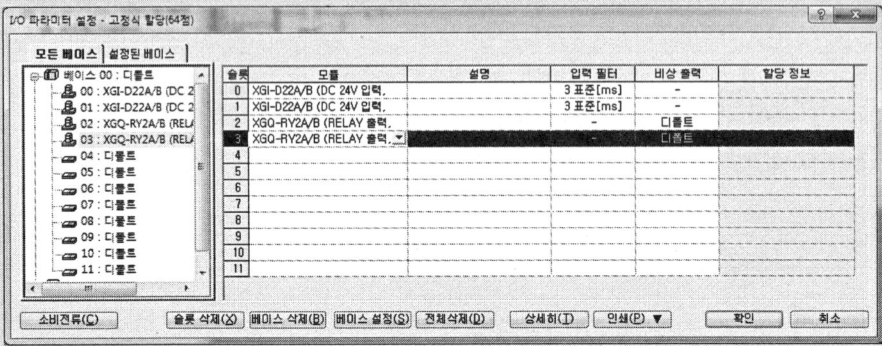


## 7. 프로그램 전송

(1) 프로그램을 전송하기 전에 PC와 PLC의 통신케이블 연결 상태를 다시 한 번 확인한다.

(2) PLC에 전원을 인가하고 CPU 모듈의 모드 전환키는 STOP 상태로 한다.

(3) 메뉴의 [온라인(O)]→[접속 설정(O)...]을 클릭하면 접속 설정 대화상자가 나타나는데, 이때 [방법(T)]을 'RS-232C'로 선택하고, [단계(D)]를 '로컬'로 선택한 다음, [접속(C)] 버튼을 클릭한다.

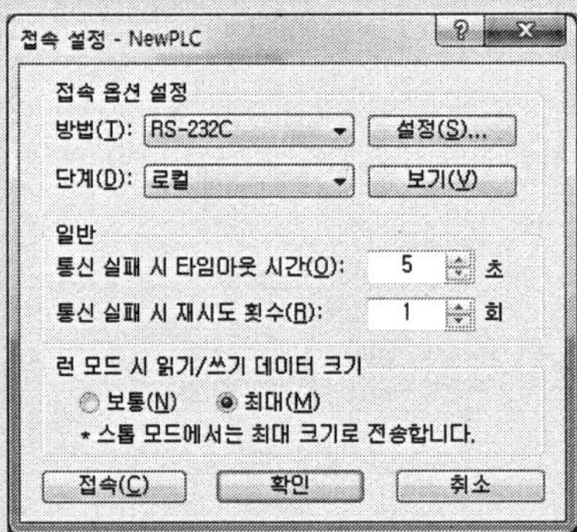


(4) PLC에 프로그램을 다운로드하기 위해 메뉴의 [온라인(O)]→[쓰기(W)]를 선택하면 쓰기 대화상자가 나타난다. 이때 모든 항목을 체크한 후 [확인] 버튼을 누르면 PLC에 프로그램이 다운로드된다.

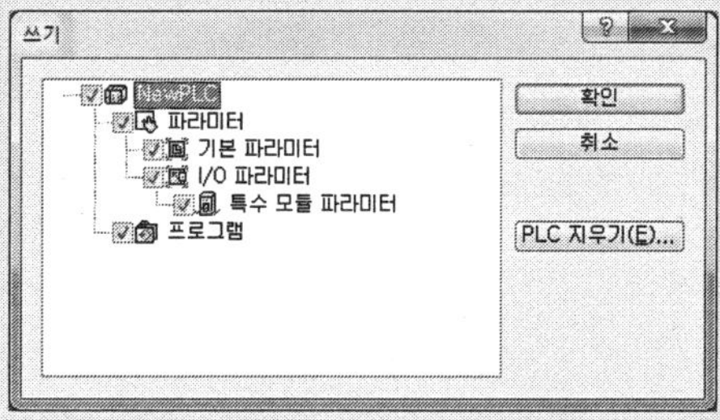


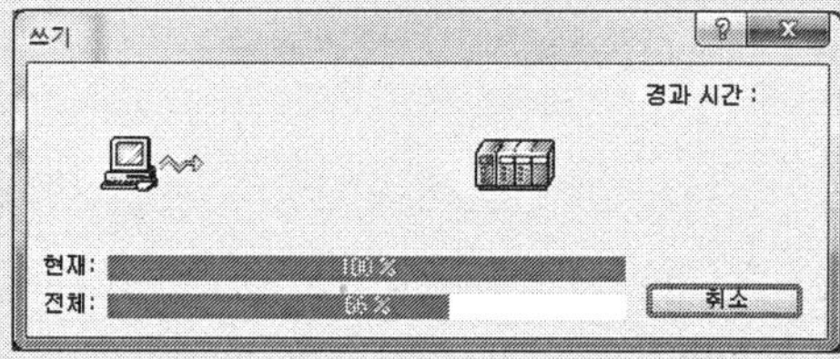


(5) PLC에 프로그램 다운로드가 정상적으로 완료되면 다음 그림과 같이 런 모드로의 전환 메시지가 나타난다. 이때 [예(Y)] 버튼을 누르면 PLC가 런된다.

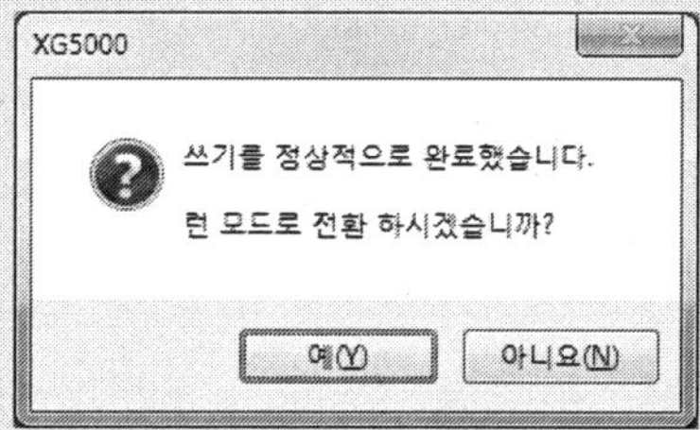


8. 1번 출연자 스위치인 출연1(%IX0.0.0)을 On하시오.
   이때 출연1_표시등(%QX0.2.1)이 On되고, 공통부저(%QX0.2.0)가 On되는가?

9. 사회자(%IX0.0.4)를 On하여 리셋시키시오.

10. 2번 출연자 스위치인 출연2(%IX0.0.1)를 On하시오.
    이때 출연2_표시등(%QX0.2.2)이 On되고, 공통부저(%QX0.2.0)가 On되는가?

11. 사회자(%IX0.0.4)를 On하여 리셋시키시오.

12. 3번 출연자 스위치인 출연3(%IX0.0.2)을 On하시오.
    이때 출연3_표시등(%QX0.2.3)이 On되고, 공통부저(%QX0.2.0)가 On되는가?

13. 사회자(%IX0.0.4)를 On하여 리셋시키시오.

14. 4번 출연자 스위치인 출연4(%IX0.0.3)를 On하시오.
    이때 출연4_표시등(%QX0.2.4)이 On되고, 공통부저(%QX0.2.0)가 On되는가?

15. 사회자(%IX0.0.4)를 On하여 리셋시키시오.

16. 1번~4번 출연자 스위치를 동시에 On하시오. 이때 어떤 출연자의 표시등이 On되는가?

17. 사회자(%IX0.0.4)를 On하여 리셋시키시오.

18. 다시 1번~4번 출연자 스위치를 동시에 On하시오. 이번에는 어떤 출연자의 표시등이 On되는가?

## F. 끝내기

1. 실습을 종료하기 위해 메뉴의 [온라인(O)] → [모드전환(M)] → [스톱(S)]을 선택하여 PLC를 스톱시킨다.
2. PLC가 스톱되면 접속을 끊기 위해 다시 메뉴의 [온라인(O)] → [접속 끊기(M)]를 선택하면 PLC와 PC 간 접속이 해제된다.

## 실습 14 전동기와 센서 실습 1

### A. 실습목적

1. 포토 센서와 근접센서의 동작을 이해하고 이를 사용하여 전동기의 회전수를 제어해 본다.

### B. 준비물

1. PLC 트레이너
2. PC
   - 펜티엄 이상
   - 256MB 이상의 메모리, 200MB 이상의 하드 디스크
   - 윈도우 2000/XP/VISTA/7
   - 기타(마우스, 프린터)
3. XG5000 소프트웨어 툴

### C. 관계지식

1. **포토 센서**

내부의 회로에 따라 PNP형과 NPN형이 있다.

포토센서에는 다음의 3가지 유형이 있다.

- 직접 반사형
- 투과형
- 확산 반사형

(1) 직접 반사형

발광부와 수광부가 일체형으로 되어 있으며, 발광부에서 발사된 빛이 물체에 반사되어 다시 수광부로 들어오는 빛의 양을 이용하여 신호를 출력하는 센서이다. 본 실험장치에 사용된 포토 센서도 이 유형으로, 검출거리는 200mm이다.

(2) 투과형

발광부와 수광부가 별도로 되어있어 발광부에서 발사된 빛이 수광부로 들어가는데 이 사이에 물체가 빛을 차단하면 신호를 출력하는 센서이다.

투과형 센서의 검출거리는 일반적으로 수 m이다.

(3) 확산 반사형

발광부에서 발사된 빛이 따로 설치된 거울에 반사되어 수광부로 들어오는데 이 사이에 물체가 빛을 차단하면 신호를 출력하는 센서이다.

확산 반사형 센서의 검출거리는 일반적으로 수 m이다.

2. **근접센서**

자성체가 접근하면 동작하는 센서로 PNP형과 NPN형이 있으며 비자성체를 검출하는 센서도 있다. 동작 원리로 보면 정전 용량형과 유도형이 있다. 검출거리는 보통 수 mm 정도의 것이 일반적이다.

## D. 입·출력 결선도(I/O List)

1. **입력 결선도(Input List)**

| 심 벌 | 간접변수 | 직접변수 | 내 용 |
|---|---|---|---|
| 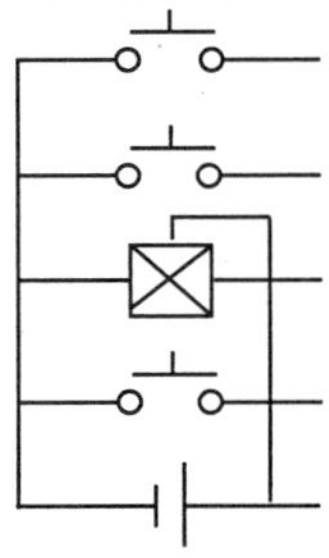 | 운전_스위치 | %IX0.0.0 | 운전 스위치(Switch Block) |
| | 정지_스위치 | %IX0.0.1 | 정지 스위치(Switch Block) |
| | 센서_입력 | %IX0.0.2 | 근접센서 신호(Motor & Sensor Block의 Proximity) |
| | 리셋_스위치 | %IX0.0.3 | 리셋 스위치(Switch Block) |
| DC24V | Com1 | | %IX0.0.0 ~ %IX0.0.15까지의 입력 Common |

2. **출력 결선도(Output List)**

| 심 벌 | 간접변수 | 직접변수 | 내 용 |
|---|---|---|---|
| 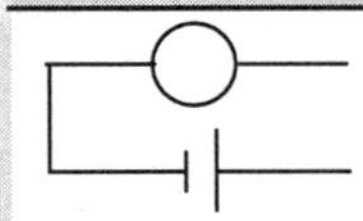 | 모터_출력 | %QX0.2.0 | 모터 출력(Motor & Sensor Block의 Motor) |
| DC24V | Com1 | | %QX0.2.0 ~ %QX0.2.15까지의 출력 Common |

## E. 실습순서

1. 리드선을 사용하여 입력 결선도와 같이 결선하시오. 이때 입력 스위치들의 공통선과 PLC의 입력 Common 단자 사이에는 DC24V 전원을 연결해 주어야 한다.(극성무관)

2. 리드선을 사용하여 출력 결선도와 같이 결선하시오. 이때 출력 램프들의 공통선과 PLC의 출력 Common 단자 사이에는 램프의 정격 전압에 해당하는 DC24V 전원을 연결해 주어야 한다.
3. PLC와 PC를 통신 케이블로 연결하시오.
4. PC를 켜고 XG5000을 실행시키시오.
5. **프로그램 작성**

   아래의 변수 목록과 래더 다이어그램을 보고 프로그램을 작성하시오.

| 번호 | 변수 명 | 변수 종류 | 데이터 타입 | 메모리 할당 |
|---|---|---|---|---|
| 1 | 리셋_스위치 | VAR | BOOL | %IX0.0.3 |
| 2 | 모터_출력 | VAR | BOOL | %QX0.2.0 |
| 3 | 센서_입력 | VAR | BOOL | %IX0.0.2 |
| 4 | 운전_스위치 | VAR | BOOL | %IX0.0.0 |
| 5 | 정지_스위치 | VAR | BOOL | %IX0.0.1 |
| 6 | INST0 | VAR | FB Instance | 〈자동〉 |

**[ 변수목록 ]**

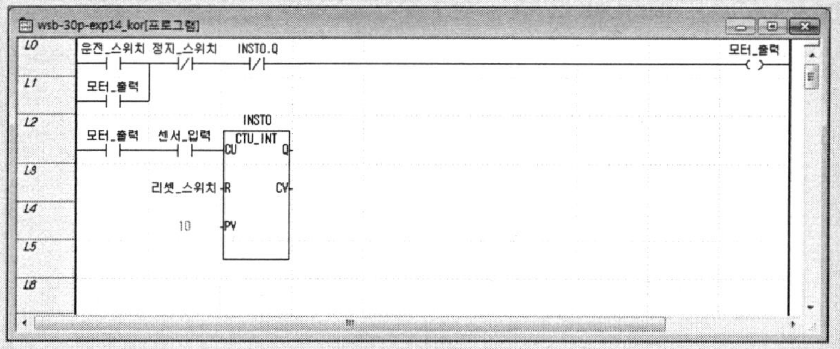


**[ 래더 다이어그램 ]**

## 6. I/O 파라미터 설정

다음 그림과 같이 I/O 파라미터를 설정하시오.

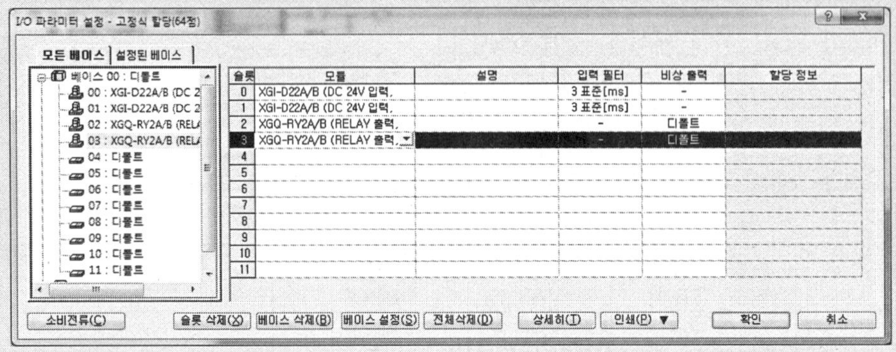

## 7. 프로그램 전송

(1) 프로그램을 전송하기 전에 PC와 PLC의 통신케이블 연결 상태를 다시 확인한다.

(2) PLC에 전원을 인가하고 CPU 모듈의 모드 전환키는 STOP 상태로 한다.

(3) 메뉴의 [온라인(O)]→[접속 설정(O)...]을 클릭하면 접속 설정 대화상자가 나타나는데, 이때 [방법(T)]을 'RS-232C'로 선택하고, [단계(D)]를 '로컬'로 선택한 다음, [접속(C)] 버튼을 클릭한다.

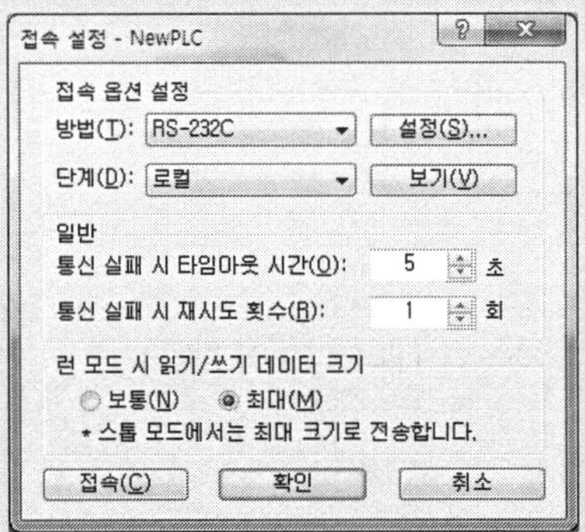

(4) PLC에 프로그램을 다운로드하기 위해 메뉴의 [온라인(O)]→[쓰기(W)]를 선택하면 쓰기 대화상자가 나타난다. 이때 모든 항목을 체크한 후 [확인] 버튼을 누르면 PLC에 프로그램이 다운로드된다.

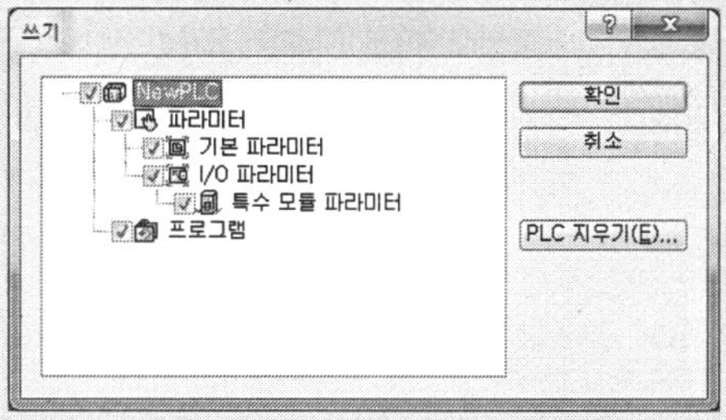


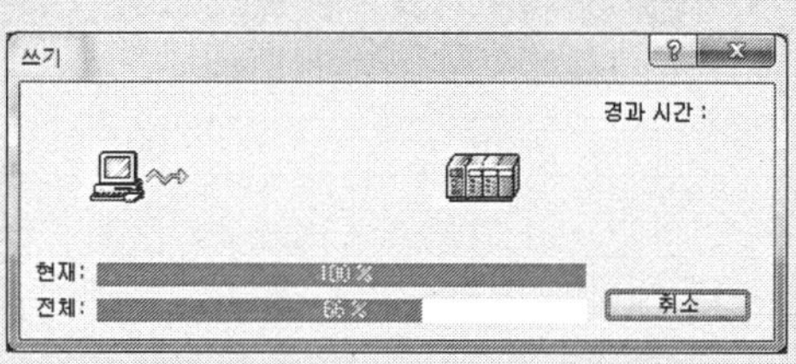


(5) PLC에 프로그램 다운로드가 정상적으로 완료되면 다음 그림과 같이 런 모드로의 전환 메시지가 나타난다. 이때 [예(Y)] 버튼을 누르면 PLC가 런된다.

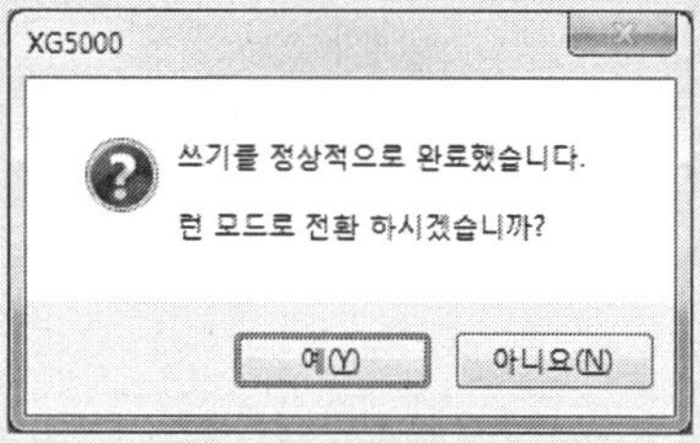


8. 운전 스위치(%IX0.0.0)를 On하시오. 이때 직류 전동기는 몇 회전하고 정지하는가?

9. 다시 운전 스위치(%IX0.0.0)를 On하시오. 이때 전동기가 다시 회전하는가? 그 이유는 무엇인가?

10. 리셋 스위치(%IX0.0.3)를 On하시오.

11. 운전 스위치(%IX0.0.0)를 On하시오. 이때 전동기는 회전하는가?

12. 리셋 스위치(%IX0.0.3)를 On하시오.

13. 센서 입력(%IX0.0.2)에 연결된 근접센서 신호를 포토센서 신호로 교체 하시오.

14. 운전 스위치(%IX0.0.0)를 누르시오. 이때 직류 전동기는 몇 회전하고 정지하는가?

## F. 끝내기

1. 실습을 종료하기 위해 메뉴의 [온라인(O)]→[모드전환(M)]→[스톱(S)]을 선택하여 PLC를 스톱시킨다.
2. PLC가 스톱되면 접속을 끊기 위해 다시 메뉴의 [온라인(O)]→[접속 끊기(M)]를 선택하면 PLC와 PC 간 접속이 해제된다.

## 실습 15 전동기와 센서 실습 2

### A. 실습목적

1. 포토 센서와 근접센서의 동작을 알고 이를 사용하여 전동기의 회전수를 제어하여 본다.
2. 디지털 스위치와 Segment를 활용하여 전동기의 회전수를 제어하여 본다.

### B. 준비물

1. PLC 트레이너
2. PC
   - 펜티엄 이상
   - 256MB 이상의 메모리, 200MB 이상의 하드 디스크
   - 윈도우 2000/XP/VISTA/7
   - 기타(마우스, 프린터)
3. XG5000 소프트웨어 툴

### C. 관계지식

#### 1. 포토 센서

내부의 회로에 따라 PNP형과 NPN형이 있다.

포토센서에는 다음의 3가지 유형이 있다.

- 직접 반사형
- 투과형
- 확산 반사형

(1) 직접 반사형

발광부와 수광부가 일체형으로 되어 있으며, 발광부에서 발사된 빛이 물체에 반사되어 다시 수광부로 들어오는 빛의 양을 이용하여 신호를 출력하는 센서이다. 본 실험장치에 사용된 포토 센서도 이 유형으로, 검출거리는 200mm이다.

(2) 투과형

발광부와 수광부가 별도로 되어있어 발광부에서 발사된 빛이 수광부로 들어가는데 이 사이에 물체가 빛을 차단하면 신호를 출력하는 센서이다.

투과형 센서의 검출거리는 일반적으로 수 m이다.

(3) 확산 반사형

발광부에서 발사된 빛이 따로 설치된 거울에 반사되어 수광부로 들어오는데 이 사이에 물체가 빛을 차단하면 신호를 출력하는 센서이다.

확산 반사형 센서의 검출거리는 일반적으로 수 m이다.

2. 근접센서

자성체가 접근하면 동작하는 센서로 PNP형과 NPN형이 있으며 비자성체를 검출하는 센서도 있다. 동작 원리로 보면 정전 용량형과 유도형이 있다. 검출거리는 보통 수 mm 정도의 것이 일반적이다.

## D. 입·출력 결선도(I/O List)

### 1. 입력 결선도 1(Input List)

| 심벌 | 간접변수 | 직접변수 | 내용 |
|---|---|---|---|
| 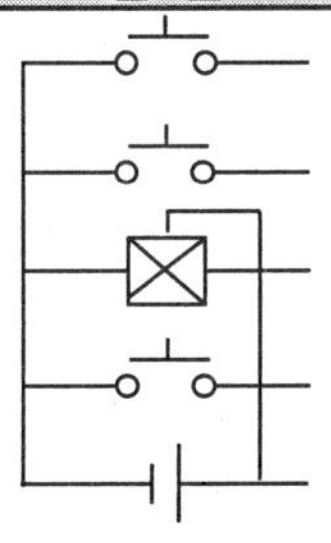 | 운전_스위치 | %IX0.0.0 | 운전 스위치(Switch Block) |
| | 정지_스위치 | %IX0.0.1 | 정지 스위치(Switch Block) |
| | 센서_입력 | %IX0.0.2 | 근접센서 신호<br>(Motor & Sensor Block의 Proximity) |
| | 리셋_스위치 | %IX0.0.3 | 리셋 스위치(Switch Block) |
| DC24V | Com1 | | %IX0.0.0 ~ %IX0.0.15까지의 입력 Common |

### 2. 입력 결선도 2(Digital Switch)

| 심벌 | 간접변수 | 직접변수 | 내용 |
|---|---|---|---|
| 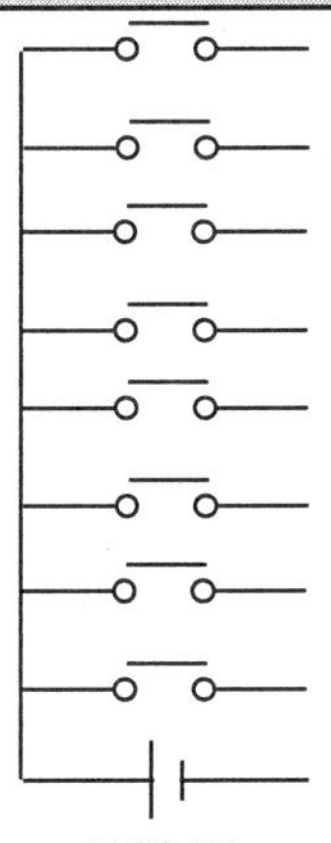 | 횟수_스위치<br>(%IW0.1.0) | %IX0.1.0 | 디지털 스위치 1자리 A(Digital Switch Block) |
| | | %IX0.1.1 | 디지털 스위치 1자리 B(Digital Switch Block) |
| | | %IX0.1.2 | 디지털 스위치 1자리 C(Digital Switch Block) |
| | | %IX0.1.3 | 디지털 스위치 1자리 D(Digital Switch Block) |
| | | %IX0.1.4 | 디지털 스위치 10자리 A(Digital Switch Block) |
| | | %IX0.1.5 | 디지털 스위치 10자리 B(Digital Switch Block) |
| | | %IX0.1.6 | 디지털 스위치 10자리 C(Digital Switch Block) |
| | | %IX0.1.7 | 디지털 스위치 10자리 D(Digital Switch Block) |
| DC24V | Com2 | | %IX0.1.0 ~ %IX0.1.15까지의 입력 Common |

3. 출력 결선도 1(Output List)

| 심 벌 | 간접변수 | 직접변수 | 내 용 |
|---|---|---|---|
| 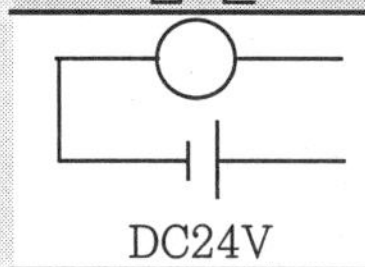 DC24V | 모터_출력 | %QX0.2.0 | 모터 출력(Motor & Sensor Block의 Motor) |
| | Com1 | | %QX0.2.0 ~ %QX0.2.15까지의 출력 Common |

4. 출력 결선도 2(Segment)

| 심 벌 | 간접변수 | 직접변수 | 내 용 |
|---|---|---|---|
| 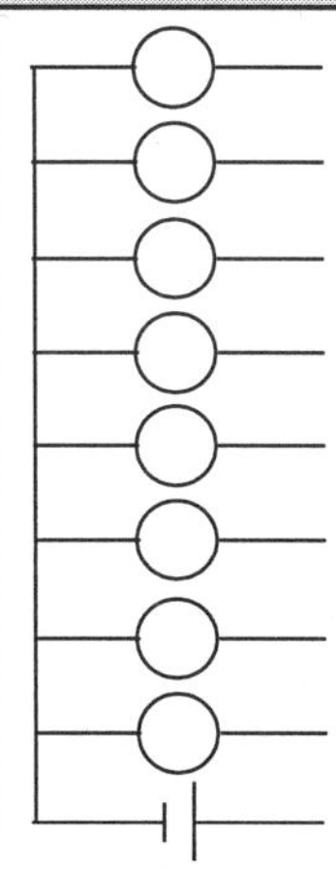 DC24V | 횟수표시 (%QW0.3.0) | %QX0.3.0 | Segment 1자리 A(Segment Block) |
| | | %QX0.3.1 | Segment 1자리 B(Segment Block) |
| | | %QX0.3.2 | Segment 1자리 C(Segment Block) |
| | | %QX0.3.3 | Segment 1자리 D(Segment Block) |
| | | %QX0.3.4 | Segment 10자리 A(Segment Block) |
| | | %QX0.3.5 | Segment 10자리 B(Segment Block) |
| | | %QX0.3.6 | Segment 10자리 C(Segment Block) |
| | | %QX0.3.7 | Segment 10자리 D(Segment Block) |
| | Com2 | | %QX0.3.0 ~ %QX0.3.15까지의 출력 Common |

## E. 실습순서

1. 리드선을 사용하여 입력 결선도와 같이 결선하시오. 이때 입력 스위치들의 공통선과 PLC의 입력 Common 단자 사이에는 DC24V 전원을 연결해 주어야 한다.(극성무관)
2. 리드선을 사용하여 출력 결선도와 같이 결선하시오. 이때 출력 램프들의 공통선과 PLC의 출력 Common 단자 사이에는 램프의 정격 전압에 해당하는 DC24V 전원을 연결해 주어야 한다.
3. PLC와 PC를 통신 케이블로 연결하시오.
4. PC를 켜고 XG5000을 실행시키시오.

5. 프로그램 작성

아래의 변수 목록과 래더 다이어그램을 보고 프로그램을 작성하시오.

| 번호 | 변수 명 | 변수 종류 | 데이터 타입 | 메모리 할당 |
|---|---|---|---|---|
| 1 | 리셋_스위치 | VAR | BOOL | %IX0.0.3 |
| 2 | 모터_출력 | VAR | BOOL | %QX0.2.0 |
| 3 | 목표횟수 | VAR | INT | 〈자동〉 |
| 4 | 센서_입력 | VAR | BOOL | %IX0.0.2 |
| 5 | 운전_스위치 | VAR | BOOL | %IX0.0.0 |
| 6 | 정지_스위치 | VAR | BOOL | %IX0.0.1 |
| 7 | 현재횟수 | VAR | INT | 〈자동〉 |
| 8 | 횟수_스위치 | VAR | WORD | %IW0.1.0 |
| 9 | 횟수표시 | VAR | WORD | %QW0.3.0 |
| 10 | INST0 | VAR | FB Instance | 〈자동〉 |

[ 변수목록 ]

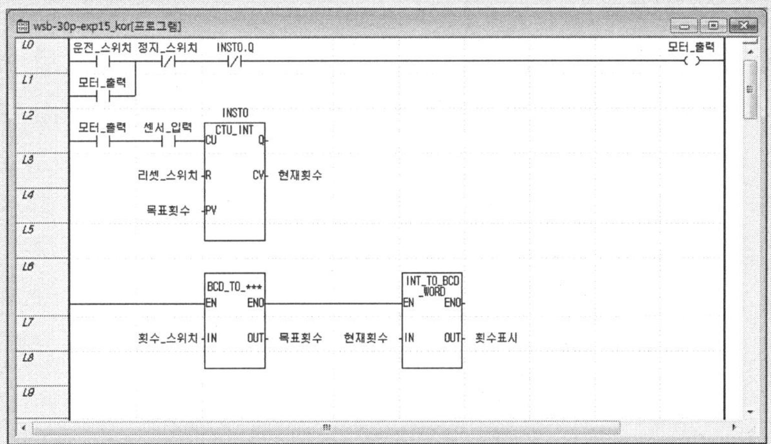


[ 래더 다이어그램 ]

6. I/O 파라미터 설정

다음 그림과 같이 I/O 파라미터를 설정하시오.

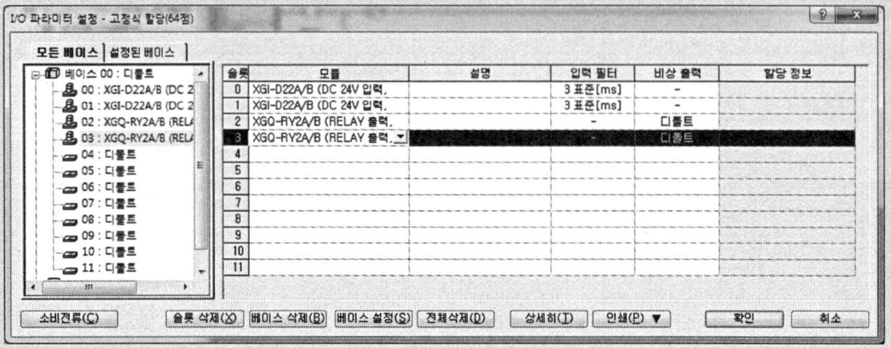

7. **프로그램 전송**

(1) 프로그램을 전송하기 전에 PC와 PLC의 통신케이블 연결 상태를 다시 확인한다.

(2) PLC에 전원을 인가하고 CPU 모듈의 모드 전환키는 STOP 상태로 한다.

(3) 메뉴의 [온라인(O)]→[접속 설정(O)...]을 클릭하면 접속 설정 대화상자가 나타나는데, 이때 [방법(T)]을 'RS-232C'로 선택하고, [단계(D)]를 '로컬'로 선택한 다음 [접속(C)] 버튼을 클릭한다.

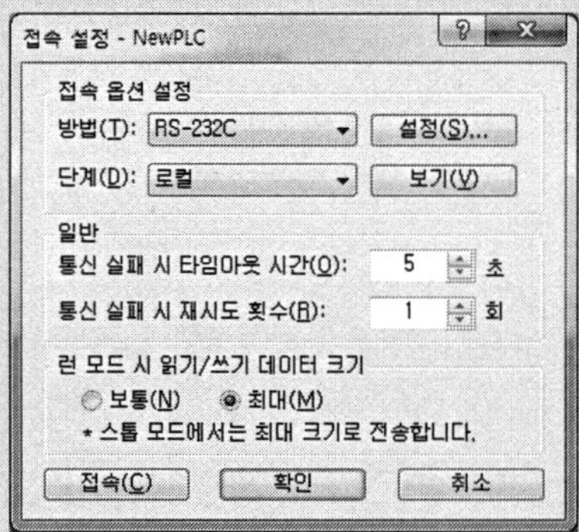

(4) PLC에 프로그램을 다운로드하기 위해 메뉴의 [온라인(O)]→[쓰기(W)]를 선택하면 쓰기 대화상자가 나타난다. 이때 모든 항목을 체크한 후 [확인] 버튼을 누르면 PLC에 프로그램이 다운로드된다.

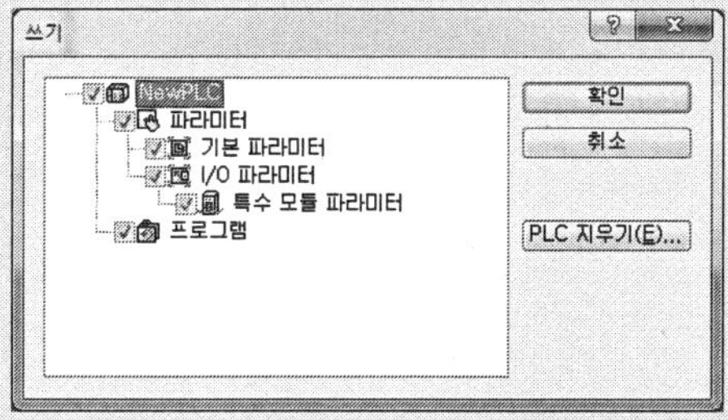


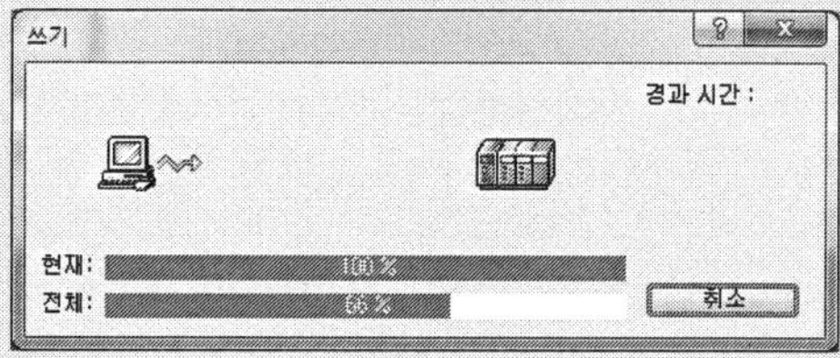


(5) PLC에 프로그램 다운로드가 정상적으로 완료되면 다음 그림과 같이 런 모드로의 전환 메시지가 나타난다. 이때 [예(Y)] 버튼을 누르면 PLC가 런된다.

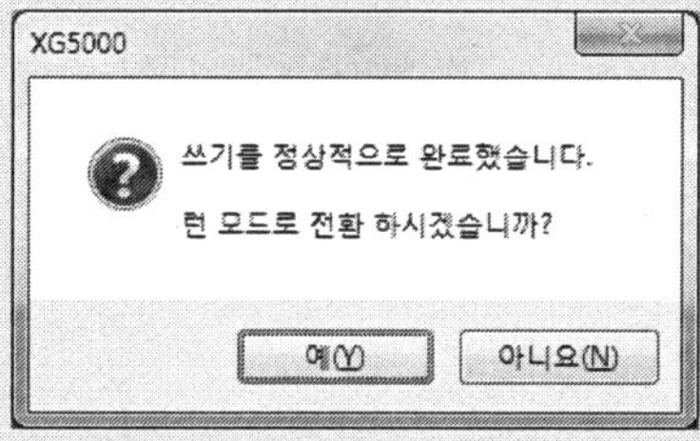


8. 디지털 스위치를 이용하여 05를 설정한 후 운전_스위치(%IX0.0.0)를 On하시오.
   이때 직류 전동기는 몇 회전하고 정지하는가?
   또한 Segment에 어떤 숫자가 표시되는가?

9. 다시 디지털 스위치를 15로 설정한 후 운전_스위치(%IX0.0.0)를 On하시오.
   이때 전동기는 몇 회전하고 정지하는가?
   또한 Segment에 어떤 숫자가 표시되는가?

10. 리셋_스위치(%IX0.0.3)를 On하시오.

11. 운전_스위치(%IX0.0.0)를 On하시오.
    이때 전동기는 몇 회전하고 정지하는가?
    또한 Segment에 어떤 숫자가 표시되는가?

12. 센서_입력(%IX0.0.2)에 연결된 근접센서 신호를 포토센서 신호로 교체 하시오.

13. 리셋_스위치(%IX0.0.3)를 On하시오.

14. 운전_스위치(%IX0.0.0)를 On하시오.
이때 전동기는 몇 회전하고 정지하는가?
또한 Segment에 어떤 숫자가 표시되는가?

## F. 끝내기

1. 실습을 종료하기 위해 메뉴의 [온라인(O)]→[모드전환(M)]→[스톱(S)]을 선택하여 PLC를 스톱시킨다.
2. PLC가 스톱되면 접속을 끊기 위해 다시 메뉴의 [온라인(O)]→[접속 끊기(M)]를 선택하면 PLC와 PC 간 접속이 해제된다.

# 제5장

# PLC 제어 응용실습

# 제5장 PLC 제어 응용실습

## 1 PLC 제어 응용실습 장치

PLC 제어 응용실습 장치는 총 9종의 주변장치를 하나의 모듈에 구성하여 그래픽 패널을 교체하며 폭넓은 실험이 가능하도록 구성한 모듈이다.

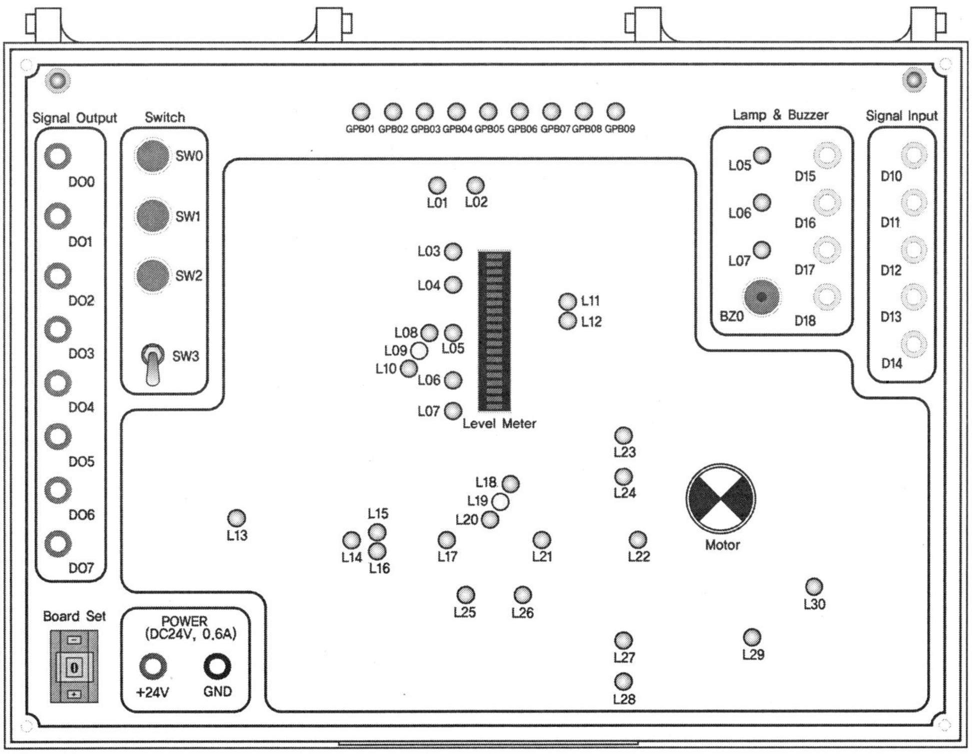


[그림 5-1] PLC 제어 응용실습 장치

좌측 하단의 원형 Connector와 PLC I/O 패널의 Power Connector를 연결한 후 Digital Switch를 이용하여 장착한 패널 번호를 설정하면 제어대상에 필요한 제어단자와 스위치, 표시등만 나타난다. 이때 제어대상에 맞는 각종 신호를 입력하여 장치를 운전할 수 있다.

Unit 중앙 상부에 표시등을 설치하여, 장착할 패널의 번호를 쉽게 설정할 수 있도록 하였다.

좌측의 DO0 ~ DO7에 장치의 상태신호가 출력되며, 이 신호를 PLC의 Digital Input Block에 연결하면 장치의 신호가 PLC로 입력된다.
장치의 상태신호는 NPN Type으로 출력되며, PLC의 Digital Input Block의 Common에 +24V를 연결한 후 DO0 ~ DO7의 신호를 입력접점에 연결한다.

우측의 DI0 ~ DI8에 제어신호를 입력하면 장치가 운전되며, PLC의 Digital Output Block에 연결하여 제어신호를 공급하면 장치가 운전된다.
장치의 제어신호는 PNP Type으로 제어되며, PLC의 Digital Output Block의 Common에 +24V를 연결한 후 DI0 ~ DI8에 +24V의 제어신호를 공급하면 장치가 운전된다.

## 2 그래픽 패널 구성

WSB-DMU는 총 9종의 Digital Graphic Board로 구성되어 있으며, PLC 제어 응용실습 장치에 장착하여 폭넓은 실험이 가능하도록 구성하였다.
Graphic Board를 교체하여 PLC의 기본명령어에서부터 응용명령에 이르기까지 전반적인 실험이 가능하도록 구성하였다.

### 1. 1∅ 유도전동기 정/역 운전 보드

[그림 5-2]는 1∅ 유도전동기의 정/역 운전을 실험할 수 있는 보드로서, 유접점 시퀀스회로에 의한 1∅ 유도전동기의 정/역 운전을 PLC Program으로 제어할 수 있도록 구성한 Graphic Board이다.

보드 좌측과 우측에 운전에 필요한 각종 신호를 단자로 인출하여 PLC와 접속을 용이하도록 구성하였다.

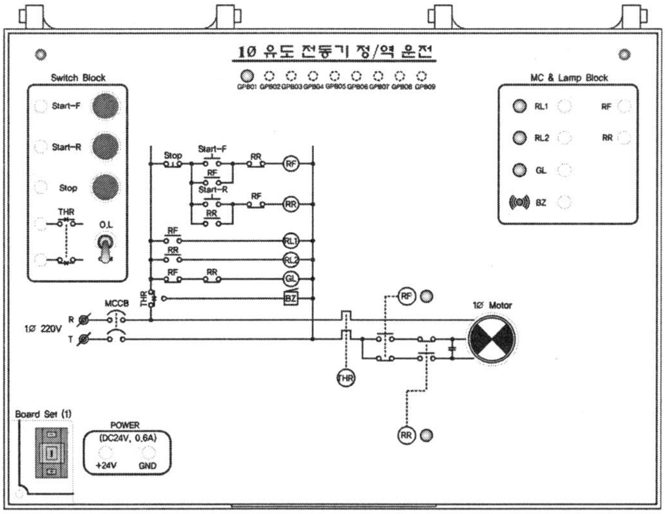


[그림 5-2] 1∅ 유도전동기 정/역 운전 보드

## 2. 3∅ 유도전동기 직입기동 운전 보드

[그림 5-3]은 3∅ 유도전동기의 직입기동 운전을 실험할 수 있는 보드로서, 유접점 시퀀스회로에 의한 3∅ 유도전동기의 직입기동 운전을 PLC Program으로 제어할 수 있도록 구성한 Graphic Board이다.

보드 좌측과 우측에 운전에 필요한 각종 신호를 단자로 인출하여 PLC와 접속을 용이하도록 구성하였다.

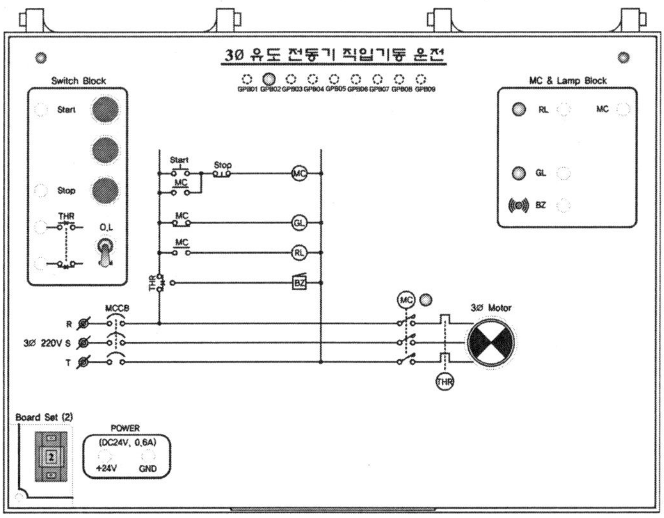


[그림 5-3] 3∅ 유도전동기 직입기동 운전 보드

## 3. 3∅ 유도전동기 정/역 운전 보드

[그림 5-4]는 3∅ 유도전동기의 정/역 운전을 실험할 수 있는 보드로서, 유접점 시퀀스회로에 의한 3∅ 유도전동기의 정/역 운전을 PLC Program으로 제어할 수 있도록 구성한 Graphic Board이다.

보드 좌측과 우측에 운전에 필요한 각종 신호를 단자로 인출하여 PLC와 접속을 용이하도록 구성하였다.

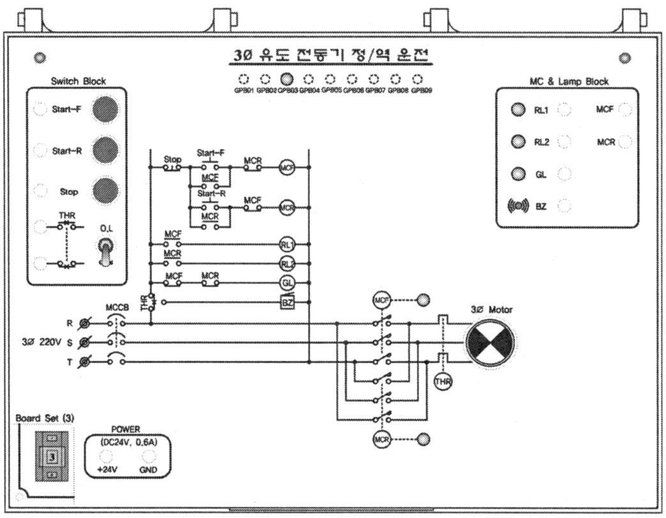


[그림 5-4] 3∅ 유도전동기 정/역 운전 보드

## 4. 3∅ 유도전동기 Y-△ 운전 보드

[그림 5-5]은 3∅ 유도전동기의 Y-△ 운전을 실험할 수 있는 보드로서, 유접점 시퀀스회로에 의한 3∅ 유도전동기의 Y-△ 운전을 PLC Program으로 제어할 수 있도록 구성한 Graphic Board이다.

보드 좌측과 우측에 운전에 필요한 각종 신호를 단자로 인출하여 PLC와 접속을 용이하도록 구성하였다.

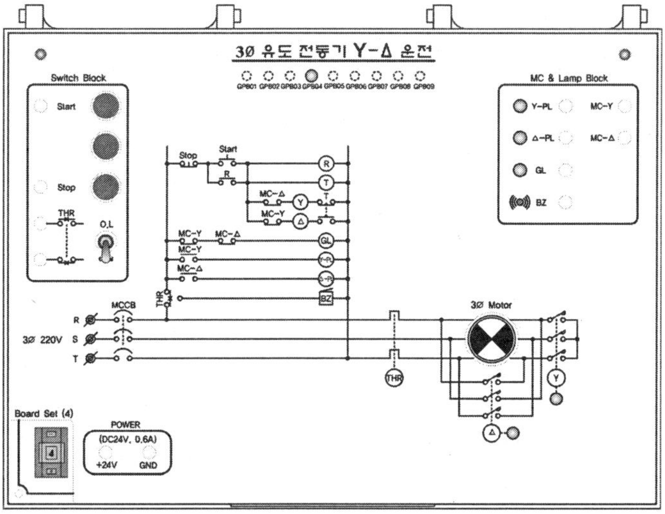


[그림 5-5] 3∅ 유도전동기 Y-△ 운전 보드

## 5. 2차로 교통 신호등 제어 보드

[그림 5-6]은 2차로 교통 신호등 제어를 실험할 수 있는 보드로서, 2차로 교통 신호등을 PLC Program으로 제어할 수 있도록 구성한 Graphic Board이다.

보드 좌측과 우측에 운전에 필요한 각종 신호를 단자로 인출하여 PLC와 접속을 용이하도록 구성하였다.

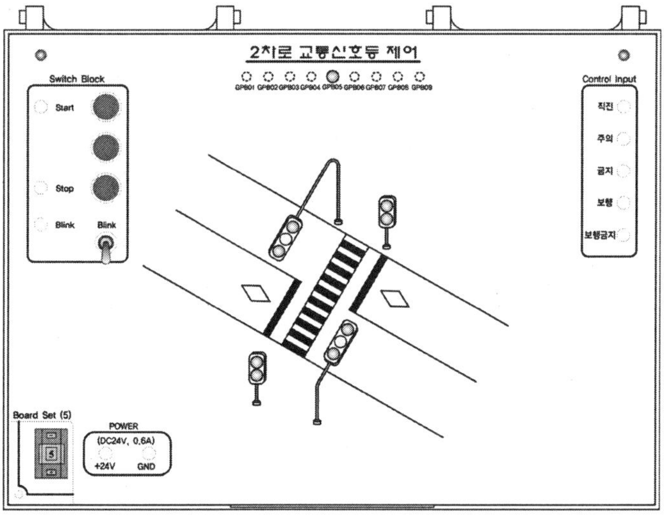


[그림 5-6] 2차로 교통 신호등 제어 보드

## 6. 3층식 엘리베이터 운전 보드

[그림 5-7]은 3층식 엘리베이터 운전을 실험할 수 있는 보드로서, 3층으로 구성된 엘리베이터를 PLC Program으로 제어할 수 있도록 구성한 Graphic Board이다.

보드 좌측과 우측에 운전에 필요한 각종 신호를 단자로 인출하여 PLC와 접속을 용이하도록 구성하였다.

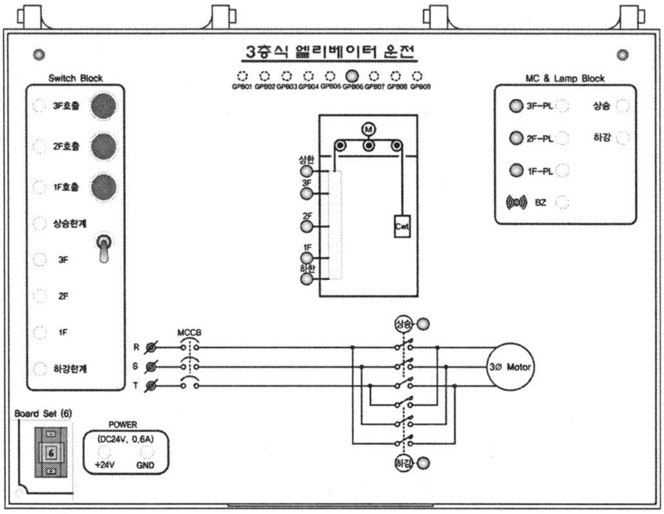


[그림 5-7] 3층식 엘리베이터 운전 보드

## 7. 자동 양수장치 운전1 보드

[그림 5-8]는 자동 양수장치 운전을 실험할 수 있는 보드로서, 플로트 스위치에 의해 수위를 검출하고, Pump와 Valve를 이용하여 수조의 수위를 PLC Program으로 제어할 수 있도록 구성한 Graphic Board이다.

보드 좌측과 우측에 운전에 필요한 각종 신호를 단자로 인출하여 PLC와 접속을 용이하도록 구성하였다.

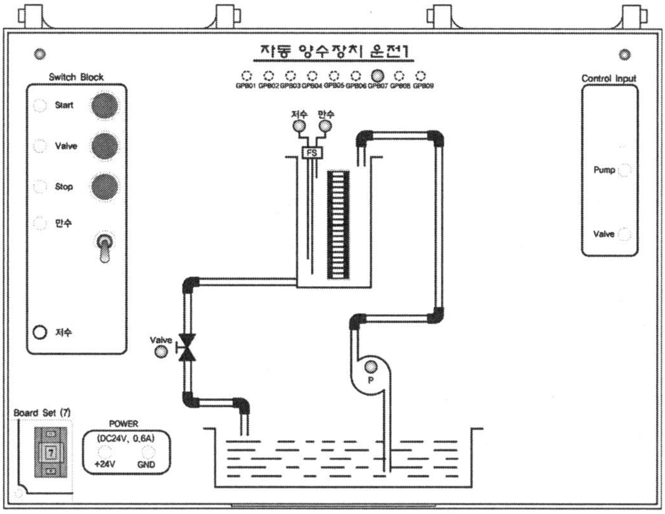


[그림 5-8] 자동 양수장치 운전1 보드

## 8. 자동 양수장치 운전2 보드

[그림 5-9]은 수원의 물을 펌프모터를 이용하여 수조로 끌어올리는 실험을 할 수 있도록 구성한 보드로서, 4개의 Pump를 적절하게 제어하여 수조의 수위를 제어할 수 있도록 구성하였다.

보드 좌측과 우측에 운전에 필요한 각종 신호를 단자로 인출하여 PLC와 접속을 용이하도록 구성하였다.

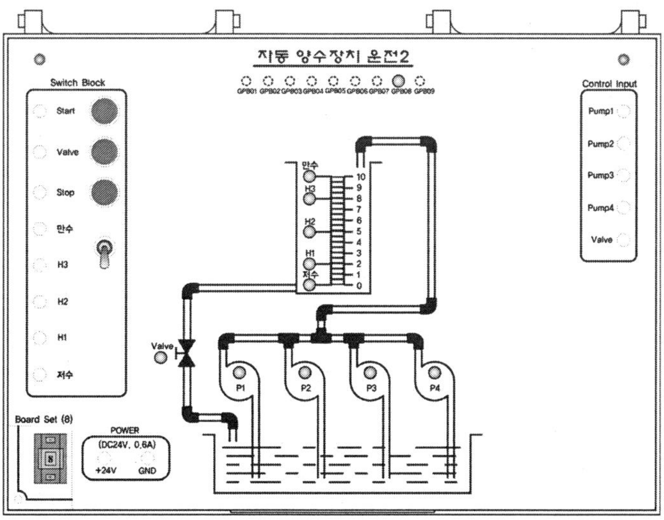


[그림 5-9] 자동 양수장지 운전2 보드

## 9. 1축 위치제어 보드

[그림 5-10]는 1축 위치제어를 실험할 수 있는 보드로서, Pos.1 ~ Pos.5의 위치를 PLC Program으로 제어할 수 있도록 구성한 Graphic Board이다.

보드 좌측과 우측에 운전에 필요한 각종 신호를 단자로 인출하여 PLC와 접속을 용이하도록 구성하였다.

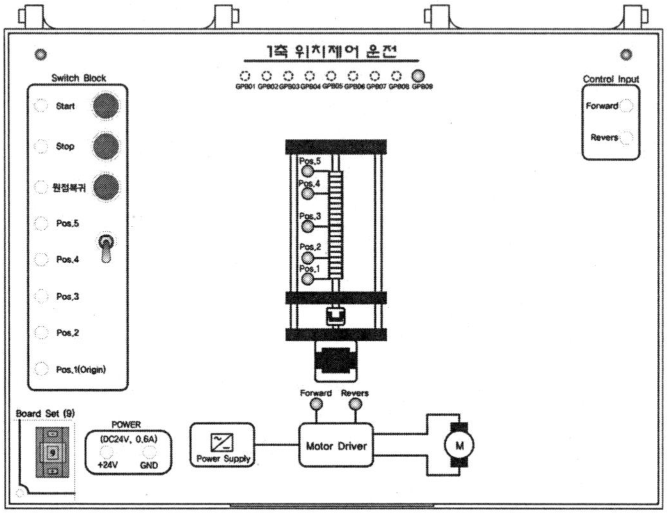


[그림 5-10] 1축 위치제어 운전 보드

## 3 실험

### 실험 01 1∅ 유도 전동기의 정/역 운전 실험

#### A. 실험목적

1. 1∅ 유도 전동기의 정/역 운전을 실험해 본다.

#### B. 준비물

1. PLC 트레이너
2. PLC 제어 응용실습 장치(WSB-DMU)
3. 1∅ 유도 전동기 정/역 운전용 그래픽 보드(WSB-GPB01)
4. PC
   - 펜티엄 이상의 CPU
   - 256MB 이상의 메모리, 최소 200M 이상의 하드 디스크 사용 영역
   - 1024×786 이상의 해상도를 지원하는 모니터
   - Windows2000/XP/VISTA/7 지원
5. XG5000 소프트웨어 툴

#### C. 관계지식

아래의 [실험 그림 1-1]은 1∅ 유도 전동기의 정/역 운전용 그래픽 보드로서, 기존의 유접점 시퀀스에 의한 정/역 운전을 PLC를 이용하여 구현할 수 있도록 구성한 그래픽 보드이다.

PLC 제어 응용실습 장치에 1∅ 유도 전동기 정/역 운전용 그래픽 보드(WSB-GPB01)를 조립하고, 좌측 하단의 디지털 스위치를 '1'로 설정하여 1∅ 유도 전동기 정/역 운전 그래픽 보드를 선택하면, 그래픽 보드의 중앙 상부에 GPB01 표시등이 점등되어 운전보드와 장착된 보드가 일치하였음을 표시한다.

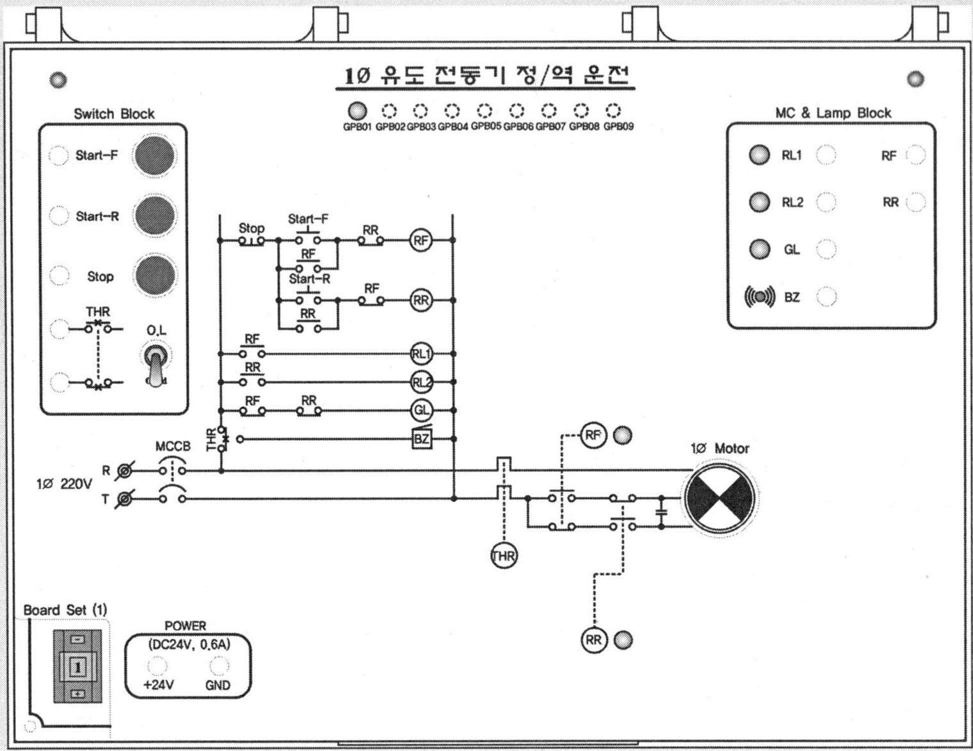


[실험 그림 1-1] 1∅ 유도전동기 정/역 운전용 그래픽 보드

## D. 입·출력 결선도(I/O List)

### 1. 입력 결선도(Input List)

| 심 벌 | 간접변수 | 직접변수 | 내 용 |
|---|---|---|---|
| | 정회전_스위치 | %IX0.0.0 | 정회전 스위치(WSB-GPB01의 Start-F 단자) |
| | 역회전_스위치 | %IX0.0.1 | 역회전 스위치(WSB-GPB01의 Start-R 단자) |
| | 정지_스위치 | %IX0.0.2 | 정지 스위치(WSB-GPB01의 Stop 단자) |
| | 과부하계전기_A | %IX0.0.3 | THR a접점(WSB-GPB01의 THR a접점 단자) |
| DC24V | COM | | %IX0.0.0 ~ %IX0.0.7까지의 입력 Common |

2. 출력 결선도(Output List)

| 심 벌 | 간접변수 | 직접변수 | 내 용 |
|---|---|---|---|
| 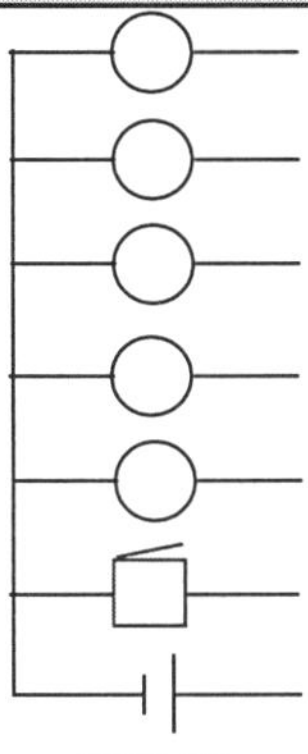 | 정회전_출력 | %QX0.2.0 | 전동기의 정회전 출력(WSB-GPB01의 RF 단자) |
| | 역회전_출력 | %QX0.2.1 | 전동기의 역회전 출력(WSB-GPB01의 RR 단자) |
| | 정회전_표시등 | %QX0.2.2 | 정회전 표시등 출력(WSB-GPB01의 RL1 단자) |
| | 역회전_표시등 | %QX0.2.3 | 역회전 표시등 출력(WSB-GPB01의 RL2 단자) |
| | 정지_표시등 | %QX0.2.4 | 정지 표시등 출력(WSB-GPB01의 GL 단자) |
| | 부저_출력 | %QX0.2.5 | Buzzer 출력(WSB-GPB01의 BZ 단자) |
| DC24V | COM | | %QX0.2.0 ~ %QX0.2.7까지의 출력 Common |

## E. 실습순서

1. 리드선을 사용하여 입력 결선도와 같이 결선하시오. 이때 그래픽 보드에 신호 출력 레벨이 ND(0V)로 출력되므로, PLC의 입력 Common 단자에 반드시 +24V를 인가해 주어야 한다.
2. 리드선을 사용하여 출력 결선도와 같이 결선하시오. 그래픽 보드에 입력 신호 레벨이 +24V이므로 PLC의 출력 Common 단자에 반드시 +24V를 인가해 주어야 한다.
3. PLC와 PC를 통신 케이블로 연결하시오.
4. PC를 켜고 XG5000을 실행하시오.
5. **프로그램 작성**

(1) 변수 리스트

1∅ 유도전동기의 정/역 운전 보드의 프로그램에 사용된 변수 목록은 다음과 같다.

| 번호 | 변수 명 | 변수 종류 | 데이터 타입 | 메모리 할당 |
|---|---|---|---|---|
| 1 | 과부하계전기_A | VAR | BOOL | %IX0.0.3 |
| 2 | 부저_출력 | VAR | BOOL | %QX0.2.5 |
| 3 | 역회전_스위치 | VAR | BOOL | %IX0.0.1 |
| 4 | 역회전_출력 | VAR | BOOL | %QX0.2.1 |
| 5 | 역회전_표시등 | VAR | BOOL | %QX0.2.3 |
| 6 | 정지_스위치 | VAR | BOOL | %IX0.0.2 |
| 7 | 정지_표시등 | VAR | BOOL | %QX0.2.4 |
| 8 | 정회전_스위치 | VAR | BOOL | %IX0.0.0 |
| 9 | 정회전_출력 | VAR | BOOL | %QX0.2.0 |
| 10 | 정회전_표시등 | VAR | BOOL | %QX0.2.2 |

(2) 래더 다이어그램

위의 변수 리스트를 참고로 하여 다음의 래더 다이어그램을 보고 프로그램을 작성하시오.

[ Wsb-gpb01_xgi_cpue_kor.xgp ]

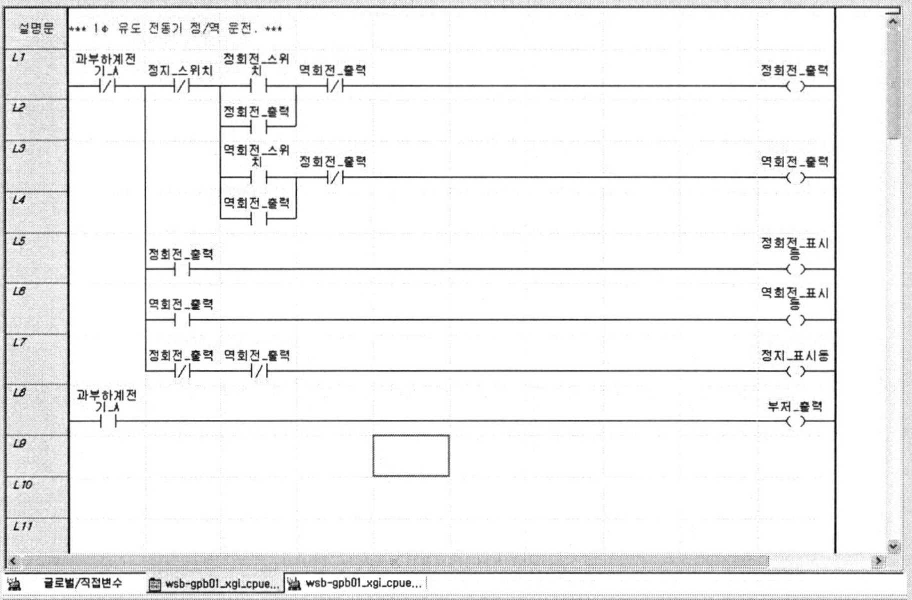


[실험 그림 1-2] 래더 다이어그램

6. **프로그램 전송**

(1) 프로그램을 전송하기 전에 PC와 PLC의 통신케이블 연결 상태를 다시 한 번 확인한다.

(2) PLC에 전원을 인가하고 모드 변환키는 PAU/REM 상태로 한다.

(3) 메뉴의 [온라인]→[접속] 또는 도구모음의 [ ] 버튼을 누른다.

(4) 접속이 완료된 후 메뉴의 [온라인]→[쓰기]를 실행한 후 모든 체크박스에 체크한 후 [확인]을 누른다.

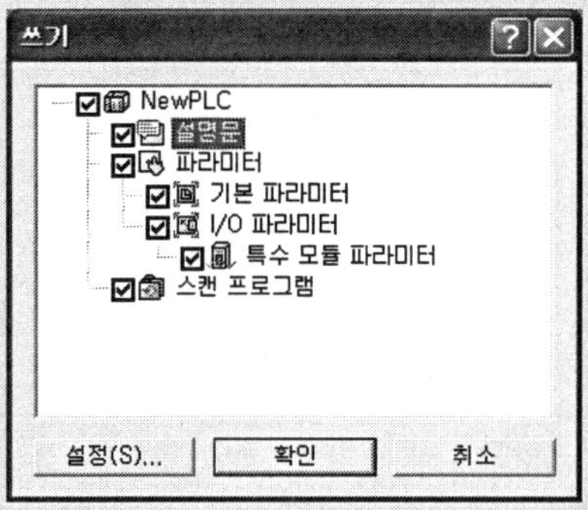


(5) 이때 실행파일이 PLC에 전송된다.

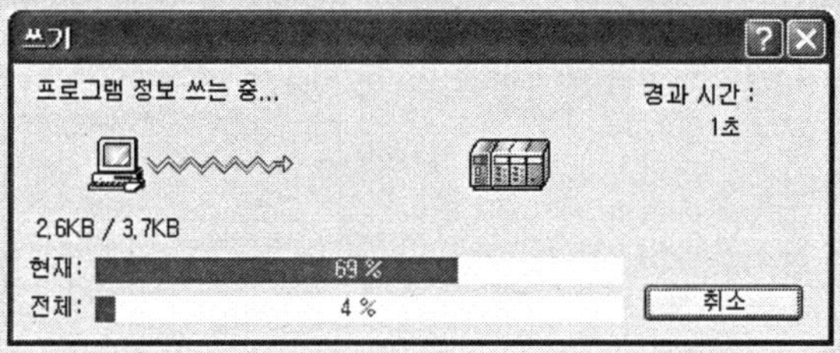


7. PLC 실험장치의 DC24V 전원 스위치를 On하시오.

8. 정회전_스위치(%IX0.0.0)를 누르시오.
이때 RF가 On되고, 1∅ 유도 전동기가 정회전으로 회전하는가?

9. 정지_스위치(%IX0.0.2)를 누르시오.
이때 1∅ 유도 전동기가 정지하는가?

10. 역회전_스위치(%IX0.0.1)를 누르시오.
이때 RR이 On되고, 1∅ 유도 전동기가 역회전으로 회전하는가?

11. 정지_스위치(%IX0.0.2)를 누르시오.

    이때 1∅ 유도 전동기가 정지 하는가?

12. 다시 정회전_스위치(%IX0.0.0)를 눌러 1∅ 유도 전동기를 정회전시키시오.

    전동기가 운전하던 중 THR 스위치를 O.L쪽으로 절환하시오.

    이때 전동기가 정지하고, Buzzer가 경보를 발생하는가?

13. 재차 1∅ 유도 전동기의 정/역 운전을 시험해 본다.

## F. 끝내기

1. 운전을 종료하기 위해서 먼저 도구모음의 스톱 [◉] 버튼을 눌러 CPU를 정지시키고 메뉴의 [온라인]→[접속 끊기]를 선택한다.
2. PLC 트레이너의 전원 스위치를 Off하고 결선을 해체하시오.

## G. 사후질문

만일 위 실험에서 정회전_스위치(%IX0.0.0)와 역회전_스위치(%IX0.0.1)가 동시에 On되면 어떻게 되는가?

## 실험 02 3∅ 유도 전동기 직입기동 운전 실험

### A. 실험목적

1. 3∅ 유도 전동기의 직입기동 운전을 실험해 본다.

### B. 준비물

1. PLC 트레이너(WSB-6P Series)
2. PLC 제어 응용실습 장치(WSB-DMU)
3. 3∅ 유도 전동기 직입기동 운전용 그래픽 보드(WSB-GPB02)
4. PC
   - 펜티엄 이상의 CPU
   - 256MB 이상의 메모리, 최소 200M 이상의 하드 디스크 사용 영역
   - 1024×786 이상의 해상도를 지원하는 모니터
   - Windows2000/XP/VISTA/7 지원
5. XG5000 소프트웨어 툴

### C. 관계지식

아래의 [실험 그림 2-1]은 3∅ 유도 전동기의 직입기동 운전용 그래픽 보드로서, 기존의 유접점 시퀀스에 의한 직입기동 운전을 PLC를 이용하여 구현할 수 있도록 구성한 그래픽 보드이다.

PLC 제어 응용실습 장치에 3∅ 유도 전동기 직입기동 운전용 그래픽 보드(WSB-GPB02)를 조립하고, 좌측 하단의 디지털 스위치를 '2'로 설정하여 3∅ 유도 전동기 직입기동 운전 그래픽 보드를 선택하면, 그래픽 보드의 중앙 상부에 GPB02 표시등이 점등되어 운전 보드와 장착된 보드가 일치하였음을 표시한다.

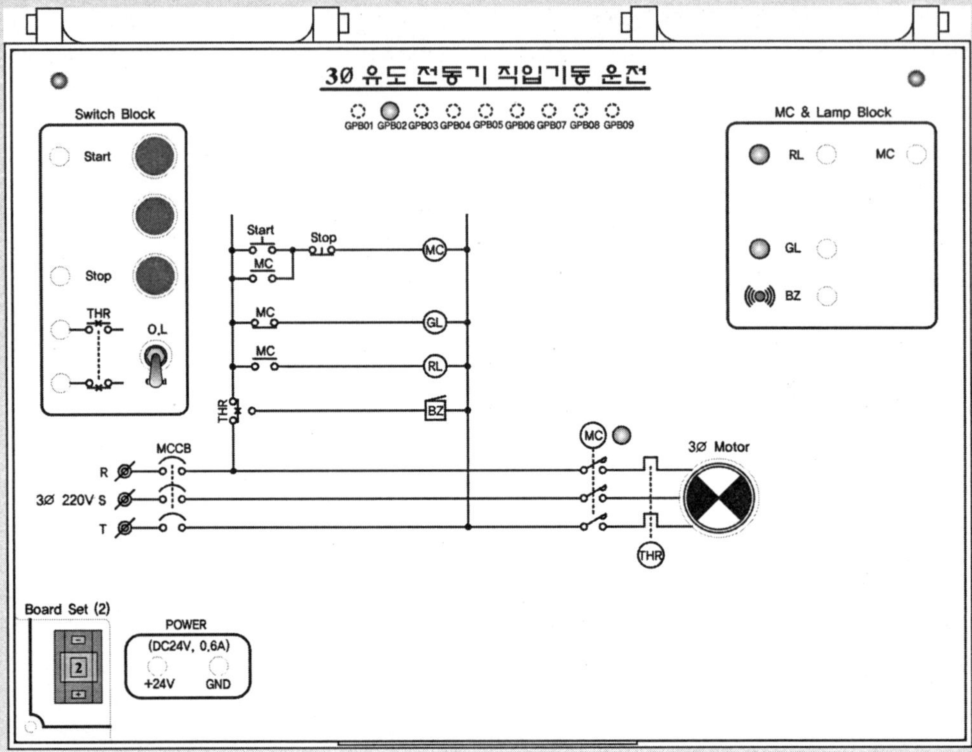


[실험 그림 2-1] 3Ø 유도전동기 직입기동 운전용 그래픽 보드

## D. 입·출력 결선도(I/O List)

### 1. 입력 결선도(Input List)

| 심 벌 | 간접변수 | 직접변수 | 내 용 |
|---|---|---|---|
| | 운전_스위치 | %IX0.0.0 | 운전 스위치(WSB-GPB02의 Start 단자) |
| | 정지_스위치 | %IX0.0.1 | 정지 스위치(WSB-GPB02의 Stop 단자) |
| | 과부하계전기_A | %IX0.0.2 | THR a접점(WSB-GPB02의 THR a접점 단자) |
| DC24V | COM | | %IX0.0.0 ~ %IX0.0.7까지의 입력 Common |

2. 출력 결선도(Output List)

| 심 벌 | 간접변수 | 직접변수 | 내 용 |
|---|---|---|---|
| 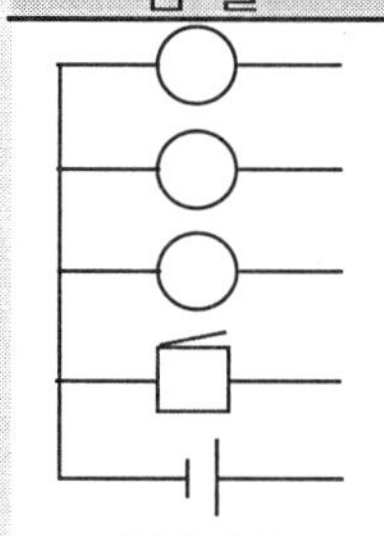 | 모터_출력 | %QX0.2.0 | 모터 출력(WSB-GPB02의 MC 단자) |
| | 운전_표시등 | %QX0.2.1 | 운전표시등 출력(WSB-GPB02의 RL 단자) |
| | 정지_표시등 | %QX0.2.2 | 정지 표시등 출력(WSB-GPB02의 GL 단자) |
| | 부저_출력 | %QX0.2.3 | Buzzer 출력(WSB-GPB02의 BZ 단자) |
| DC24V | COM | | %QX0.2.0 ~ %QX0.2.7까지의 출력 Common |

## E. 실습순서

1. 리드선을 사용하여 입력 결선도와 같이 결선하시오. 이때 그래픽 보드에 신호 출력 레벨이 GND(0V)를 출력되므로, PLC의 입력 Common 단자에 반드시 +24V를 인가해 주어야 한다.
2. 리드선을 사용하여 출력 결선도와 같이 결선하시오. 그래픽 보드에 입력 신호 레벨이 +24V이므로 PLC의 출력 Common 단자에 반드시 +24V를 인가해 주어야 한다.
3. PLC와 PC를 통신 케이블로 연결하시오.
4. PC를 켜고 XG5000을 실행하시오.
5. **프로그램 작성**

(1) 변수 리스트

3∅ 유도 전동기의 직입기동 운전 보드의 프로그램에 사용된 변수 목록은 다음과 같다.

| 번호 | 변수 명 | 변수 종류 | 데이터 타입 | 메모리 할당 |
|---|---|---|---|---|
| 1 | 과부하계전기_A | VAR | BOOL | %IX0.0.2 |
| 2 | 모터_출력 | VAR | BOOL | %QX0.2.0 |
| 3 | 부저_출력 | VAR | BOOL | %QX0.2.3 |
| 4 | 운전_스위치 | VAR | BOOL | %IX0.0.0 |
| 5 | 운전_표시등 | VAR | BOOL | %QX0.2.1 |
| 6 | 정지_스위치 | VAR | BOOL | %IX0.0.1 |
| 7 | 정지_표시등 | VAR | BOOL | %QX0.2.2 |

(2) 래더 다이어그램

위의 변수 리스트를 참고로 하여 다음의 래더 다이어그램을 보고 프로그램을 작성하시오.

[ Wsb-gpb02_xgi_cpue_kor.xgp ]

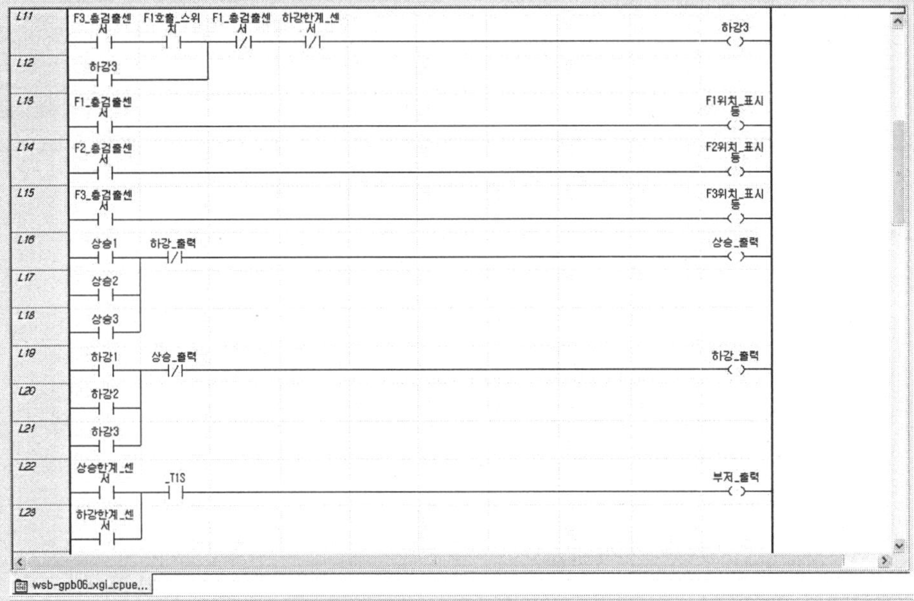


[실험 그림 2-2] 래더 다이어그램

6. **프로그램 전송**

(1) 프로그램을 전송하기 전에 PC와 PLC의 통신케이블 연결 상태를 다시 한 번 확인한다.

(2) PLC에 전원을 인가하고 모드 변환키는 PAU/REM 상태로 한다.

(3) 메뉴의 [온라인]→[접속] 또는 도구모음의 [ ] 버튼을 누른다.

(4) 접속이 완료된 후 메뉴의 [온라인]→[쓰기]를 실행한 후 모든 체크박스에 체크한 후 [확인]을 누른다.

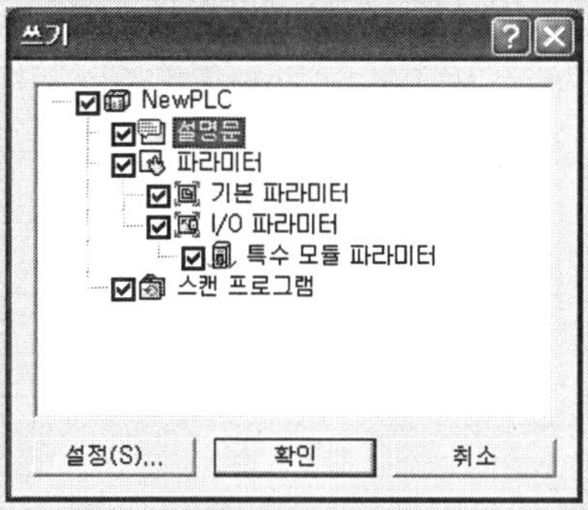


(5) 이때 실행파일이 PLC에 전송된다.

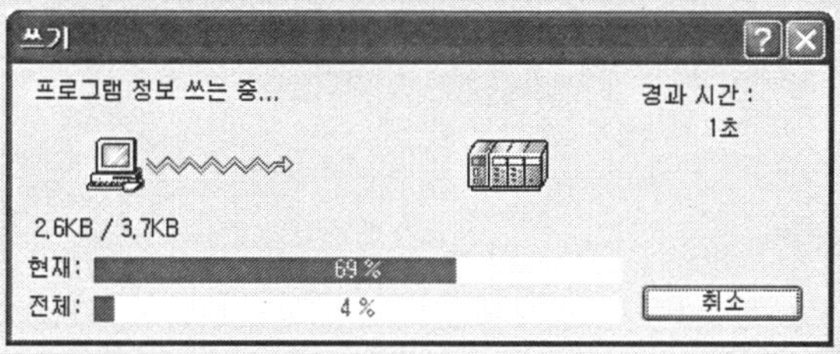


7. PLC 실험장치의 DC24V 전원 스위치를 On하시오.

8. 운전_스위치(%IX0.0.0)를 누르시오.
이때 MC가 On되고, 3∅ 유도 전동기가 회전하는가?

9. 정지_스위치(%IX0.0.1)를 누르시오.
이때 3∅ 유도 전동기가 정지하는가?

10. 다시 운전_스위치(%IX0.0.0)를 눌러 3∅ 유도 전동기를 운전하시오.
유도 전동기가 운전하던 중 THR 스위치를 O.L 쪽으로 절환하시오.
이때 전동기가 정지하고, Buzzer가 경보를 발생하는가?

11. 재차 3∅ 유도전동기의 직입기동 운전을 시험해 본다.

## F. 끝내기

1. 운전을 종료하기 위해서 먼저 도구모음의 스톱 [ ⊡ ] 버튼을 눌러 CPU를 정지시키고 메뉴의 [온라인]→[접속 끊기]를 선택한다.
2. PLC 트레이너의 전원 스위치를 Off하고 결선을 해체하시오.

## 실험 03 3∅ 유도 전동기의 정/역 운전 실험

### A. 실험목적

1. 3∅ 유도 전동기의 정/역 운전을 실험해 본다.

### B. 준비물

1. PLC 트레이너(WSB-6P Series)
2. PLC 제어 응용실습 장치(WSB-DMU)
3. 3∅ 유도 전동기 정/역 운전용 그래픽 보드(WSB-GPB03)
4. PC
   - 펜티엄 이상의 CPU
   - 256MB 이상의 메모리, 최소 200M 이상의 하드 디스크 사용 영역
   - 1024×786 이상의 해상도를 지원하는 모니터
   - Windows2000/XP/VISTA/7 지원
5. XG5000 소프트웨어 툴

### C. 관계지식

아래의 [실험 그림 3-1]은 3∅ 유도 전동기의 정/역 운전용 그래픽 보드로서, 기존의 유접점 시퀀스에 의한 정/역 운전을 PLC를 이용하여 구현할 수 있도록 구성한 그래픽 보드이다.

PLC 제어 응용실습 장치에 3∅ 유도 전동기 정/역 운전용 그래픽 보드(WSB-GPB03)를 조립하고, 좌측 하단의 디지털 스위치를 '3'으로 설정하여 3∅ 유도 전동기 정/역 운전 그래픽 보드를 선택하면, 그래픽 보드의 중앙 상부에 GPB03 표시등이 점등되어 운전보드와 장착된 보드가 일치하였음을 표시한다.

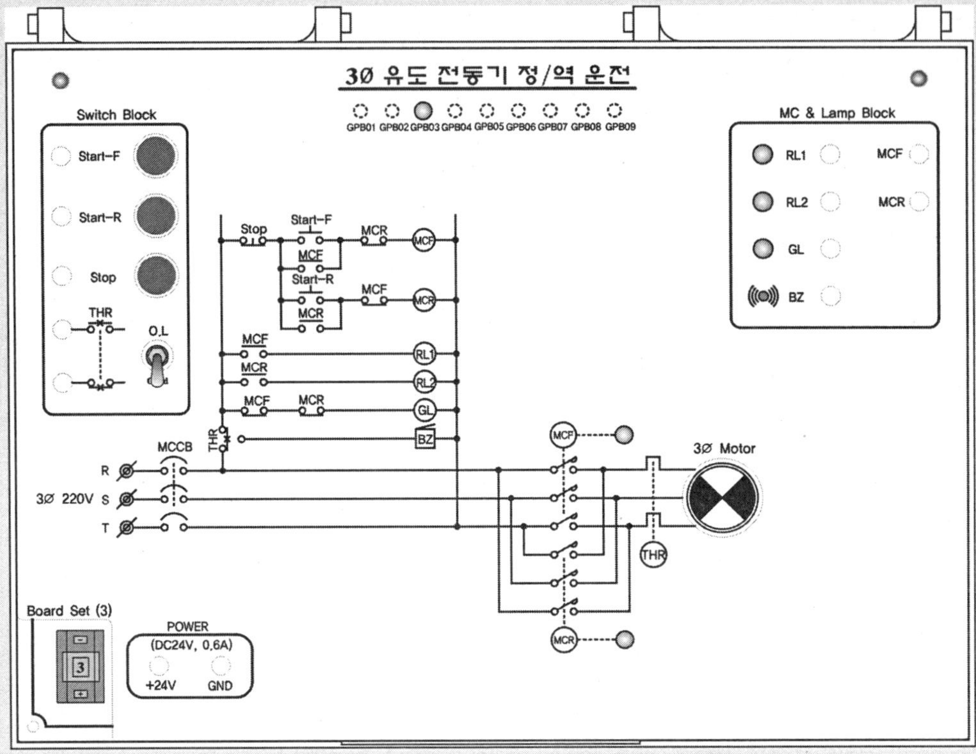


[실험 그림 3-1] 3Ø 유도전동기 정/역 운전용 그래픽 보드

## D. 입·출력 결선도(I/O List)

### 1. 입력 결선도(Input List)

| 심 벌 | 간접변수 | 직접변수 | 내 용 |
|---|---|---|---|
| | 정회전_스위치 | %IX0.0.0 | 정회전 스위치(WSB-GPB03의 Start-F 단자) |
| | 역회전_스위치 | %IX0.0.1 | 역회전 스위치(WSB-GPB03의 Start-R 단자) |
| | 정지_스위치 | %IX0.0.2 | 정지 스위치(WSB-GPB03의 Stop 단자) |
| | 과부하계전기_A | %IX0.0.3 | THR a접점(WSB-GPB03의 THR a접점 단자) |
| DC24V | COM | | %IX0.0.0 ~ %IX0.0.7까지의 입력 Common |

2. 출력 결선도(Output List)

| 심 벌 | 간접변수 | 직접변수 | 내 용 |
|---|---|---|---|
| 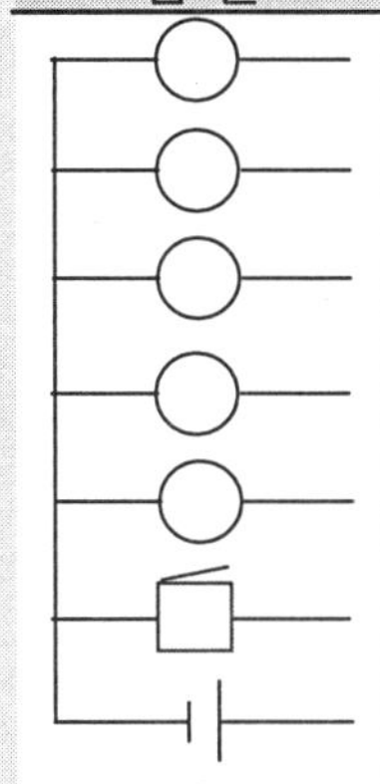 | 정회전_출력 | %QX0.2.0 | 전동기의 정회전 출력(WSB-GPB03의 MCF 단자) |
| | 역회전_출력 | %QX0.2.1 | 전동기의 역회전 출력(WSB-GPB03의 MCR 단자) |
| | 정회전_표시등 | %QX0.2.2 | 정회전 표시등 출력(WSB-GPB03의 RL1 단자) |
| | 역회전_표시등 | %QX0.2.3 | 역회전 표시등 출력(WSB-GPB03의 RL2 단자) |
| | 정지_표시등 | %QX0.2.4 | 정지 표시등 출력(WSB-GPB03의 GL 단자) |
| | 부저_출력 | %QX0.2.5 | Buzzer 출력(WSB-GPB03의 BZ 단자) |
| | COM | | %QX0.2.0 ~ %QX0.2.7까지의 출력 Common |

## E. 실습순서

1. 리드선을 사용하여 입력 결선도와 같이 결선하시오. 이때 그래픽 보드에 신호 출력 레벨이 GND(0V)로 출력되므로, PLC의 입력 Common 단자에 반드시 +24V를 인가해 주어야 한다.
2. 리드선을 사용하여 출력 결선도와 같이 결선하시오. 그래픽 보드에 입력 신호 레벨이 +24V이므로 PLC의 출력 Common 단자에 반드시 +24V를 인가해 주어야 한다.
3. PLC와 PC를 통신 케이블로 연결하시오.
4. PC를 켜고 XG5000을 실행하시오.
5. **프로그램 작성**

(1) 변수 리스트

1∅ 유도전동기의 정/역 운전 보드의 프로그램에 사용된 변수목록은 다음과 같다.

| 번호 | 변수 명 | 변수 종류 | 데이터 타입 | 메모리 할당 |
|---|---|---|---|---|
| 1 | 과부하계전기_A | VAR | BOOL | %IX0.0.3 |
| 2 | 부저_출력 | VAR | BOOL | %QX0.2.5 |
| 3 | 역회전_스위치 | VAR | BOOL | %IX0.0.1 |
| 4 | 역회전_출력 | VAR | BOOL | %QX0.2.1 |
| 5 | 역회전_표시등 | VAR | BOOL | %QX0.2.3 |
| 6 | 정지_스위치 | VAR | BOOL | %IX0.0.2 |
| 7 | 정지_표시등 | VAR | BOOL | %QX0.2.4 |
| 8 | 정회전_스위치 | VAR | BOOL | %IX0.0.0 |
| 9 | 정회전_출력 | VAR | BOOL | %QX0.2.0 |
| 10 | 정회전_표시등 | VAR | BOOL | %QX0.2.2 |

(2) 래더 다이어그램

위의 변수 리스트를 참고로 하여 다음의 래더 다이어그램을 보고 프로그램을 작성하시오.

[ Wsb-gpb03_xgi_cpue_kor.xgp ]

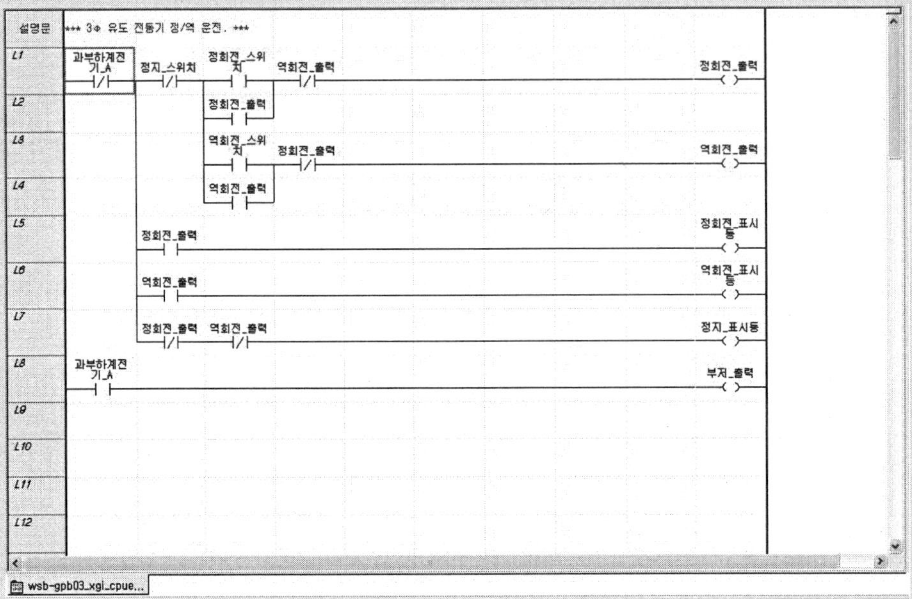


[실험 그림 3-2] 래더 다이어그램

## 6. 프로그램 전송

(1) 프로그램을 전송하기 전에 PC와 PLC의 통신케이블 연결 상태를 다시 한 번 확인한다.

(2) PLC에 전원을 인가하고 모드 변환키는 PAU/REM 상태로 한다.

(3) 메뉴의 [온라인]→[접속] 또는 도구모음의 [ ] 버튼을 누른다.

(4) 접속이 완료된 후 메뉴의 [온라인]→[쓰기]를 실행한 후 모든 체크박스에 체크한 후 [확인]을 누른다.

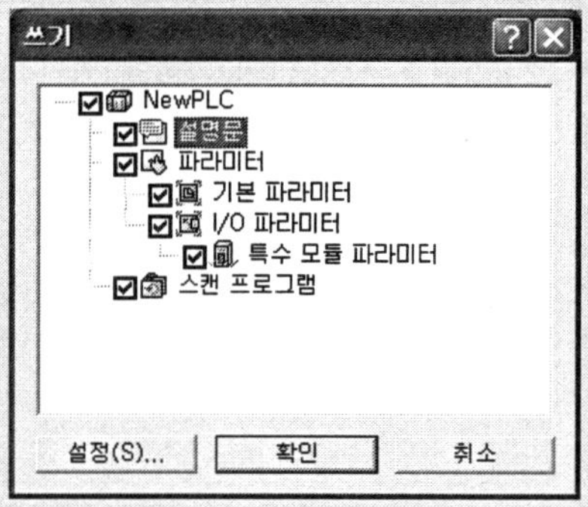


(5) 이때 실행파일이 PLC에 전송된다.

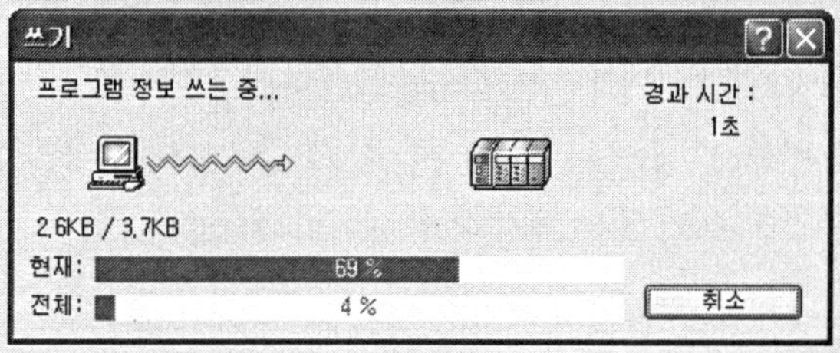


7. PLC 실험장치의 DC24V 전원 스위치를 On하시오.

8. 정회전_스위치(%IX0.0.0)를 누르시오.
   이때 MCF가 On되고, 3∅ 유도 전동기가 정회전으로 회전하는가?

9. 정지_스위치(%IX0.0.2)를 누르시오.
   이때 3∅ 유도 전동기가 정지하는가?

10. 역회전_스위치(%IX0.0.1)를 누르시오.
    이때 MCR이 On되고, 3∅ 유도 전동기가 역회전으로 회전하는가?

11. 정지_스위치(%IX0.0.2)를 누르시오.
이때 3∅ 유도 전동기가 정지하는가?

12. 다시 정회전_스위치(%IX0.0.0)를 눌러 3∅ 유도 전동기를 정회전시키시오.
전동기가 운전하던 중 THR 스위치를 O.L 쪽으로 절환하시오.
이때 전동기가 정지하고, Buzzer가 경보를 발생하는가?

13. 재차 3∅ 유도 전동기의 정/역 운전을 시험해 본다.

## F. 끝내기

1. 운전을 종료하기 위해서 먼저 도구모음의 스톱 [⊙] 버튼을 눌러 CPU를 정지시키고 메뉴의 [온라인]→[접속 끊기]를 선택한다.
2. PLC 트레이너의 전원 스위치를 Off하고 결선을 해체하시오.

## G. 사후질문

만일 위 실험에서 MCF와 MCR이 동시에 On되면 어떻게 되는가?

## 실험 04 3∅ 유도 전동기의 Y-△ 운전 실험

### A. 실험목적

1. 3∅ 유도 전동기의 Y-Δ 운전을 실험해 본다.

### B. 준비물

1. PLC 트레이너(WSB-6P Series)
2. PLC 제어 응용실습 장치(WSB-DMU)
3. 3∅ 유도 전동기 Y-△ 운전용 그래픽 보드(WSB-GPB04)
4. PC
   - 펜티엄 이상의 CPU
   - 256MB 이상의 메모리, 최소 200M 이상의 하드 디스크 사용 영역
   - 1024×786 이상의 해상도를 지원하는 모니터
   - Windows2000/XP/VISTA/7 지원
5. XG5000 소프트웨어 툴

### C. 관계지식

아래의 [실험 그림 4-1]은 3∅ 유도 전동기의 Y-△ 운전용 그래픽 보드로서, 기존의 유접점 시퀀스에 의한 Y-△ 운전을 PLC를 이용하여 구현할 수 있도록 구성한 그래픽 보드이다.

PLC 제어 응용실습 장치에 3∅ 유도 전동기 Y-△ 운전용 그래픽 보드(WSB-GPB04)를 조립하고, 좌측 하단의 디지털 스위치를 '4'로 설정하여 3∅ 유도 전동기 Y-△ 운전 그래픽 보드를 선택하면, 그래픽 보드의 중앙 상부에 GPB04 표시등이 점등되어 운전보드와 장착된 보드가 일치하였음을 표시한다.

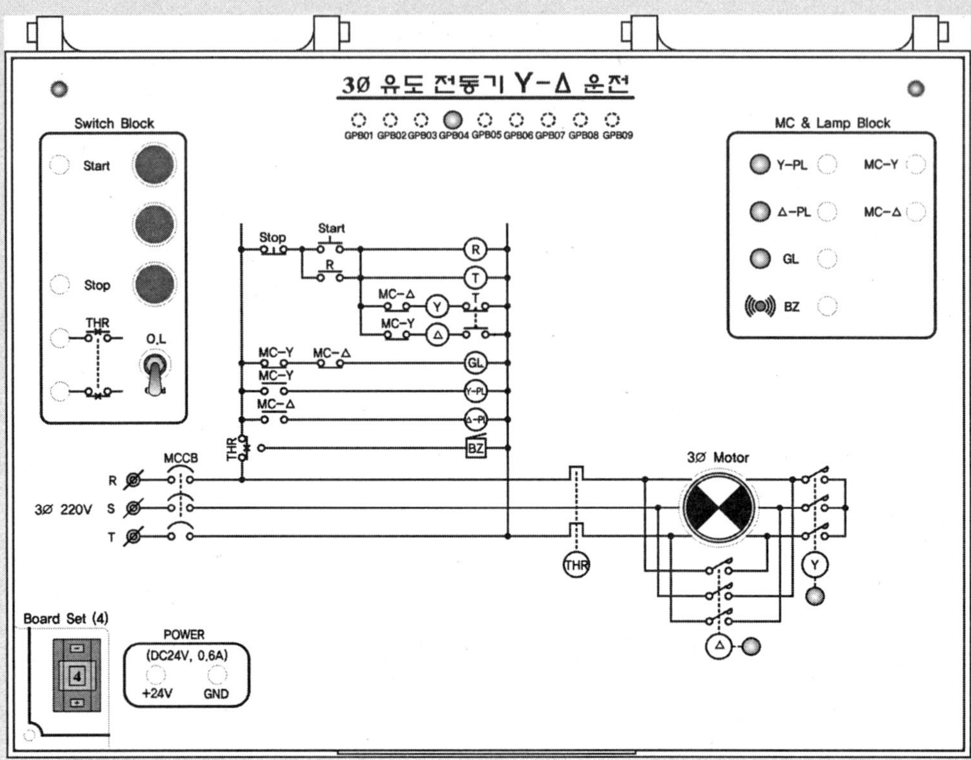


[실험 그림 4-1] 3∅ 유도전동기 Y-△ 운전용 그래픽 보드

## D. 입·출력 결선도(I/O List)

### 1. 입력 결선도(Input List)

| 심 벌 | 간접변수 | 직접변수 | 내 용 |
|---|---|---|---|
| | 운전_스위치 | %IX0.0.0 | 운전 스위치(WSB-GPB04의 Start 단자) |
| | 정지_스위치 | %IX0.0.1 | 정지 스위치(WSB-GPB04의 Stop 단자) |
| | 과부하계전기_A | %IX0.0.2 | THR a접점(WSB-GPB04의 THR a접점 단자) |
| DC24V | COM | | %IX0.0.0 ~ %IX0.0.7까지의 입력 Common |

2. 출력 결선도(Output List)

| 심 벌 | 간접변수 | 직접변수 | 내 용 |
|---|---|---|---|
| 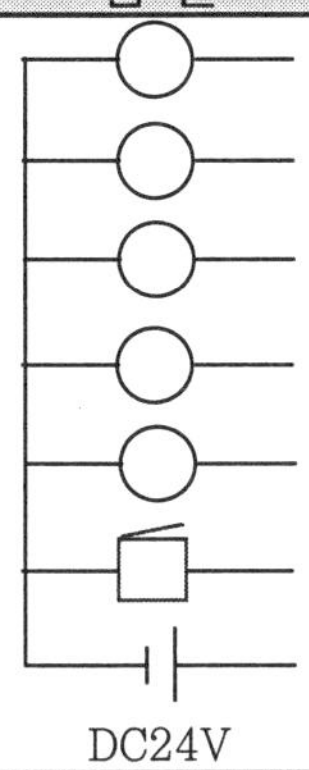 | MC_Y_출력 | %QX0.2.0 | MC-Y 출력(WSB-GPB04의 MC-Y 단자) |
| | MC_Δ_출력 | %QX0.2.1 | MC-Δ 출력(WSB-GPB04의 MC-Δ 단자) |
| | MC_Y_표시등 | %QX0.2.2 | Y기동 표시등 출력(WSB-GPB04의 Y-PL 단자) |
| | MC_Δ_표시등 | %QX0.2.3 | Δ운전 표시등 출력(WSB-GPB04의 Δ-PL 단자) |
| | 정지_표시등 | %QX0.2.4 | 정지 표시등 출력(WSB-GPB04의 GL 단자) |
| | 부저_출력 | %QX0.2.5 | Buzzer 출력(WSB-GPB04의 BZ 단자) |
| DC24V | COM | | %QX0.2.0 ~ %QX0.2.7까지의 출력 Common |

## E. 실습순서

1. 리드선을 사용하여 입력 결선도와 같이 결선하시오. 이때 그래픽 보드에 신호 출력 레벨이 GND(0V)를 출력되므로, PLC의 입력 Common 단자에 반드시 +24V를 인가해 주어야 한다.
2. 리드선을 사용하여 출력 결선도와 같이 결선하시오. 그래픽 보드에 입력 신호 레벨이 +24V이므로 PLC의 출력 Common 단자에 반드시 +24V를 인가해 주어야 한다.
3. PLC와 PC를 통신 케이블로 연결하시오.
4. PC를 켜고 XG5000을 실행하시오.
5. **프로그램 작성**

(1) 변수 리스트

3∅ 유도 전동기의 Y-Δ 운전 보드의 프로그램에 사용된 변수목록은 다음과 같다.

| 번호 | 변수 명 | 변수 종류 | 데이터 타입 | 메모리 할당 |
|---|---|---|---|---|
| 1 | 과부하계전기_A | VAR | BOOL | %IX0.0.2 |
| 2 | 릴레이 | VAR | BOOL | 〈자동〉 |
| 3 | 부저_출력 | VAR | BOOL | %QX0.2.5 |
| 4 | 운전_스위치 | VAR | BOOL | %IX0.0.0 |
| 5 | 정지_스위치 | VAR | BOOL | %IX0.0.1 |
| 6 | 정지_표시등 | VAR | BOOL | %QX0.2.4 |
| 7 | DMMY | VAR | BOOL | 〈자동〉 |
| 8 | INST0 | VAR | FB Instance | 〈자동〉 |
| 9 | MC_Y_출력 | VAR | BOOL | %QX0.2.0 |
| 10 | MC_Y_표시등 | VAR | BOOL | %QX0.2.2 |
| 11 | MC-Δ_출력 | VAR | BOOL | %QX0.2.1 |
| 12 | MC_Δ_표시등 | VAR | BOOL | %QX0.2.3 |

2. 래더 다이어그램

위의 변수 리스트를 참고로 하여 다음의 래더 다이어그램을 보고 프로그램을 작성하시오.

[ Wsb-gpb04_xgi_cpue_kor.xgp ]

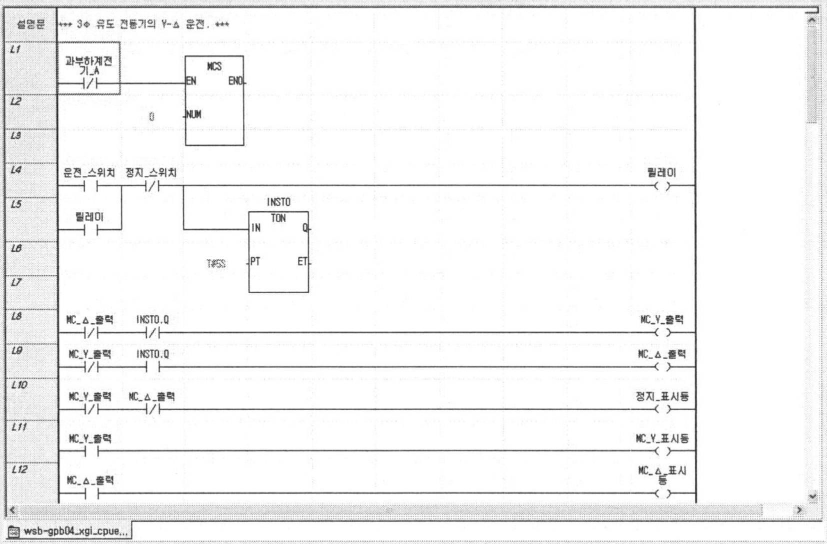


[실험 그림 4-2] 래더 다이어그램 1

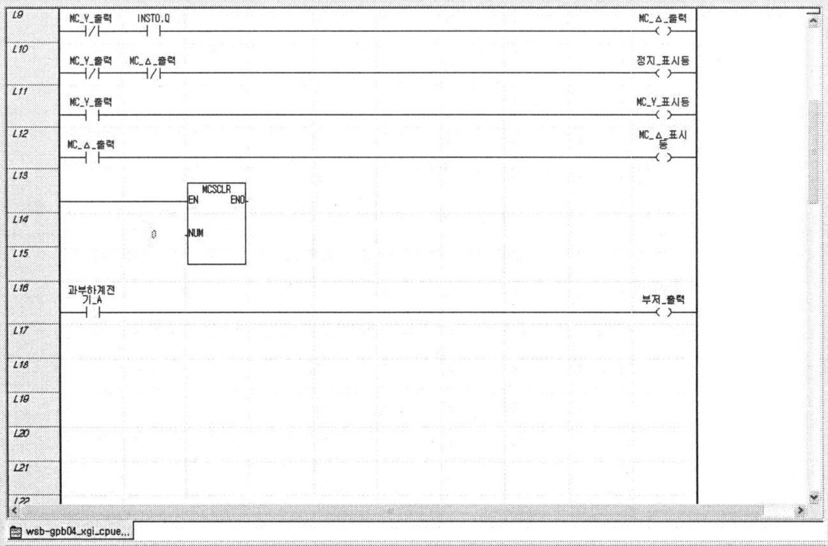


[실험 그림 4-3] 래더 다이어그램 2

6. **프로그램 전송**

(1) 프로그램을 전송하기 전에 PC와 PLC의 통신케이블 연결 상태를 다시 한 번 확인한다.

(2) PLC에 전원을 인가하고 모드 변환키는 PAU/REM 상태로 한다.

(3) 메뉴의 [온라인]→[접속] 또는 도구모음의 [ ] 버튼을 누른다.

(4) 접속이 완료된 후 메뉴의 [온라인]→[쓰기]를 실행한 후 모든 체크박스에 체크한 후 [확인]을 누른다.

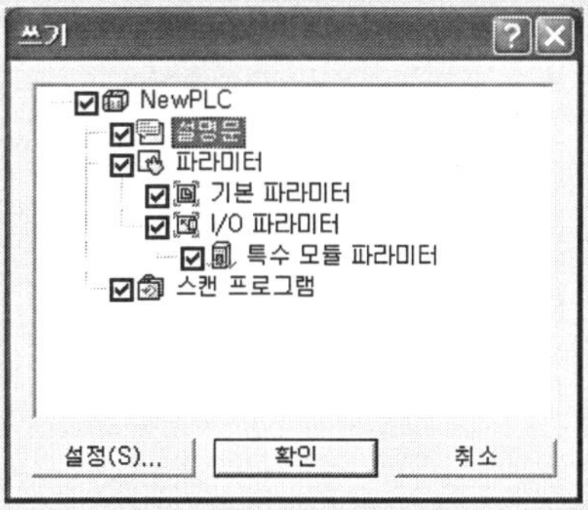


(5) 이때 실행파일이 PLC에 전송된다.

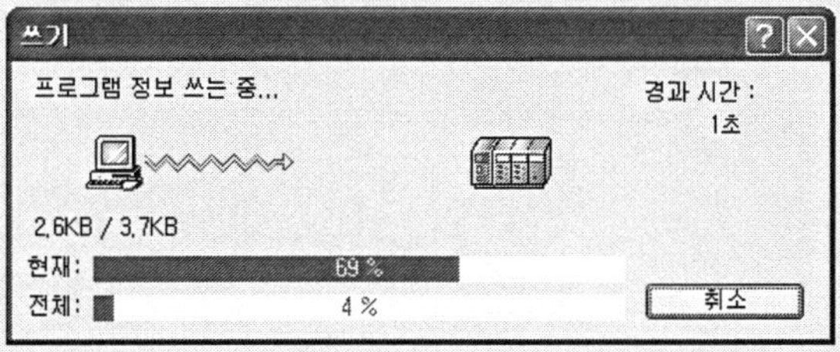

7. PLC 실험장치의 DC24V 전원 스위치를 On하시오.

8. 운전_스위치(%IX0.0.0)를 누르시오.
   이때 MC-Y가 On되고, 3Ø 유도 전동기가 Y결선으로 기동하는가?

9. 약 5초 후 MC-Δ가 On되고, 3Ø 유도 전동기가 Δ결선으로 운전되는가?

10. 정지_스위치(%IX0.0.1)를 누르시오.
    이때 3Ø 유도 전동기가 정지하는가?

11. 다시 운전_스위치(%IX0.0.0)를 눌러 3Ø 유도 전동기를 운전하시오.
    유도 전동기가 Δ결선으로 운전하던 중 THR 스위치를 O.L 쪽으로 절환하시오.
    이때 전동기가 정지하고, Buzzer가 경보를 발생하는가?

12. 재차 3Ø 유도 전동기의 Y-Δ 운전을 시험해 본다.

## F. 끝내기

1. 운전을 종료하기 위해서 먼저 도구모음의 스톱 [ ◉ ] 버튼을 눌러 CPU를 정지시키고 메뉴의 [온라인]→[접속 끊기]를 선택한다.
2. PLC 트레이너의 전원 스위치를 Off하고 결선을 해체하시오.

## G. 사후질문

1. 위 실험에서와 같이 3Ø 유도 전동기를 Y-Δ 기동하는 이유에 대해 설명하시오.

2. 만일 위 실험에서 MC-Y와 MC-Δ가 동시에 On되면 어떻게 되는가?

# 실험 05 2차로 교통 신호등 운전 실험

## A. 실험목적

1. 2차로 교통 신호등 운전을 실험해 본다.

## B. 준비물

1. PLC 트레이너(WSB-6P Series)
2. PLC 제어 응용실습 장치(WSB-DMU)
3. 2차로 교통 신호등 운전용 그래픽 보드(WSB-GPB05)
4. PC
   - 펜티엄 이상의 CPU
   - 256MB 이상의 메모리, 최소 200M 이상의 하드 디스크 사용 영역
   - 1024×786 이상의 해상도를 지원하는 모니터
   - Windows2000/XP/VISTA/7 지원
5. XG5000 소프트웨어 툴

## C. 관계지식

아래의 [실험 그림 5-1]은 2차로 교통 신호등 운전용 그래픽 보드로서, PLC를 이용하여 2차로의 교통 신호등을 제어할 수 있도록 구성한 그래픽 보드이다.

PLC 제어 응용실습 장치에 2차로 교통 신호등 운전용 그래픽 보드(WSB-GPB05)를 조립하고, 좌측 하단의 디지털 스위치를 '5'로 설정하여 2차로 교통 신호등 운전 그래픽 보드를 선택하면, 그래픽 보드의 중앙 상부에 GPB05 표시등이 점등되어 운전보드와 장착된 보드가 일치하였음을 표시한다.

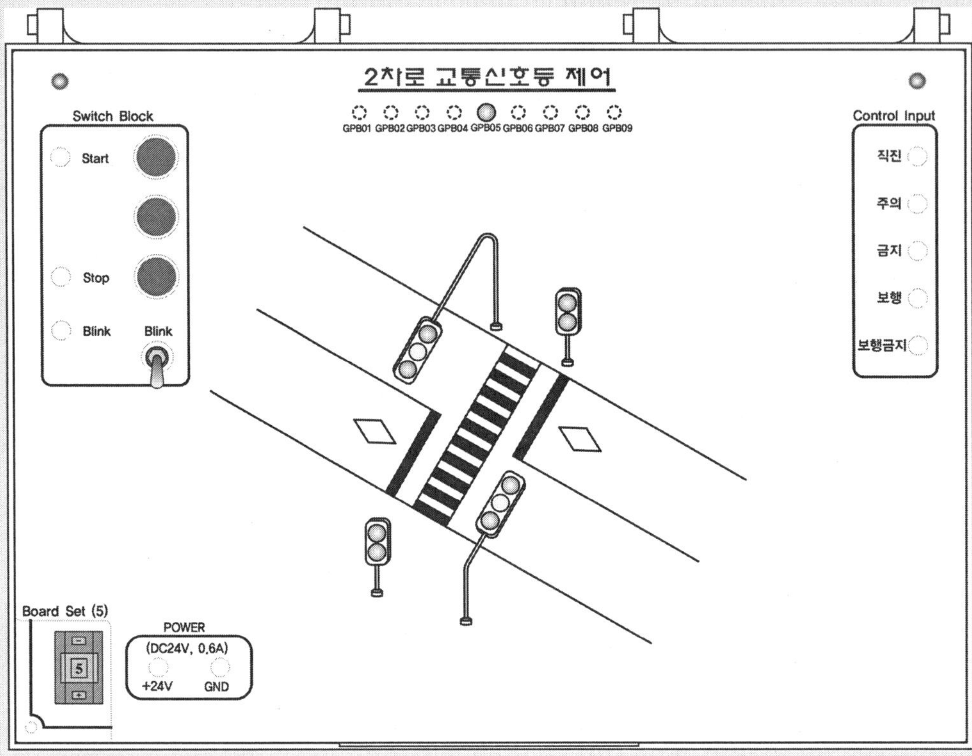


[실험 그림 5-1] 2차로 교통 신호등 운전용 그래픽 보드

## D. 입·출력 결선도(I/O List)

### 1. 입력 결선도(Input List)

| 심 벌 | 간접변수 | 직접변수 | 내 용 |
|---|---|---|---|
| | 운전_스위치 | %IX0.0.0 | 운전 스위치(WSB-GPB05의 Start 단자) |
| | 정지_스위치 | %IX0.0.1 | 정지 스위치(WSB-GPB05의 Stop 단자) |
| | Blink_스위치 | %IX0.0.2 | Blink 스위치(WSB-GPB05의 Blink 단자) |
| DC24V | COM | | %IX0.0.0 ~ %IX0.0.7까지의 입력 Common |

2. 출력 결선도(Output List)

| 심 벌 | 간접변수 | 직접변수 | 내 용 |
|---|---|---|---|
| 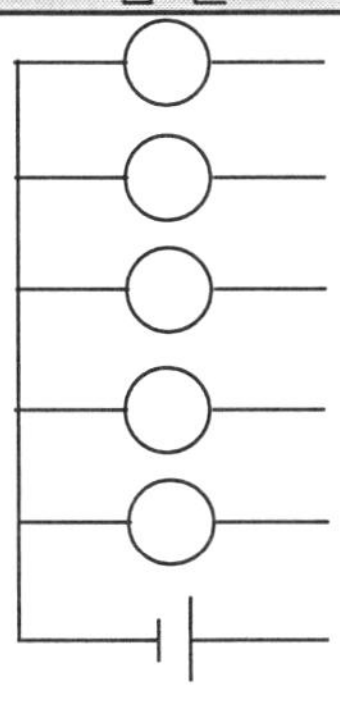 | 직진_출력 | %QX0.2.0 | 직진신호 출력(WSB-GPB05의 직진 단자) |
| | 주의_출력 | %QX0.2.1 | 주의신호 출력(WSB-GPB05의 주의 단자) |
| | 금지_출력 | %QX0.2.2 | 금지신호 출력(WSB-GPB05의 금지 단자) |
| | 보행_출력 | %QX0.2.3 | 보행신호 출력(WSB-GPB05의 보행 단자) |
| | 보행정지_출력 | %QX0.2.4 | 보행정지 출력(WSB-GPB05의 보행정지 단자) |
| DC24V | COM | | %QX0.2.0 ~ %QX0.2.7까지의 출력 Common |

## E. 실습순서

1. 리드선을 사용하여 입력 결선도와 같이 결선하시오. 이때 그래픽 보드에 신호 출력 레벨이 GND(0V)를 출력되므로, PLC의 입력 Common 단자에 반드시 +24V를 인가해 주어야 한다.
2. 리드선을 사용하여 출력 결선도와 같이 결선하시오. 그래픽 보드에 입력 신호 레벨이 +24V이므로 PLC의 출력 Common 단자에 반드시 +24V를 인가해 주어야 한다.
3. PLC와 PC를 통신 케이블로 연결하시오.
4. PC를 켜고 XG5000을 실행하시오.
5. **프로그램 작성**

(1) 변수 리스트

2차로 교통 신호등 운전 보드의 프로그램에 사용된 변수목록은 다음과 같다.

| 번호 | 변수 명 | 변수 종류 | 데이터 타입 | 메모리 할당 |
|---|---|---|---|---|
| 1 | 금지_신호 | VAR | BOOL | 〈자동〉 |
| 2 | 금지_출력 | VAR | BOOL | %QX0.2.2 |
| 3 | 보행_신호 | VAR | BOOL | 〈자동〉 |
| 4 | 보행_출력 | VAR | BOOL | %QX0.2.3 |
| 5 | 보행금지_신호 | VAR | BOOL | 〈자동〉 |
| 6 | 보행금지_출력 | VAR | BOOL | %QX0.2.4 |
| 7 | 시스템_운전 | VAR | BOOL | 〈자동〉 |
| 8 | 운전_스위치 | VAR | BOOL | %IX0.0.0 |
| 9 | 정지_스위치 | VAR | BOOL | %IX0.0.1 |
| 10 | 주의_신호 | VAR | BOOL | 〈자동〉 |

| 번호 | 변수 명 | 변수 종류 | 데이터 타입 | 메모리 할당 |
|---|---|---|---|---|
| 11 | 주의_출력 | VAR | BOOL | %QX0.2.1 |
| 12 | 직진_신호 | VAR | BOOL | 〈자동〉 |
| 13 | 직진_출력 | VAR | BOOL | %QX0.2.0 |
| 14 | Blink_스위치 | VAR | BOOL | %IX0.0.2 |
| 15 | DMMY | VAR | BOOL | 〈자동〉 |
| 16 | INST0 | VAR | FB Instance | 〈자동〉 |
| 17 | INST1 | VAR | FB Instance | 〈자동〉 |
| 18 | INST2 | VAR | FB Instance | 〈자동〉 |
| 19 | INST3 | VAR | FB Instance | 〈자동〉 |
| 20 | INST4 | VAR | FB Instance | 〈자동〉 |
| 21 | INST5 | VAR | FB Instance | 〈자동〉 |

(2) 래더 다이어그램

위의 변수 리스트를 참고로 하여 다음의 래더 다이어그램을 보고 프로그램을 작성하시오.

[ Wsb-gpb05_xgi_cpue_kor.xgp ]

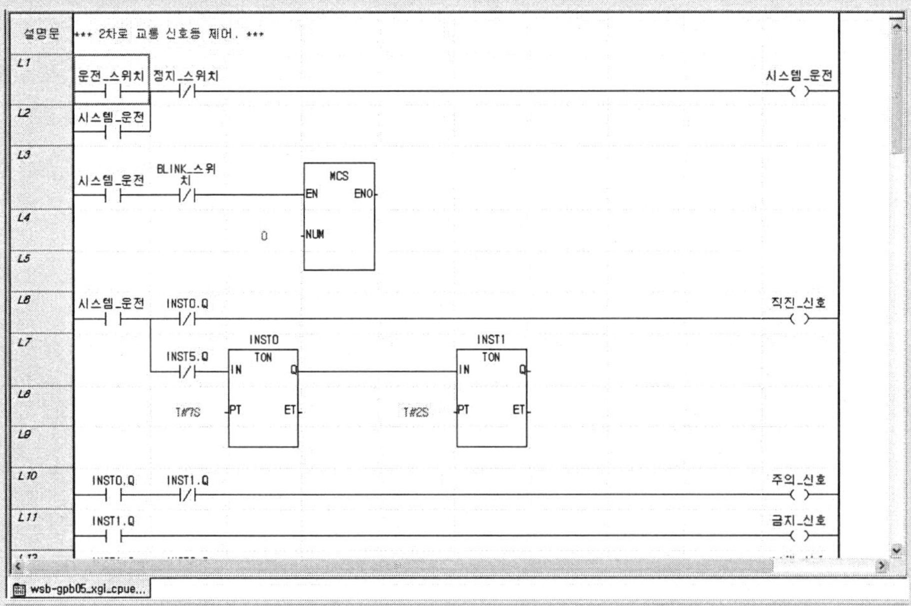


[실험 그림 5-2] 래더 다이어그램 1

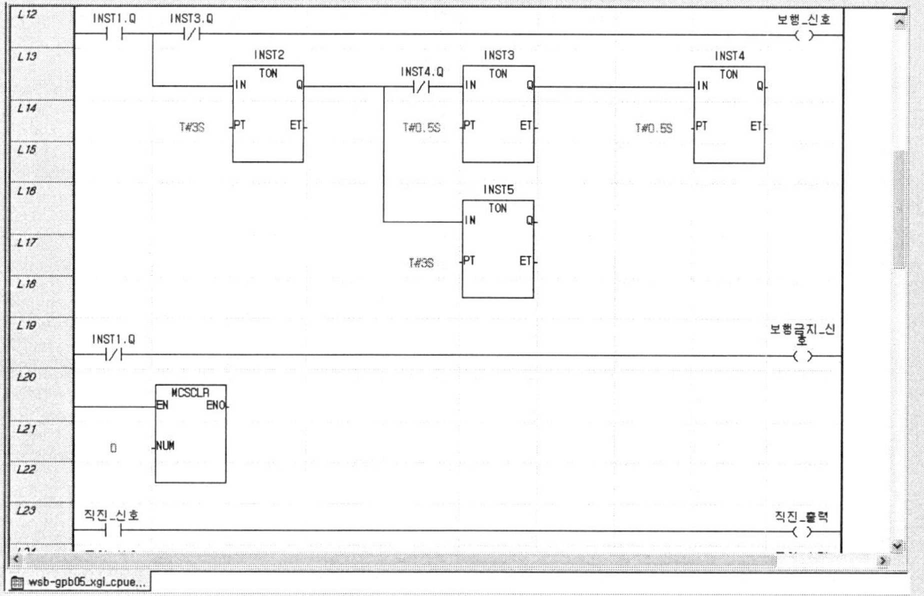


[실험 그림 5-3] 래더 다이어그램 2

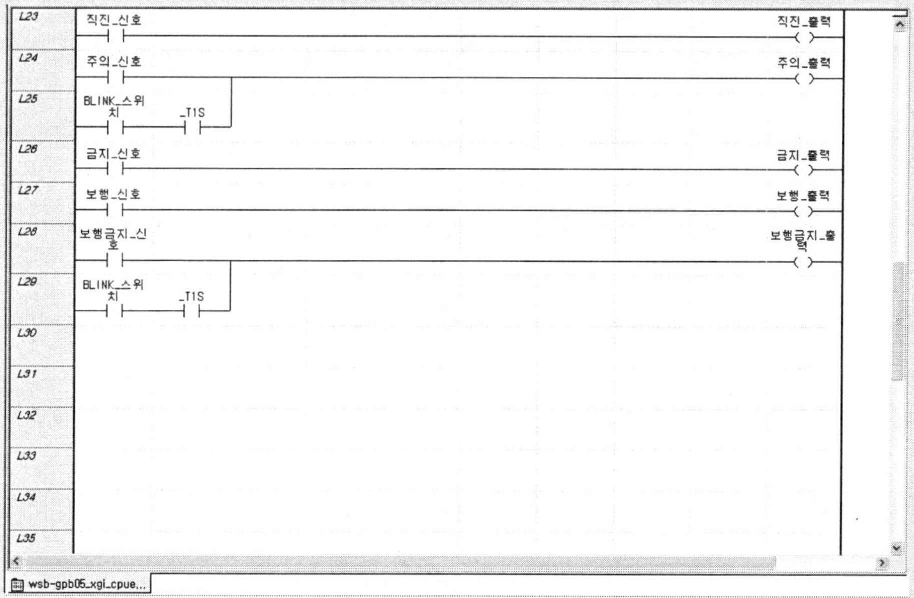


[실험 그림 5-4] 래더 다이어그램 3

## 6. 프로그램 전송

(1) 프로그램을 전송하기 전에 PC와 PLC의 통신케이블 연결 상태를 다시 한 번 확인한다.

(2) PLC에 전원을 인가하고 모드 변환키는 PAU/REM 상태로 한다.

(3) 메뉴의 [온라인]→[접속] 또는 도구모음의 [ ] 버튼을 누른다.

(4) 접속이 완료된 후 메뉴의 [온라인]→[쓰기]를 실행한 후 모든 체크박스에 체크한 후 [확인]을 누른다.

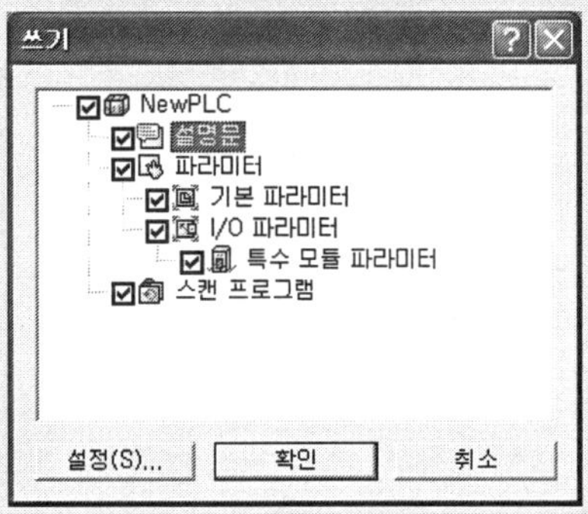


(5) 이때 실행파일이 PLC에 전송된다.

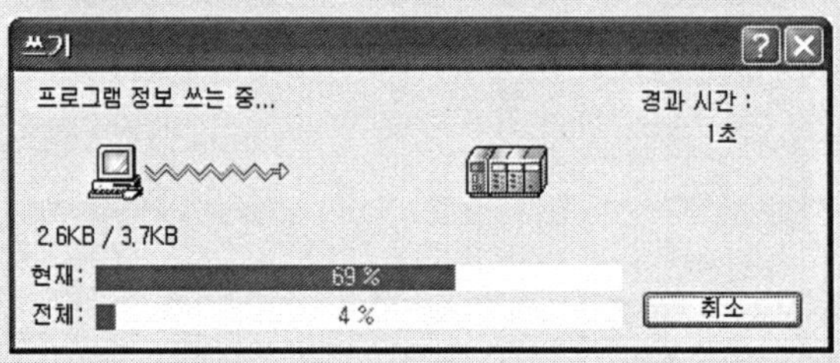

7. PLC 실험장치의 DC24V 전원 스위치를 On하시오.

8. 운전_스위치(%IX0.0.0)를 누르시오.
   이때 직진 표시등(%QX0.2.0)과 보행금지 표시등(%QX0.2.4)이 점등되는가?

9. 약 7초 후 주의 표시등(%QX0.2.1)이 점등되는가?

10. 약 2초 후 금지 표시등(%QX0.2.2)과 보행 표시등(%QX0.2.3)이 점등되는가?

11. 약 3초 후 보행 표시등(%QX0.2.3)이 점멸하는가?

12. 약 3초 후 직진 표시등(%QX0.2.0)과 보행금지 표시등(%QX0.2.4)이 점등되는가?

13. 정지_스위치(%IX0.0.1)를 누르시오.
    이때 모든 표시등이 소등되는가?

14. 다시 운전_스위치(%IX0.0.0)를 눌러 2차로 교통 신호등을 동작시키시오.
    신호등 동작 중 Blink_스위치(%IX0.0.2)를 Blink 쪽으로 절환하시오.
    이때 주의 표시등(%QX0.2.1)과 보행금지 표시등(%QX0.2.4)이 점멸하는가?

15. 재차 2차로 교통 신호등 운전을 시험해 본다.

## F. 끝내기

1. 운전을 종료하기 위해서 먼저 도구모음의 스톱 [◉] 버튼을 눌러 CPU를 정지시키고 메뉴의 [온라인]→[접속 끊기]를 선택한다.
2. PLC 트레이너의 전원 스위치를 Off하고 결선을 해체하시오.

## G. 사후질문

위 실험에서 Blink_스위치(%IX0.0.2)의 역할은 무엇인가?

## 실험 06 3층식 엘리베이터 운전 실험

### A. 실험목적

1. 3층식 엘리베이터 운전을 실험해 본다.

### B. 준비물

1. PLC 트레이너(WSB-6P Series)
2. PLC 제어 응용실습 장치(WSB-DMU)
3. 3층식 엘리베이터 운전용 그래픽 보드(WSB-GPB06)
4. PC
   - 펜티엄 이상의 CPU
   - 256MB 이상의 메모리, 최소 200M 이상의 하드 디스크 사용 영역
   - 1024×786 이상의 해상도를 지원하는 모니터
   - Windows2000/XP/VISTA/7 지원
5. XG5000 소프트웨어 툴

### C. 관계지식

아래의 [실험 그림 6-1]은 3층식 엘리베이터 운전용 그래픽 보드로서, PLC를 이용하여 3층의 엘리베이터를 제어할 수 있도록 구성한 그래픽 보드이다.

PLC 제어 응용실습 장치에 3층식 엘리베이터 운전용 그래픽 보드(WSB-GPB06)를 조립하고, 좌측 하단의 디지털 스위치를 '6'으로 설정하여 3층식 엘리베이터 운전 그래픽 보드를 선택하면, 그래픽 보드의 중앙 상부에 GPB06 표시등이 점등되어 운전보드와 장착된 보드가 일치하였음을 표시한다.

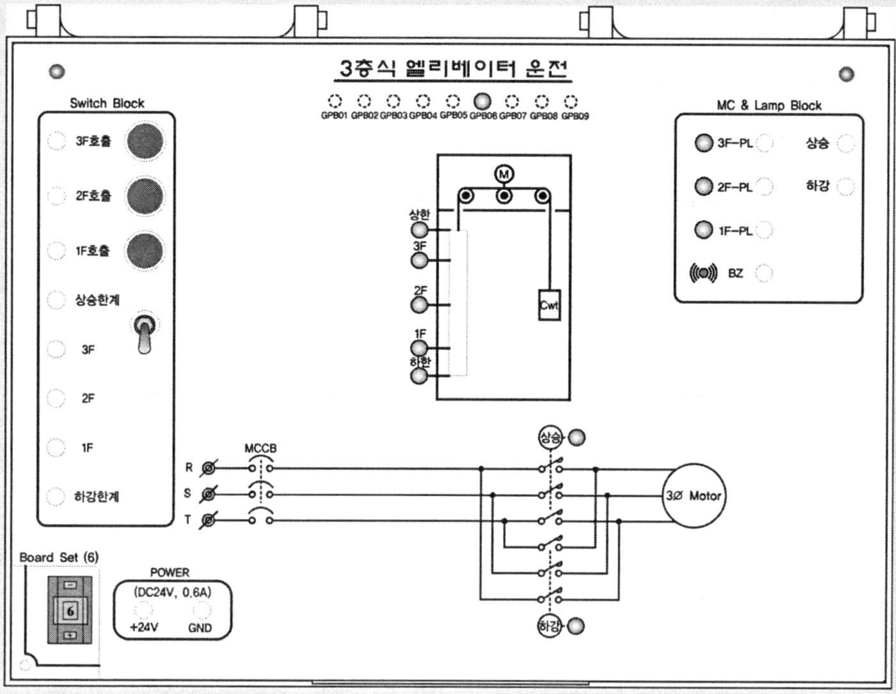


[실험 그림 6-1] 3층식 엘리베이터 운전용 그래픽 보드

## D. 입·출력 결선도(I/O List)

### 1. 입력 결선도(Input List)

| 심 벌 | 간접변수 | 직접변수 | 내 용 |
|---|---|---|---|
| | F3호출_스위치 | %IX0.0.0 | 3층 호출/전송 스위치(WSB-GPB06의 3F호출 단자) |
| | F2호출_스위치 | %IX0.0.1 | 3층 호출/전송 스위치(WSB-GPB06의 2F호출 단자) |
| | F1호출_스위치 | %IX0.0.2 | 1층 호출/전송 스위치(WSB-GPB06의 1F호출 단자) |
| | 상승한계_센서 | %IX0.0.3 | 상승한계 검출센서(WSB-GPB06의 상승한계 단자) |
| | F3층검출_센서 | %IX0.0.4 | 3층 검출 센서(WSB-GPB06의 3F 단자) |
| | F2층검출_센서 | %IX0.0.5 | 2층 검출 센서(WSB-GPB06의 2F 단자) |
| | F1층검출_센서 | %IX0.0.6 | 1층 검출 센서(WSB-GPB06의 1F 단자) |
| | 하강한계_센서 | %IX0.0.7 | 하강한계 검출센서(WSB-GPB06의 하강한계 단자) |
| DC24V | COM | | %IX0.0.0 ~ %IX0.0.7까지의 입력 Common |

2. 출력 결선도(Output List)

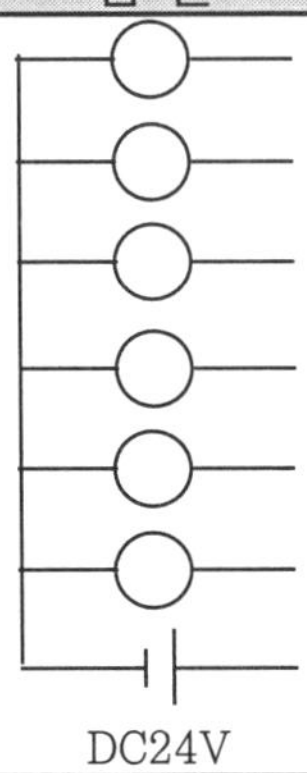


| 심 벌 | 간접변수 | 직접변수 | 내 용 |
|---|---|---|---|
| | 상승_출력 | %QX0.2.0 | 엘리베이터 상승 출력(WSB-GPB06의 상승 단자) |
| | 하강_출력 | %QX0.2.1 | 엘리베이터 하강 출력(WSB-GPB06의 하강 단자) |
| | F3위치_표시등 | %QX0.2.2 | 3층 표시등 출력(WSB-GPB06의 3F-PL 단자) |
| | F2위치_표시등 | %QX0.2.3 | 2층 표시등 출력(WSB-GPB06의 2F-PL 단자) |
| | F1위치_표시등 | %QX0.2.4 | 1층 표시등 출력(WSB-GPB06의 1F-PL 단자) |
| | 부저_출력 | %QX0.2.5 | 부저 출력(WSB-GPB06의 BZ 단자) |
| DC24V | COM | | %QX0.2.0 ~ %QX0.2.7까지의 출력 Common |

## E. 실습순서

1. 리드선을 사용하여 입력 결선도와 같이 결선하시오. 이때 그래픽 보드에 신호 출력 레벨이 GND(0V)를 출력되므로, PLC의 입력 Common 단자에 반드시 +24V를 인가해 주어야 한다.
2. 리드선을 사용하여 출력 결선도와 같이 결선하시오. 그래픽 보드에 입력 신호 레벨이 +24V이므로 PLC의 출력 Common 단자에 반드시 +24V를 인가해 주어야 한다.
3. PLC와 PC를 통신 케이블로 연결하시오.
4. PC를 켜고 XG5000을 실행하시오.
5. **프로그램 작성**

(1) 변수 리스트

3층식 엘리베이터 운전 프로그램에 사용된 변수목록은 다음과 같다.

| 번호 | 변수 명 | 변수 종류 | 데이터 타입 | 메모리 할당 |
|---|---|---|---|---|
| 1 | 부저_출력 | VAR | BOOL | %QX0.2.5 |
| 2 | 상승_출력 | VAR | BOOL | %QX0.2.0 |
| 3 | 상승1 | VAR | BOOL | 〈자동〉 |
| 4 | 상승2 | VAR | BOOL | 〈자동〉 |
| 5 | 상승3 | VAR | BOOL | 〈자동〉 |
| 6 | 상승한계_센서 | VAR | BOOL | %IX0.0.3 |
| 7 | 초기화_상승 | VAR | BOOL | 〈자동〉 |
| 8 | 초기화_하강 | VAR | BOOL | 〈자동〉 |
| 9 | 하강_출력 | VAR | BOOL | %QX0.2.1 |
| 10 | 하강1 | VAR | BOOL | 〈자동〉 |

| 번호 | 변수 명 | 변수 종류 | 데이터 타입 | 메모리 할당 |
|---|---|---|---|---|
| 11 | 하강2 | VAR | BOOL | 〈자동〉 |
| 12 | 하강3 | VAR | BOOL | 〈자동〉 |
| 13 | 하강한계_센서 | VAR | BOOL | %IX0.0.7 |
| 14 | F1_층검출센서 | VAR | BOOL | %IX0.0.6 |
| 15 | F1위치_표시등 | VAR | BOOL | %IX0.0.4 |
| 16 | F1호출_스위치 | VAR | BOOL | %IX0.0.2 |
| 17 | F2_층검출센서 | VAR | BOOL | %IX0.0.5 |
| 18 | F2위치_표시등 | VAR | BOOL | %QX0.2.3 |
| 19 | F2호출_스위치 | VAR | BOOL | %IX0.0.1 |
| 20 | F3_층검출센서 | VAR | BOOL | %IX0.0.4 |
| 21 | F3위치_표시등 | VAR | BOOL | %QX0.2.2 |

(2) 래더 다이어그램

위의 변수 리스트를 참고로 하여 다음의 래더 다이어그램을 보고 프로그램을 작성하시오.

[ Wsb-gpb06_xgi_cpue_kor.xgp ]

[실험 그림 6-2] 래더 다이어그램 1

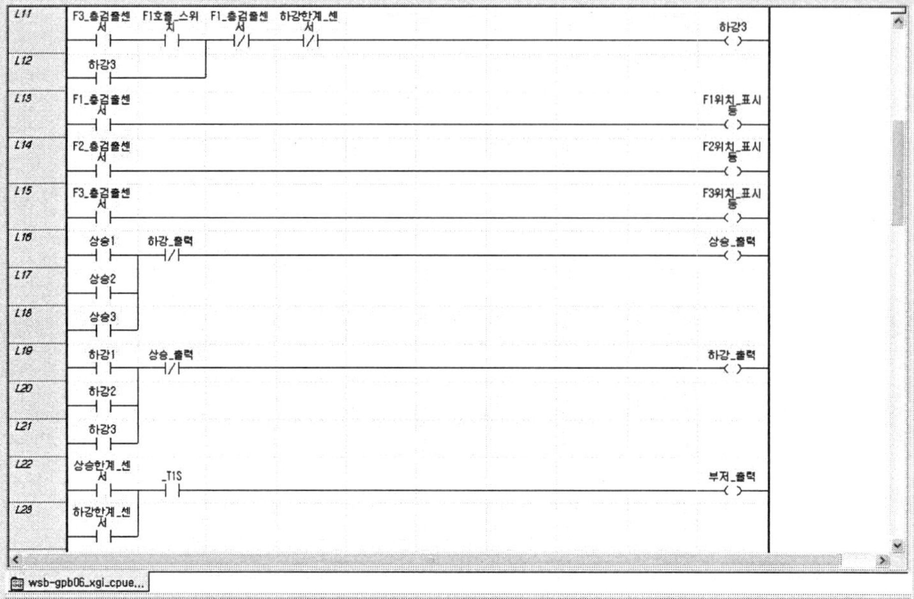


[실험 그림 6-3] 래더 다이어그램 2

6. **프로그램 전송**

(1) 프로그램을 전송하기 전에 PC와 PLC의 통신케이블 연결 상태를 다시 한 번 확인한다.

(2) PLC에 전원을 인가하고 모드 변환키는 PAU/REM 상태로 한다.

(3) 메뉴의 [온라인]→[접속] 또는 도구모음의 [ ] 버튼을 누른다.

(4) 접속이 완료된 후 메뉴의 [온라인]→[쓰기]를 실행한 후 모든 체크박스에 체크한 후 [확인]을 누른다.

(5) 이때 실행파일이 PLC에 전송된다.

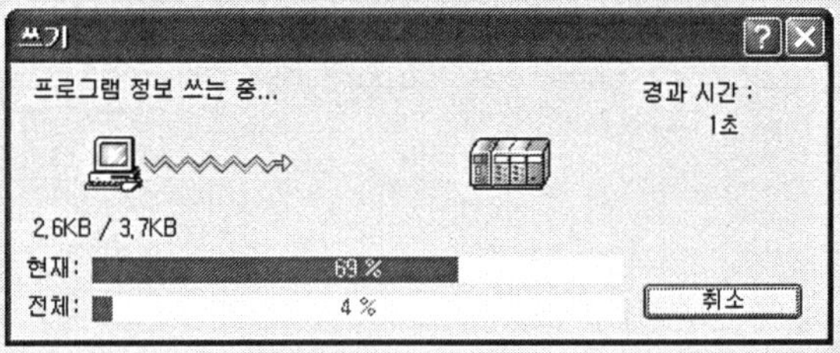


7. PLC 실험장치의 DC24V 전원 스위치를 On하시오.

8. F2호출_스위치(%IX0.0.1)를 누르시오.
   이때 엘리베이터가 2층까지 상승하는가?
   또한 F2위치_표시등(%QX0.2.3)이 점등되는가?

9. F3호출_스위치(%IX0.0.0)를 누르시오.
   이때 엘리베이터가 3층까지 상승하는가?
   또한 F3위치_표시등(%QX0.2.2)이 점등되는가?

10. F1호출_스위치(%IX0.0.2)를 누르시오.
    이때 엘리베이터가 1층까지 하강하는가?
    또한 F1위치_표시등(%QX0.2.4)이 점등되는가?

11. F3호출_스위치(%IX0.0.0)를 누르시오.
    이때 엘리베이터가 2층에서 멈추지 않고 3층까지 상승하는가?
    또한 F3위치_표시등(%QX0.2.2)이 점등되는가?

12. F1호출_스위치(%IX0.0.2)를 누르시오.
    이때 엘리베이터가 역시 2층에서 멈추지 않고 1층까지 하강하는가?
    또한 F1위치_표시등(%QX0.2.4)이 점등되는가?

13. 재차 각 층에서의 호출 스위치와 전송 스위치를 눌러 3층식 엘리베이터 운전을 계속해 본다.

## F. 끝내기

1. 운전을 종료하기 위해서 먼저 도구모음의 스톱 [] 버튼을 눌러 CPU를 정지시키고 메뉴의 [온라인]→[접속 끊기]를 선택한다.
2. PLC 트레이너의 전원 스위치를 Off하고 결선을 해체하시오.

## G. 사후질문

위 실험에서 상승한계_센서(%IX0.0.3)와 하강한계_센서(%IX0.0.7)의 역할은 무엇인가?

## 실험 07 자동 양수장치 운전1 실험

### A. 실험목적

1. 플로트 스위치를 이용한 자동 양수장치 운전을 실험해 본다.

### B. 준비물

1. PLC 트레이너(WSB-6P Series)
2. PLC 제어 응용실습 장치(WSB-DMU)
3. 자동 양수장치 운전1용 그래픽 보드(WSB-GPB07)
4. PC
   - 펜티엄 이상의 CPU
   - 256MB 이상의 메모리, 최소 200M 이상의 하드 디스크 사용 영역
   - 1024×786 이상의 해상도를 지원하는 모니터
   - Windows2000/XP/VISTA/7 지원
5. XG5000 소프트웨어 툴

### C. 관계지식

아래의 [실험 그림 7-1]은 자동 양수장치 운전1용 그래픽 보드로서, PLC를 이용하여 플로트 스위치를 이용한 자동 양수장치를 제어할 수 있도록 구성한 그래픽 보드이다.

PLC 제어 응용실습 장치에 자동 양수장치 운전1용 그래픽 보드(WSB-GPB07)를 조립하고, 좌측 하단의 디지털 스위치를 '7'로 설정하여 자동 양수장치 운전1 그래픽 보드를 선택하면, 그래픽 보드의 중앙 상부에 GPB07 표시등이 점등되어 운전보드와 장착된 보드가 일치하였음을 표시한다.

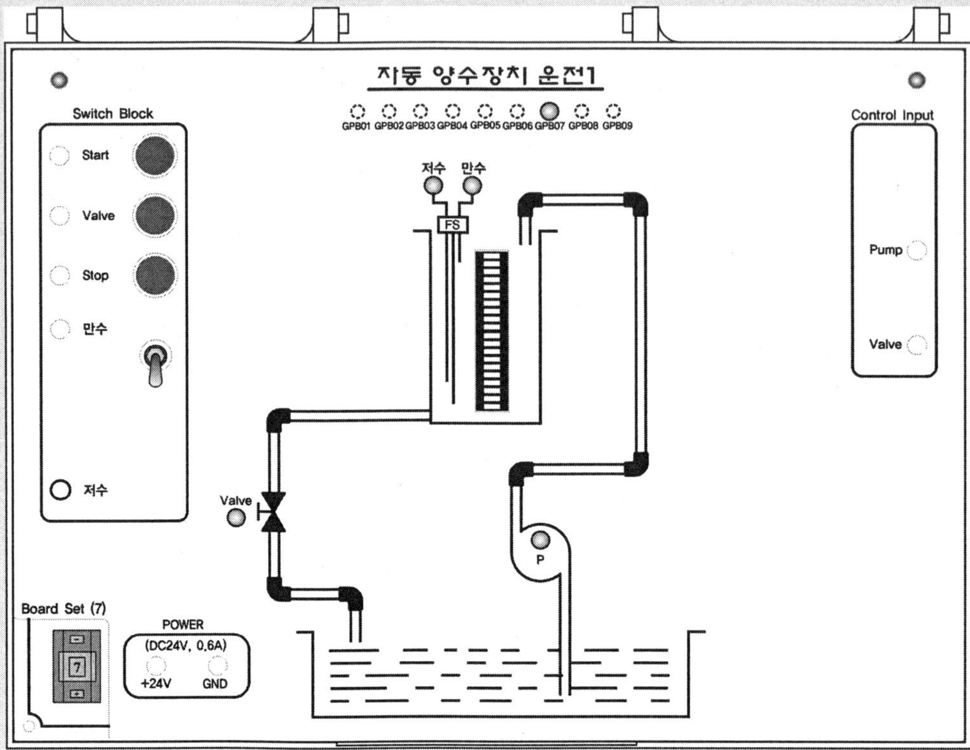


[실험 그림 7-1] 자동 양수장치 운전1용 그래픽 보드

## D. 입·출력 결선도(I/O List)

### 1. 입력 결선도(Input List)

| 심 벌 | 간접변수 | 직접변수 | 내 용 |
|---|---|---|---|
| | 운전_스위치 | %IX0.0.0 | 운전 스위치(WSB-GPB07의 Start 단자) |
| | 밸브_스위치 | %IX0.0.1 | 밸브 스위치(WSB-GPB07의 Valve 단자) |
| | 정지_스위치 | %IX0.0.2 | 정지 스위치(WSB-GPB07의 Stop 단자) |
| | 만수검출_센서 | %IX0.0.3 | 만수위 검출 센서(WSB-GPB07의 만수 단자) |
| | 저수검출_센서 | %IX0.0.4 | 저수위 검출 센서(WSB-GPB07의 저수 단자) |
| DC24V | COM | | %IX0.0.0 ~ %IX0.0.7까지의 입력 Common |

2. 출력 결선도(Output List)

| 심 벌 | 간접변수 | 직접변수 | 내 용 |
|---|---|---|---|
| 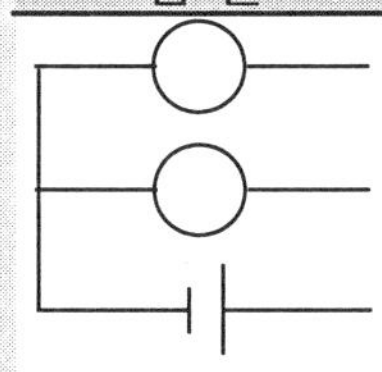 | 펌프_출력 | %QX0.2.0 | 펌프 출력(WSB-GPB07의 Pump 단자) |
| | 밸브_출력 | %QX0.2.1 | 배수용 밸브 출력(WSB-GPB07의 Valve 단자) |
| DC24V | COM | | %QX0.2.0 ~ %QX0.2.7까지의 출력 Common |

## E. 실습순서

1. 리드선을 사용하여 입력 결선도와 같이 결선하시오. 이때 그래픽 보드에 신호 출력 레벨이 GND(0V)를 출력되므로, PLC의 입력 Common 단자에 반드시 +24V를 인가해 주어야 한다.
2. 리드선을 사용하여 출력 결선도와 같이 결선하시오. 그래픽 보드에 입력 신호 레벨이 +24V이므로 PLC의 출력 Common 단자에 반드시 +24V를 인가해 주어야 한다.
3. PLC와 PC를 통신 케이블로 연결하시오.
4. PC를 켜고 XG5000을 실행하시오.
5. **프로그램 작성**

(1) 변수 리스트

자동 양수장치 운전1 보드의 프로그램에 사용된 변수목록은 다음과 같다.

| 번호 | 변수 명 | 변수 종류 | 데이터 타입 | 메모리 할당 |
|---|---|---|---|---|
| 1 | 만수검출_센서 | VAR | BOOL | %IX0.0.3 |
| 2 | 밸브_스위치 | VAR | BOOL | %IX0.0.1 |
| 3 | 밸브_출력 | VAR | BOOL | %QX0.2.1 |
| 4 | 시스템_운전 | VAR | BOOL | 〈자동〉 |
| 5 | 운전_스위치 | VAR | BOOL | %IX0.0.0 |
| 6 | 저수검출_센서 | VAR | BOOL | %IX0.0.4 |
| 7 | 정지_스위치 | VAR | BOOL | %IX0.0.2 |
| 8 | 펌프_출력 | VAR | BOOL | %QX0.2.0 |
| 9 | DMMY | VAR | BOOL | 〈자동〉 |

(2) 래더 다이어그램

위의 변수 리스트를 참고로 하여 다음의 래더 다이어그램을 보고 프로그램을 작성하시오.

[ Wsb-gpb07_xgi_cpue_kor.xgp ]

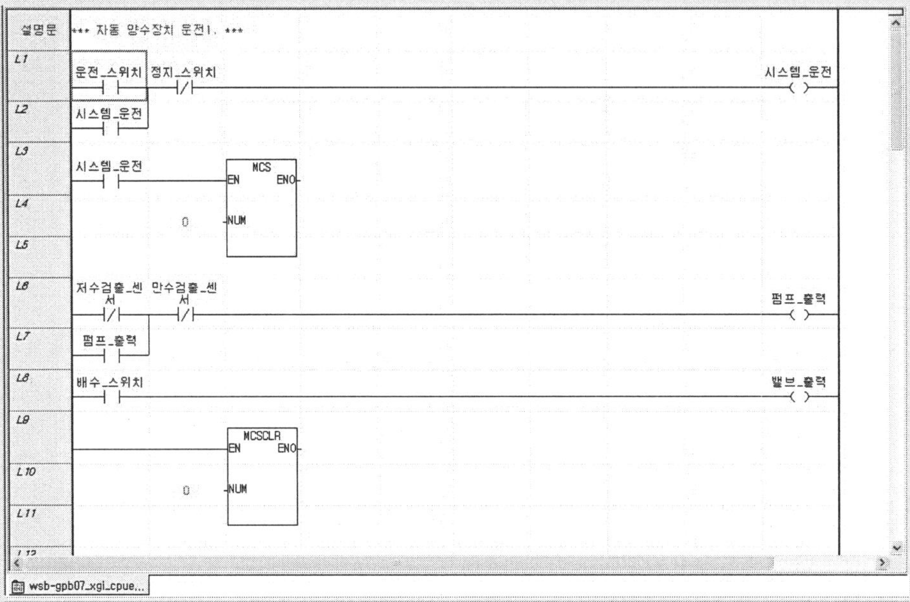


[실험 그림 7-2] 래더 다이어그램

## 6. 프로그램 전송

(1) 프로그램을 전송하기 전에 PC와 PLC의 통신케이블 연결 상태를 다시 한 번 확인한다.

(2) PLC에 전원을 인가하고 모드 변환키는 PAU/REM 상태로 한다.

(3) 메뉴의 [온라인]→[접속] 또는 도구모음의 [ ] 버튼을 누른다.

(4) 접속이 완료된 후 메뉴의 [온라인]→[쓰기]를 실행한 후 모든 체크박스에 체크한 후 [확인]을 누른다.

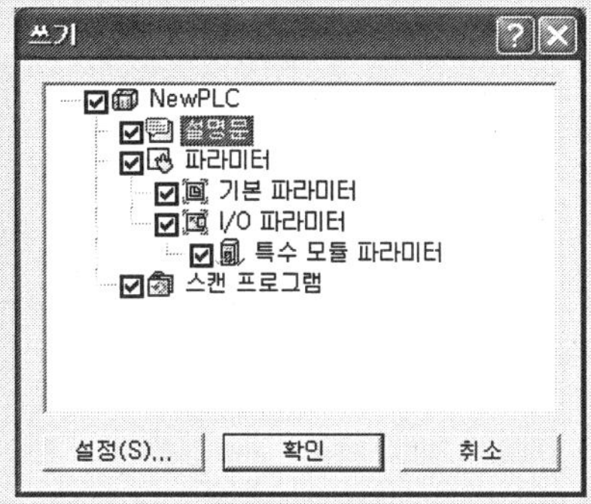


(5) 이때 실행파일이 PLC에 전송된다.

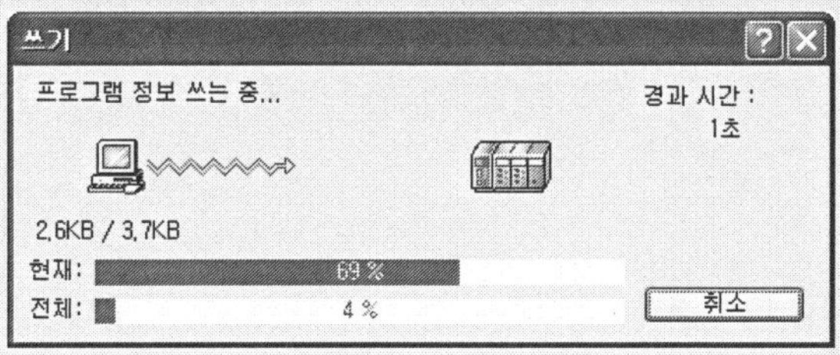


7. PLC 실험장치의 DC24V 전원 스위치를 On하시오.

8. 운전_스위치(%IX0.0.0)를 누르시오.
이때 펌프_출력(%QX0.2.0)이 On되어 펌프가 운전하고 수조의 레벨이 상승하는가?

9. 저수검출_센서(%IX0.0.4)가 On되고, 만수검출_센서(%IX0.0.3)가 On되면 펌프_출력(%QX0.2.0)이 Off되는가?

10. 밸브_스위치(%IX0.0.1)를 누르시오.
이때 밸브_출력(%QX0.2.1)이 On되어 Valve가 On되고 수조의 레벨이 하강하는가?

11. 배수가 진행되던 중 저수검출_센서(%IX0.0.4)가 Off되면 자동으로 밸브_출력(%QX0.2.1)은 Off되고, 펌프_출력(%QX0.2.0)이 On 되어 펌프가 운전하여 수조의 레벨이 상승하는가?

12. 정지_스위치(%IX0.0.2)를 누르시오.
이때 시스템이 정지하는가?

13. 재차 자동 양수장치 운전을 시험해 본다.

## F. 끝내기

1. 운전을 종료하기 위해서 먼저 도구모음의 스톱 [ ] 버튼을 눌러 CPU를 정지시키고 메뉴의 [온라인]→[접속 끊기]를 선택한다.
2. PLC 트레이너의 전원 스위치를 Off하고 결선을 해체하시오.

# 실험 08 자동 양수장치 운전2 실험

## A. 실험목적

1. 레벨센서와 4개의 펌프를 이용한 자동 양수장치 운전을 실험해 본다.

## B. 준비물

1. PLC 트레이너(WSB-6P Series)
2. PLC 제어 응용실습 장치(WSB-DMU)
3. 자동 양수장치 운전2용 그래픽 보드(WSB-GPB08)
4. PC
   - 펜티엄 이상의 CPU
   - 256MB 이상의 메모리, 최소 200M 이상의 하드 디스크 사용 영역
   - 1024×786 이상의 해상도를 지원하는 모니터
   - Windows2000/XP/VISTA/7 지원
5. XG5000 소프트웨어 툴

## C. 관계지식

아래의 [실험 그림 8-1]는 자동 양수장치 운전2용 그래픽 보드로서, PLC를 이용하여 레벨센서와 4개의 펌프를 이용한 자동 양수장치를 제어할 수 있도록 구성한 그래픽 보드이다.

PLC 제어 응용실습 장치에 자동 양수장치 운전2용 그래픽 보드(WSB-GPB08)를 조립하고, 좌측 하단의 디지털 스위치를 '8'로 설정하여 자동 양수장치 운전2 그래픽 보드를 선택하면, 그래픽 보드의 중앙 상부에 GPB08 표시등이 점등되어 운전보드와 장착된 보드가 일치하였음을 표시한다.

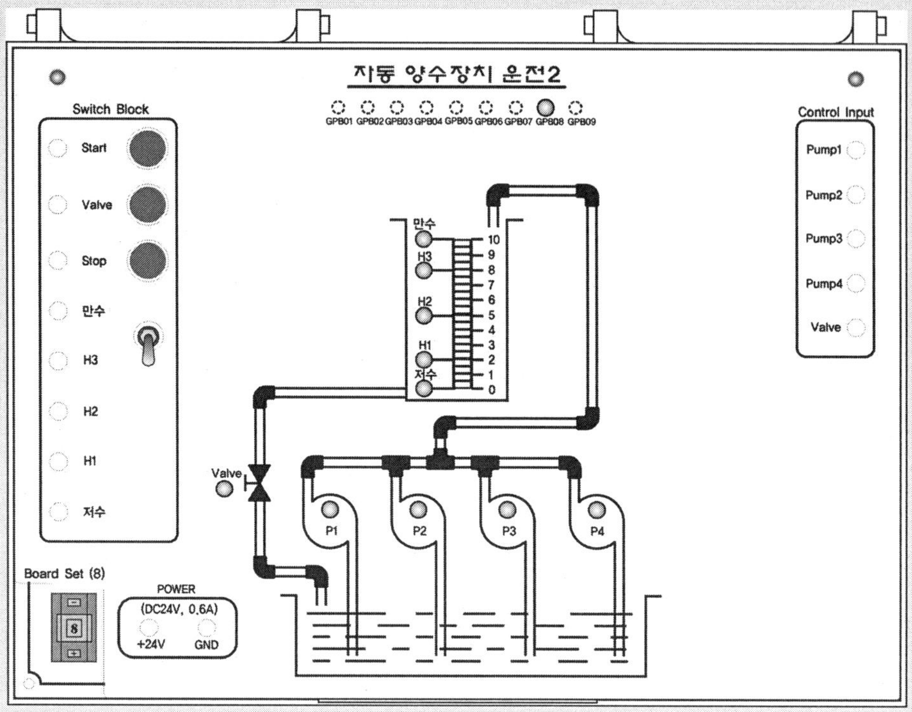


[실험 그림 8-1] 자동 양수장치 운전2용 그래픽 보드

## D. 입·출력 결선도(I/O List)

### 1. 입력 결선도(Input List)

| 심 벌 | 간접변수 | 직접변수 | 내 용 |
|---|---|---|---|
| | 운전_스위치 | %IX0.0.0 | 운전 스위치(WSB-GPB08의 Start 단자) |
| | 밸브_스위치 | %IX0.0.1 | 밸브 스위치(WSB-GPB08의 Valve 단자) |
| | 정지_스위치 | %IX0.0.2 | 정지 스위치(WSB-GPB08의 Stop 단자) |
| | 만수검출_센서 | %IX0.0.3 | 만수위 검출 센서 신호(WSB-GPB08의 만수 단자) |
| | H3_검출센서 | %IX0.0.4 | H3수위 검출 센서 신호(WSB-GPB08의 H3 단자) |
| | H2_검출센서 | %IX0.0.5 | H2수위 검출 센서 신호(WSB-GPB08의 H2 단자) |
| | H1_검출센서 | %IX0.0.6 | H1수위 검출 센서 신호(WSB-GPB08의 H1 단자) |
| | 저수검출_센서 | %IX0.0.7 | 저수위 검출 센서 신호(WSB-GPB08의 저수 단자) |
| DC24V | COM | | %IX0.0.0 ~ %IX0.0.7까지의 입력 Common |

2. **출력 결선도(Output List)**

| 심 벌 | 간접변수 | 직접변수 | 내 용 |
|---|---|---|---|
| | PUMP1_출력 | %QX0.2.0 | Pump1 출력(WSB-GPB08의 Pump1 단자) |
| | PUMP2_출력 | %QX0.2.1 | Pump2 출력(WSB-GPB08의 Pump2 단자) |
| | PUMP3_출력 | %QX0.2.2 | Pump3 출력(WSB-GPB08의 Pump3 단자) |
| | PUMP4_출력 | %QX0.2.3 | Pump4 출력(WSB-GPB08의 Pump4 단자) |
| | VALVE_출력 | %QX0.2.4 | Valve 출력(WSB-GPB08의 Valve 단자) |
| DC24V | COM | | %QX0.2.0 ~ %QX0.2.7까지의 출력 Common |

## E. 실습순서

1. 리드선을 사용하여 입력 결선도와 같이 결선하시오. 이때 그래픽 보드에 신호 출력 레벨이 GND(0V)를 출력되므로, PLC의 입력 Common 단자에 반드시 +24V를 인가해 주어야 한다.
2. 리드선을 사용하여 출력 결선도와 같이 결선하시오. 그래픽 보드에 입력 신호 레벨이 +24V이므로 PLC의 출력 Common 단자에 반드시 +24V를 인가해 주어야 한다.
3. PLC와 PC를 통신 케이블로 연결하시오.
4. PC를 켜고 XG5000을 실행하시오.
5. **프로그램 작성**

(1) 변수 리스트

자동 양수장치 운전2의 프로그램에 사용된 변수목록은 다음과 같다.

| 번호 | 변수 명 | 변수 종류 | 데이터 타입 | 메모리 할당 |
|---|---|---|---|---|
| 1 | 만수 | VAR | BOOL | 〈자동〉 |
| 2 | 만수검출_센서 | VAR | BOOL | %IX0.0.3 |
| 3 | 밸브_스위치 | VAR | BOOL | %IX0.0.1 |
| 4 | 시스템_운전 | VAR | BOOL | 〈자동〉 |
| 5 | 운전_스위치 | VAR | BOOL | %IX0.0.0 |
| 6 | 저수검출_센서 | VAR | BOOL | %IX0.0.7 |
| 7 | 정지_스위치 | VAR | BOOL | %IX0.0.2 |
| 8 | H1_검출센서 | VAR | BOOL | %IX0.0.6 |
| 9 | H2_검출센서 | VAR | BOOL | %IX0.0.5 |
| 10 | H3_검출센서 | VAR | BOOL | %IX0.0.4 |

| 번호 | 변수 명 | 변수 종류 | 데이터 타입 | 메모리 할당 |
|---|---|---|---|---|
| 11 | PUMP1_운전 | VAR | BOOL | 〈자동〉 |
| 12 | PUMP1_출력 | VAR | BOOL | %QX0.2.0 |
| 13 | PUMP2_운전 | VAR | BOOL | 〈자동〉 |
| 14 | PUMP2_출력 | VAR | BOOL | %QX0.2.1 |
| 15 | PUMP3_운전 | VAR | BOOL | 〈자동〉 |
| 16 | PUMP3_출력 | VAR | BOOL | %QX0.2.2 |
| 17 | PUMP4_운전 | VAR | BOOL | 〈자동〉 |
| 18 | PUMP4_출력 | VAR | BOOL | %QX0.2.3 |
| 19 | VALVE_출력 | VAR | BOOL | %QX0.2.4 |
| 20 | VALVE1 | VAR | BOOL | 〈자동〉 |
| 21 | VALVE2 | VAR | BOOL | 〈자동〉 |

(2) 래더 다이어그램

위의 변수 리스트를 참고로 하여 다음의 래더 다이어그램을 보고 프로그램을 작성하시오.

[ Wsb-gpb08_xgi_cpue_kor.xgp ]

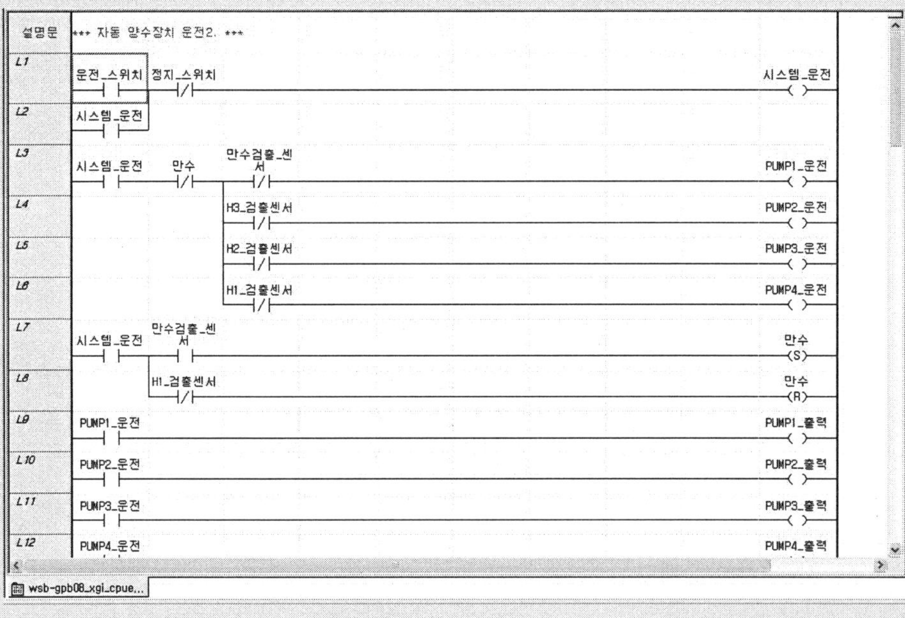


[실험 그림 8-2] 래더 다이어그램 1

[실험 그림 8-3] 래더 다이어그램 2

## 6. 프로그램 전송

(1) 프로그램을 전송하기 전에 PC와 PLC의 통신케이블 연결 상태를 다시 한 번 확인한다.

(2) PLC에 전원을 인가하고 모드 변환키는 PAU/REM 상태로 한다.

(3) 메뉴의 [온라인]→[접속] 또는 도구모음의 [ ] 버튼을 누른다.

(4) 접속이 완료된 후 메뉴의 [온라인]→[쓰기]를 실행한 후 모든 체크박스에 체크한 후 [확인]을 누른다.

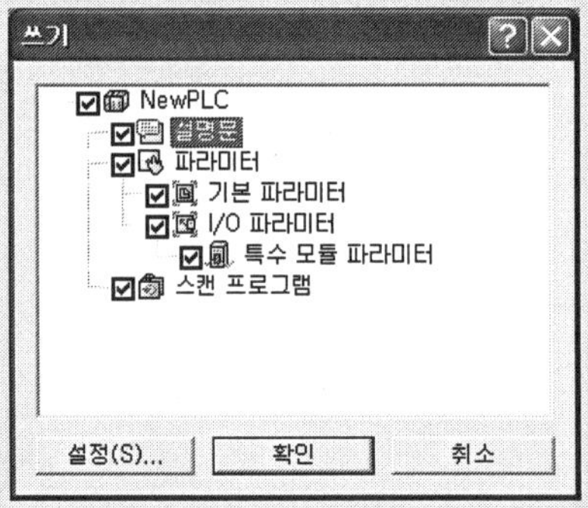


(5) 이때 실행파일이 PLC에 전송된다.

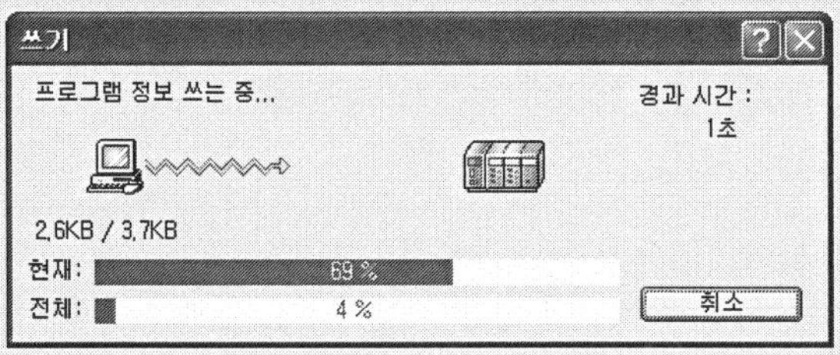


7. PLC 실험장치의 DC24V 전원 스위치를 On하시오.

8. 운전_스위치(%IX0.0.0)를 누르시오.
이때 Pump1_출력(%QX0.2.0), Pump2_출력(%QX0.2.1), Pump3_출력(%QX0.2.2), Pump4_출력(%QX0.2.3)이 동시에 On되는가?

9. 잠시 후 수조의 레벨이 올라감에 따라 Pump4_출력, Pump3_출력, Pump2_출력의 순서로 Off되는가?

10. 만수위_검출센서(%IX0.0.3)가 On되면 Pump1_출력(%QX0.2.2)마저 Off되는가?

11. 밸브_스위치(%IX0.0.1)를 누르시오.
이때 Valve_출력(%QX0.2.4)이 On되고, 수조의 레벨이 내려가는가?

12. 수조의 수위가 내려가 H1_검출센서(%IX0.0.6)가 Off되면 Valve_출력(%QX0.2.4)은 Off 되고 Pump1_출력(%QX0.2.0), Pump2_출력(%QX0.2.1), Pump3_출력(%QX0.2.2)이 On 되어 수조의 레벨이 다시 올라가는가?

13. 재차 자동 양수장치 운전을 시험해 본다.

## F. 끝내기

1. 운전을 종료하기 위해서 먼저 도구모음의 스톱 [ ] 버튼을 눌러 CPU를 정지시키고 메뉴의 [온라인]→[접속 끊기]를 선택한다.
2. PLC 트레이너의 전원 스위치를 Off하고 결선을 해체하시오.

## G. 사후질문

위 실험에서와 같이 Pump를 다단계로 제어하는 이유에 대해 설명하시오.

# 실험 09 1축 위치제어 운전 실험

## A. 실험목적

1. DC Motor를 이용한 1축 위치제어 운전을 실험해 본다.

## B. 준비물

1. PLC 트레이너(WSB-6P Series)
2. PLC 제어 응용실습 장치(WSB-DMU)
3. 1축 위치제어 운전용 그래픽 보드(WSB-GPB09)
4. PC
   - 펜티엄 이상의 CPU
   - 256MB 이상의 메모리, 최소 200M 이상의 하드 디스크 사용 영역
   - 1024×786 이상의 해상도를 지원하는 모니터
   - Windows2000/XP/VISTA/7 지원
5. XG5000 소프트웨어 툴

## C. 관계지식

아래의 [실험 그림 9-1]은 1축 위치제어 운전용 그래픽 보드로서, PLC를 이용하여 1축기구의 위치를 제어할 수 있도록 구성한 그래픽 보드이다.

PLC 제어 응용실습 장치에 1축 위치제어 운전용 그래픽 보드(WSB-GPB09)를 조립하고, 좌측 하단의 디지털 스위치를 '9'로 설정하여 1축 위치제어 운전 그래픽 보드를 선택하면, 그래픽 보드의 중앙 상부에 GPB09 표시등이 점등되어 운전보드와 장착된 보드가 일치하였음을 표시한다.

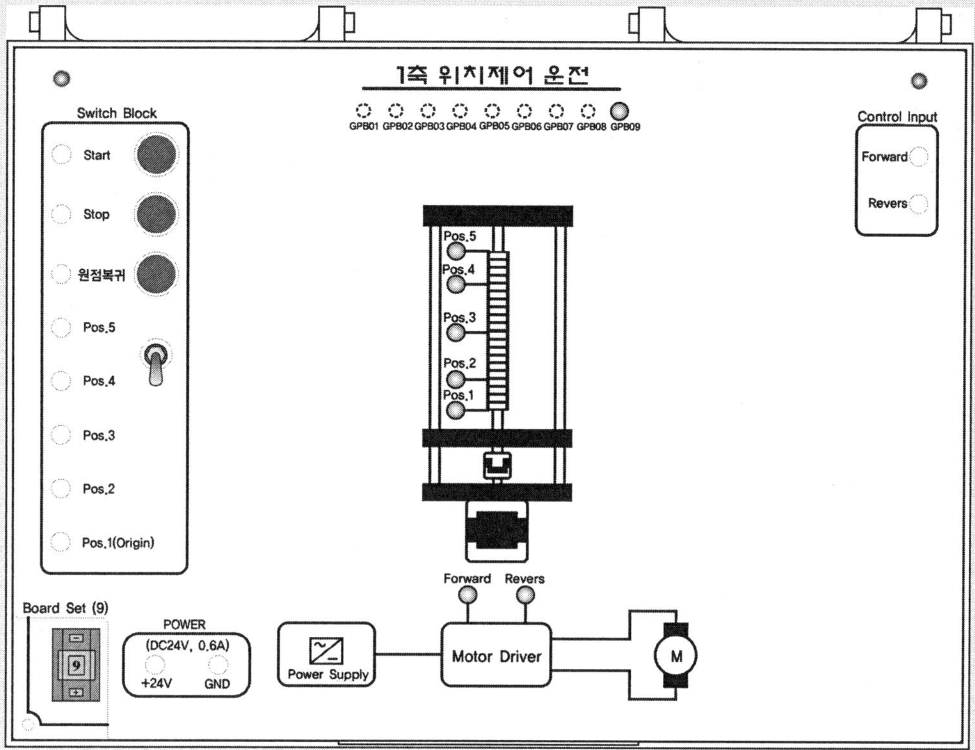


[실험 그림 9-1] 1축 위치제어 운전용 그래픽 보드

## D. 입·출력 결선도(I/O List)

### 1. 입력 결선도(Input List)

| 심 벌 | 간접변수 | 직접변수 | 내 용 |
|---|---|---|---|
| | 운전_스위치 | %IX0.0.0 | 운전 스위치(WSB-GPB09의 Start 단자) |
| | 정지_스위치 | %IX0.0.1 | 정지 스위치(WSB-GPB09의 Stop 단자) |
| | 원점복귀_스위치 | %IX0.0.2 | 원점복귀 스위치(WSB-GPB09의 원점복귀 단자) |
| | Pos5_센서 | %IX0.0.3 | Position5 검출 센서(WSB-GPB09의 Pos.5 단자) |
| | Pos4_센서 | %IX0.0.4 | Position4 검출 센서(WSB-GPB09의 Pos.4 단자) |
| | Pos3_센서 | %IX0.0.5 | Position3 검출 센서(WSB-GPB09의 Pos.3 단자) |
| | Pos2_센서 | %IX0.0.6 | Position2 검출 센서(WSB-GPB09의 Pos.2 단자) |
| | Pos1_센서 | %IX0.0.7 | Position1 검출 센서(WSB-GPB09의 Pos.1 단자) |
| | 위치1_스위치 | %IX0.0.8 | Position1 지령 스위치(PLC Trainer의 Switch Block) |
| | 위치2_스위치 | %IX0.0.9 | Position2 지령 스위치(PLC Trainer의 Switch Block) |
| | 위치3_스위치 | %IX0.0.10 | Position3 지령 스위치(PLC Trainer의 Switch Block) |
| | 위치4_스위치 | %IX0.0.11 | Position4 지령 스위치(PLC Trainer의 Switch Block) |
| | 위치5_스위치 | %IX0.0.12 | Position5 지령 스위치(PLC Trainer의 Switch Block) |
| DC24V | COM | | %IX0.0.0 ~ %IX0.0.15까지의 입력 Common |

### 2. 출력 결선도(Output List)

| 심 벌 | 간접변수 | 직접변수 | 내 용 |
|---|---|---|---|
| | 전진_출력 | %QX0.2.0 | 전진 출력(WSB-GPB09의 Forward 단자) |
| | 후진_출력 | %QX0.2.1 | 후진 출력(WSB-GPB09의 Revers 단자) |
| DC24V | COM | | %QX0.2.0 ~ %QX0.2.7까지의 출력 Common |

## E. 실습순서

1. 리드선을 사용하여 입력 결선도와 같이 결선하시오. 이때 그래픽 보드에 신호 출력 레벨이 GND(0V)를 출력되므로, PLC의 입력 Common 단자에 반드시 +24V를 인가해 주어야 한다.
2. 리드선을 사용하여 출력 결선도와 같이 결선하시오. 그래픽 보드에 입력 신호 레벨이 +24V이므로 PLC의 출력 Common 단자에 반드시 +24V를 인가해 주어야 한다.

3. PLC와 PC를 통신 케이블로 연결하시오.

4. PC를 켜고 XG5000을 실행하시오.

5. **프로그램 작성**

(1) 변수 리스트

1축 위치제어 운전 프로그램에 사용된 변수목록은 다음과 같다.

| 번호 | 변수 명 | 변수 종류 | 데이터 타입 | 메모리 할당 |
|---|---|---|---|---|
| 1 | 설정완료 | VAR | BOOL | 〈자동〉 |
| 2 | 설정위치 | VAR | INT | 〈자동〉 |
| 3 | 시스템_운전 | VAR | BOOL | 〈자동〉 |
| 4 | 운전_스위치 | VAR | BOOL | %IX0.0.0 |
| 5 | 운전중 | VAR | BOOL | 〈자동〉 |
| 6 | 원점복귀 | VAR | BOOL | 〈자동〉 |
| 7 | 원점복귀_스위치 | VAR | BOOL | %IX0.0.2 |
| 8 | 위치1_스위치 | VAR | BOOL | %IX0.0.8 |
| 9 | 위치2_스위치 | VAR | BOOL | %IX0.0.9 |
| 10 | 위치3_스위치 | VAR | BOOL | %IX0.0.10 |
| 11 | 위치4_스위치 | VAR | BOOL | %IX0.0.11 |
| 12 | 위치5_스위치 | VAR | BOOL | %IX0.0.12 |
| 13 | 전진 | VAR | BOOL | 〈자동〉 |
| 14 | 전진_출력 | VAR | BOOL | %QX0.2.0 |
| 15 | 정지 | VAR | BOOL | 〈자동〉 |
| 16 | 정지_스위치 | VAR | BOOL | %IX0.0.1 |
| 17 | 현재위치 | VAR | INT | 〈자동〉 |
| 18 | 후진 | VAR | BOOL | 〈자동〉 |
| 19 | 후진_출력 | VAR | BOOL | %QX0.2.1 |
| 20 | DMMY | VAR | BOOL | 〈자동〉 |
| 21 | POS1_센서 | VAR | BOOL | %IX0.0.7 |
| 22 | POS2_센서 | VAR | BOOL | %IX0.0.6 |
| 23 | POS3_센서 | VAR | BOOL | %IX0.0.5 |
| 24 | POS4_센서 | VAR | BOOL | %IX0.0.4 |
| 25 | POS5_센서 | VAR | BOOL | %IX0.0.3 |

(2) 래더 다이어그램

위의 변수 리스트를 참고로 하여 다음의 래더 다이어그램을 보고 프로그램을 작성하시오.

[ Wsb-gpb09_xgi_cpue_kor.xgp ]

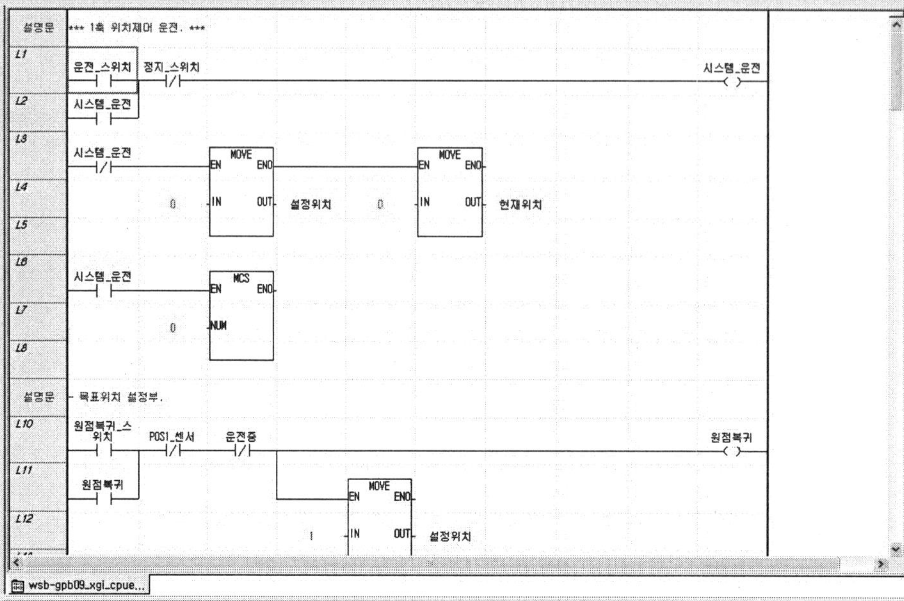


[실험 그림 9-2] 래더 다이어그램 1

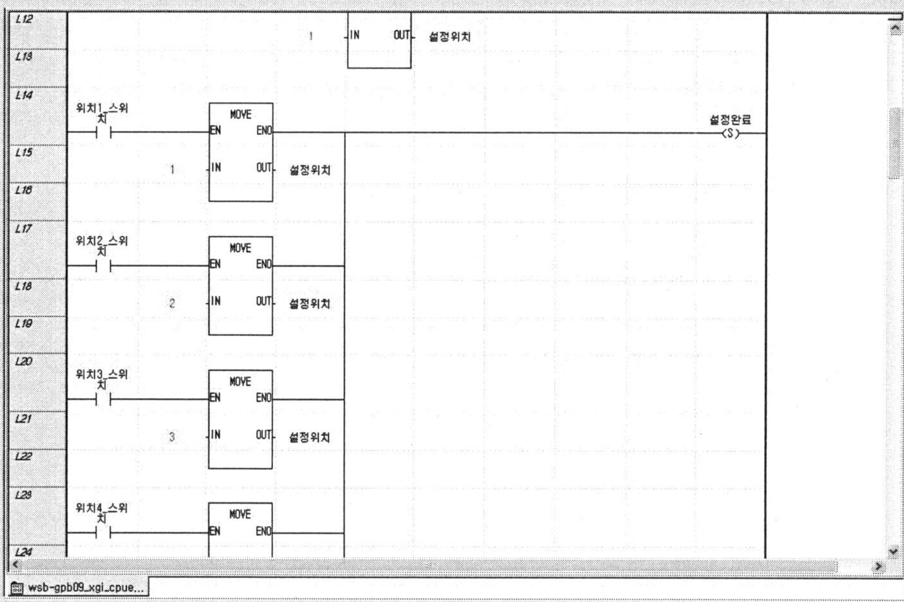


[실험 그림 9-3] 래더 다이어그램 2

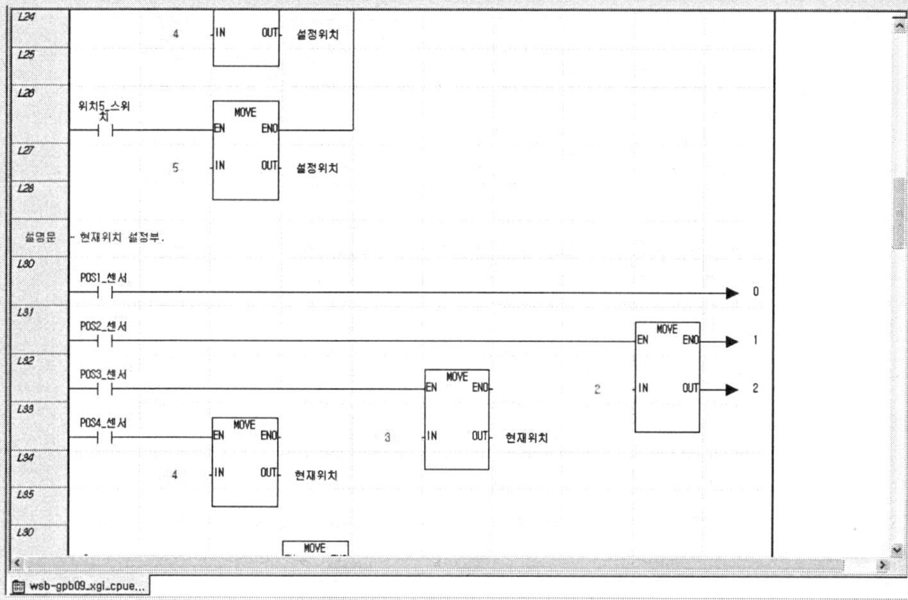


[실험 그림 9-4] 래더 다이어그램 3

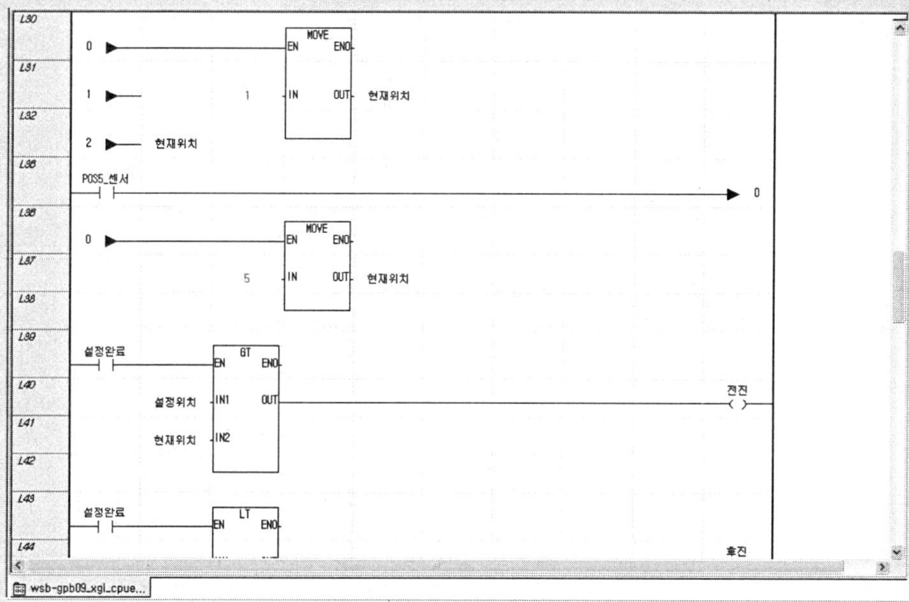


[실험 그림 9-5] 래더 다이어그램 4

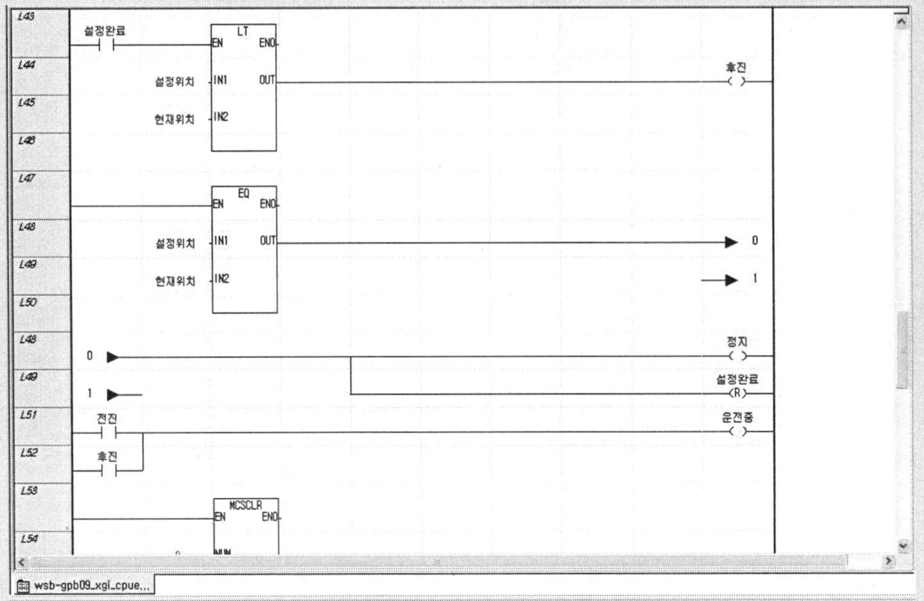


[실험 그림 9-6] 래더 다이어그램 5

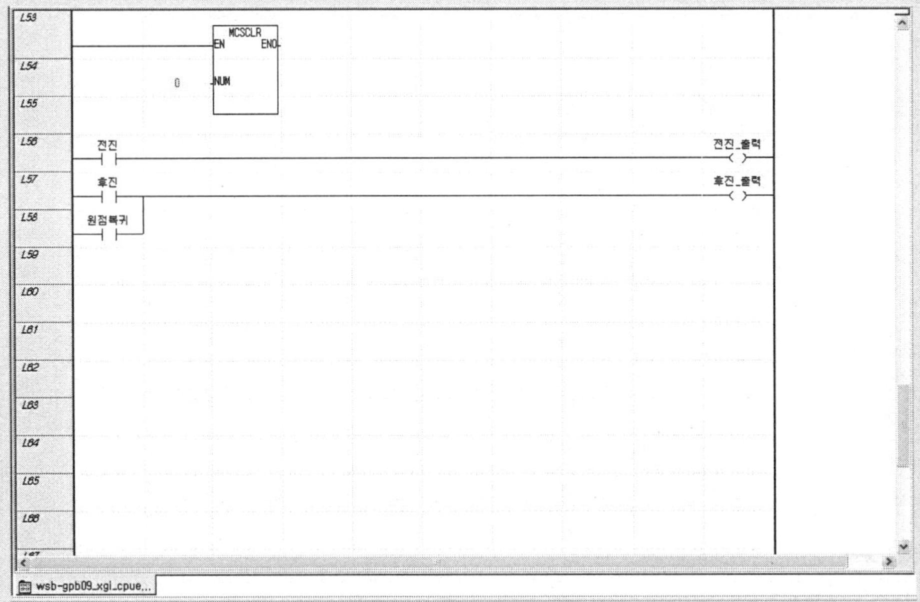


[실험 그림 9-7] 래더 다이어그램 6

## 6. 프로그램 전송

(1) 프로그램을 전송하기 전에 PC와 PLC의 통신케이블 연결 상태를 다시 한 번 확인한다.

(2) PLC에 전원을 인가하고 모드 변환키는 PAU/REM 상태로 한다.

(3) 메뉴의 [온라인]→[접속] 또는 도구모음의 [ ] 버튼을 누른다.

(4) 접속이 완료된 후 메뉴의 [온라인]→[쓰기]를 실행한 후 모든 체크박스에 체크한 후 [확인]을 누른다.

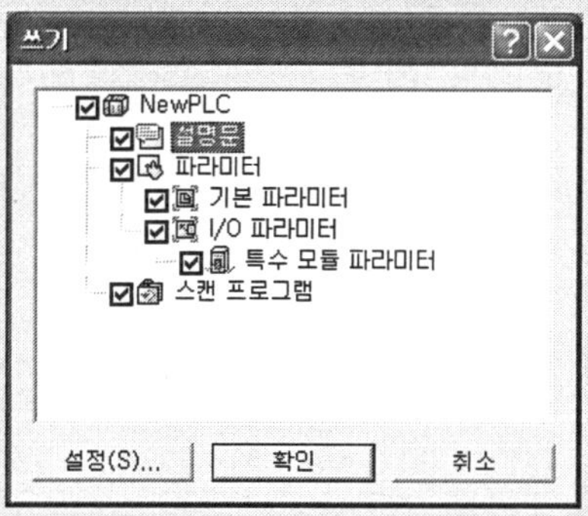


(5) 이때 실행파일이 PLC에 전송된다.

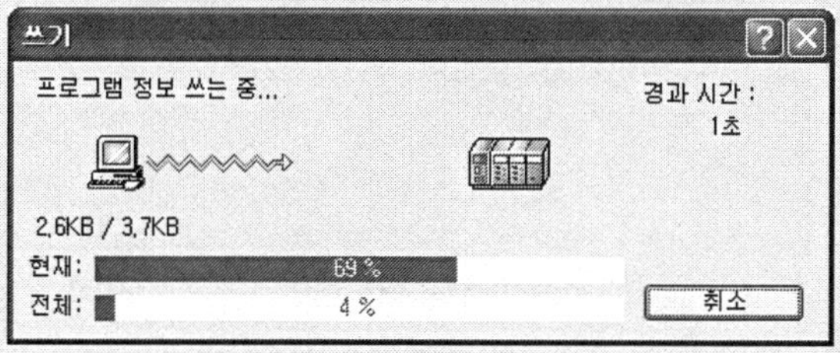

7. PLC 실험장치의 DC24V 전원 스위치를 On하시오.

8. 운전_스위치(%IX0.0.0)를 누르시오.

9. 위치2_스위치(%IX0.0.9)를 누르시오.
이때 기구가 전진하여 Pos2_센서(%IX0.0.6)가 On되면 정지하는가?

10. 위치3_스위치(%IX0.0.10)를 누르시오.
이때 기구가 전진하여 Pos3_센서(%IX0.0.5)가 On되면 정지하는가?

11. 위치4_스위치(%IX0.0.11)를 누르시오.
이때 기구가 전진하여 Pos4_센서(%IX0.0.4)가 On되면 정지하는가?

12. 위치5_스위치(%IX0.0.12)를 누르시오.
이때 기구가 전진하여 Pos5_센서(%IX0.0.3)가 On되면 정지하는가?

13. 위치3_스위치(%IX0.0.10)를 누르시오.
이때 기구가 후진하여 Pos3_센서(%IX0.0.5)가 On되면 정지하는가?

14. 위치2_스위치(%IX0.0.9)를 누르시오.
이때 기구가 후진하여 Pos2_센서(%IX0.0.6)가 On되면 정지하는가?

15. 원점복귀_스위치(%IX0.0.2)를 누르시오.
이때 기구가 초기위치로 이동하는가?

16. 재차 1축 위치제어 운전을 시험해 본다.

### F. 끝내기

1. 운전을 종료하기 위해서 먼저 도구모음의 스톱 [ ] 버튼을 눌러 CPU를 정지시키고 메뉴의 [온라인]→[접속 끊기]를 선택한다.
2. PLC 트레이너의 전원 스위치를 Off하고 결선을 해체하시오.

# 부 록

# 부록 A 표준 펑션/펑션 블록 라이브러리

## 1. 표준 펑션 및 펑션 블록

표준 펑션에는 전송 펑션, 변환 펑션, 비교 펑션, 산술연산 펑션, 논리연산 펑션, 비트 시프트 펑션, 선택 펑션, 문자열 펑션, 날짜 시각 펑션, 시스템 제어 펑션 등이 있고 표준 펑션 블록에는 카운터, 타이머, 에지검출, 바이스터블 펑션 블록 등이 있다.

### 1) 시퀀스 연산자

| 구분 | 명령어 | 기호 | 기능 설명 | 비고 |
|---|---|---|---|---|
| 시퀀스 연산자 | A접점 | —\| \|— | A접점 연산 | |
| | B접점 | —\|/\|— | B접점 연산 | |
| | 양변환 검출 접점 | —\|P\|— | 상승 에지에서 1Scan On 접점 | |
| | 음변환 검출 접점 | —\|N\|— | 하강 에지에서 1Scan On 접점 | |
| | 출력 코일 | —( )— | 연산 결과 출력 | |
| | 반전 코일 | —(/)— | 연산 결과 반전 출력 | |
| | 출력 Set | —(S)— | 연산 결과 세트 출력 | |
| | 출력 Reset | —(R)— | 연산 결과 리셋 출력 | |
| | 양변환 검출 코일 | —(P)— | 연결선 연결될 때 1Scan On 출력 | |
| | 음변환 검출 코일 | —(N)— | 연결선 끊어질 때 1Scan On 출력 | |
| | 점프 | —>> | 레이블 위치로 점프 | |
| | 프로그램 종료 | —<RETURN> | 현재 프로그램 종료 | |

### 2) 펑션

| 구분 | 명령어 | 기호 | 기능 설명 | 비고 |
|---|---|---|---|---|
| 전송 펑션 | MOVE | 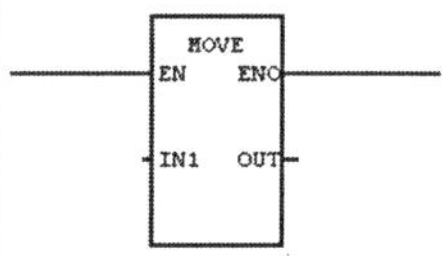 | 데이터 전송(복사)<br>IN1 : MOVE할 값(ANY)<br>OUT : MOVE된 값(ANY) | IN, OUT 변수는 같은 Data Type 이어야 함. |

| 구분 | 명령어 | 기호 | 기능 설명 | 비고 |
|---|---|---|---|---|
| 변환 펑션 | ****_TO_**** | 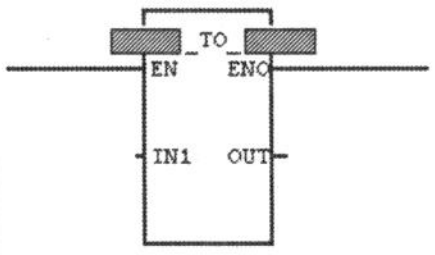 | 데이터 형식 변환 펑션<br>IN1 : 전송원<br>OUT : 전송선<br>변환 명령 펑션의 종류<br>SINT_TO_INT 외 14종<br>INT_TO_SINT 외 14종<br>DINT_TO_SINT 외 14종<br>LINT_TO_SINT 외 14종<br>USINT_TO_SINT 외 14종<br>UINT_TO_SINT 외 14종<br>UDINT_TO_SINT 외 14종<br>ULINT_TO_SINT 외 14종<br>BYTE_TO_SINT 외 14종<br>WORD_TO_SINT 외 14종<br>DWORD_TO_SINT 외 14종<br>LWORD_TO_SINT 외 14종<br>BCD_TO_SINT 외 7종<br>REAL_TO_SINT 외 7종<br>LREAL_TO_SINT 외 7종<br>STRING_TO_SINT 외 18종<br>NUM_TO_STRING<br>TIME_TO_UDINT 외 2종<br>DATE_TO_UINT 외 2종<br>TOD_TO_UDINT 외 2종<br>DT_TO_DATE 외 2종 | LINT<br>ULINT<br>LWORD<br>REAL<br>LREAL<br>관련 펑션은<br>GM1과<br>GM2만 가능 |
| | TRUNC | 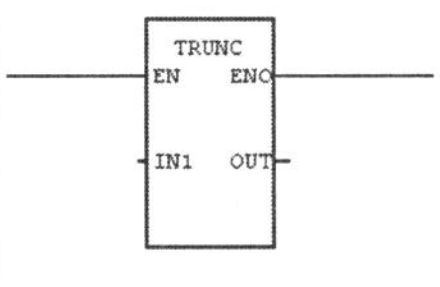 | 소수점 이하 값을 버리고<br>정수로 변환(실수 〉 정수)<br>IN1 : 변환될 Real값<br>(ANY_REAL)<br>OUT : 정수로 변환된 값<br>(ANY_INT) | GM1, GM2<br>전용 |
| 수치 연산 펑션 | ADD | 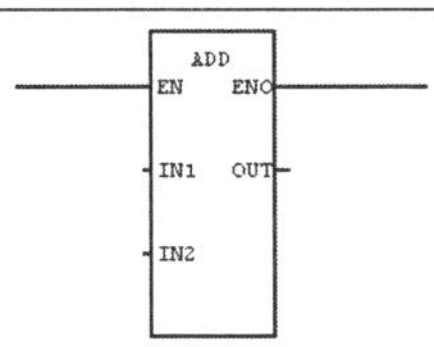 | 덧셈<br>IN1 ~ IN8 : 더할 값<br>(ANY_NUM)<br>OUT : 더한 결괏값<br>(ANY_NUM) | IN, OUT<br>변수는 같은<br>Data Type<br>이어야 함. |
| | SUB | 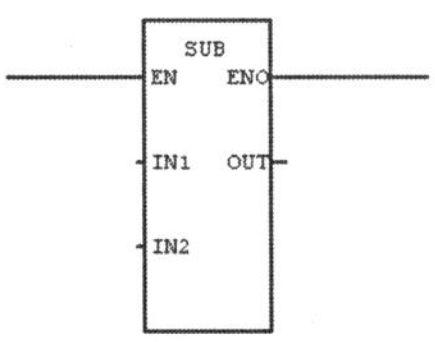 | 뺄셈<br>IN1 : 뺄 값(ANY_NUM)<br>IN2 : 뺄 값(ANY_NUM)<br>OUT : 뺀 결괏값<br>(ANY_NUM) | IN, OUT<br>변수는 같은<br>Data Type<br>이어야 함. |

| 구분 | 명령어 | 기호 | 기능 설명 | 비고 |
|---|---|---|---|---|
| 수치 연산 펑션 | MUL | 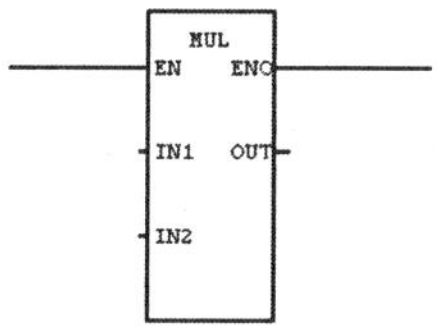 | 곱셈<br>IN1 ~ IN8 : 곱할 값<br>(ANY_NUM)<br>OUT : 곱한 결괏값<br>(ANY_NUM) | IN, OUT<br>변수는 같은<br>Data Type<br>이어야 함. |
| | DIV | 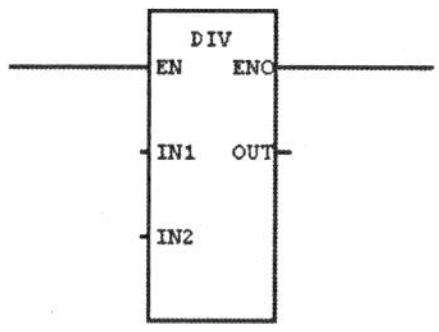 | 나눗셈(몫 구하기)<br>IN1 : 나누어질 값<br>(ANY_NUM)<br>IN2 : 나눌 값(ANY_NUM)<br>OUT : 몫(ANY_NUM)<br>단, 몫의 소수점 이하 버림. | IN, OUT<br>변수는 같은<br>Data Type<br>이어야 함. |
| | MOD | 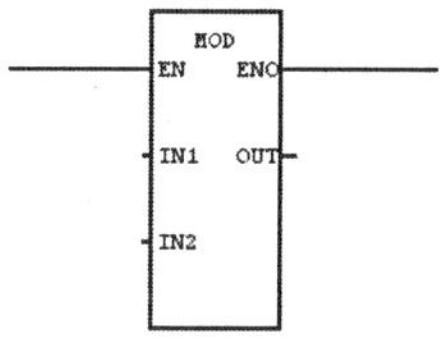 | 나눗셈(나머지 구하기)<br>IN1 : 나누어질 값<br>(ANY_INT)<br>IN2 : 나눌 값(ANY_INT)<br>OUT : 나머지 값(ANY_INT) | IN, OUT<br>변수는 같은<br>Data Type<br>이어야 함. |
| | EXPT | 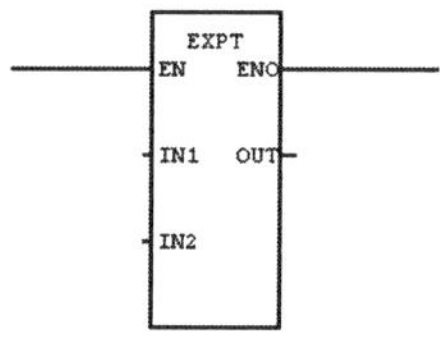 | 지수 연산<br>IN1 : 진수(ANY_REAL)<br>IN2 : 지수(ANY_NUM)<br>OUT : 결괏값(ANY_ REAL)<br>GM1, GM2 전용 | IN1, OUT<br>변수는 같은<br>Data Type<br>이어야 함. |
| | ABS | 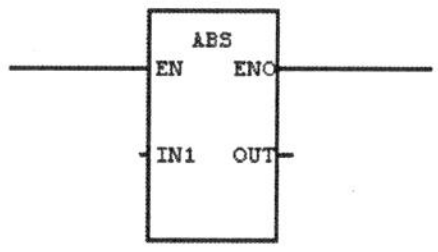 | 절댓값 연산<br>IN1 : 절댓값 연산 입력값<br>(ANY_NUM)<br>OUT : 절댓값(ANY_NUM) | IN, OUT은<br>모두 같은<br>Data Type<br>이어야 함. |
| | SQRT | 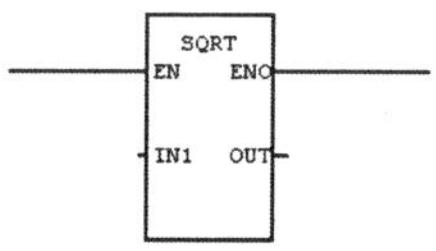 | 제곱근 연산<br>IN1 : 제곱근 연산 입력값<br>(ANY_ REAL)<br>OUT : 제곱근값<br>(ANY_ REAL) | GM1, GM2<br>전용 |
| | LN | 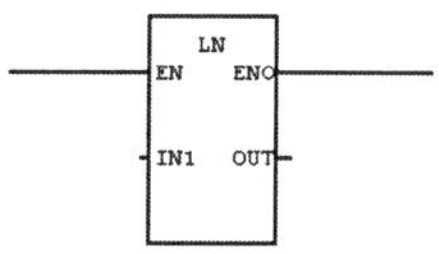 | 자연대수 연산<br>IN1 : 연산원(ANY_ REAL)<br>OUT : 자연대수값<br>(ANY_ REAL) | GM1, GM2<br>전용 |
| | LOG | 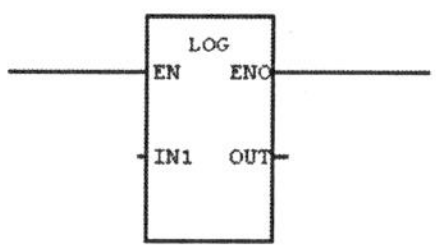 | 상용대수 연산<br>IN1 : 연산원(ANY_ REAL)<br>OUT : 상용대수 연산값<br>(ANY_ REAL) | GM1, GM2<br>전용 |

| 구분 | 명령어 | 기호 | 기능 설명 | 비고 |
|---|---|---|---|---|
| 수치 연산 펑션 | EXP | 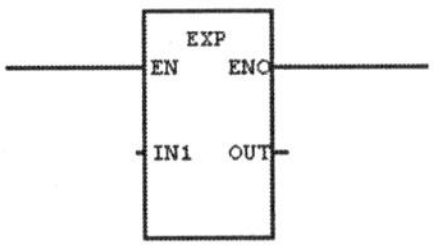 | 자연지수 연산<br>IN1 : 연산원(ANY_ REAL)<br>OUT : 지수 연산 결괏값<br>(ANY_ REAL) | GM1, GM2 전용 |
| 삼각 펑션 | SIN | 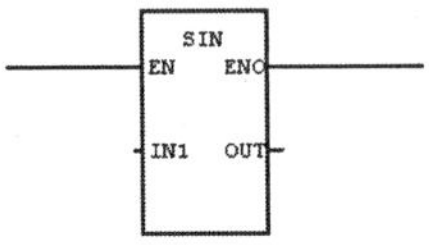 | Sine 연산<br>IN1 : 연산원(ANY_ REAL)<br>OUT : 결괏값(ANY_ REAL) | GM1, GM2 전용 |
| | COS | 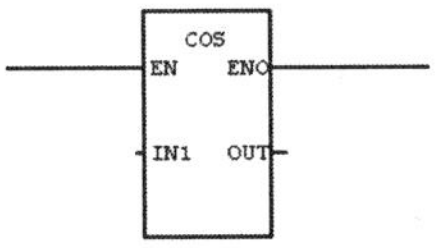 | Cosine 연산<br>IN1 : 연산원(ANY_ REAL)<br>OUT : 결괏값(ANY_ REAL) | GM1, GM2 전용 |
| | TAN | 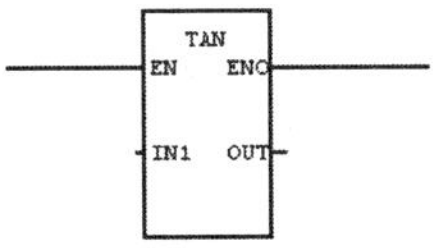 | Tangent 연산<br>IN1 : 연산원(ANY_ REAL)<br>OUT : 결괏값(ANY_ REAL) | GM1, GM2 전용 |
| | ASIN | 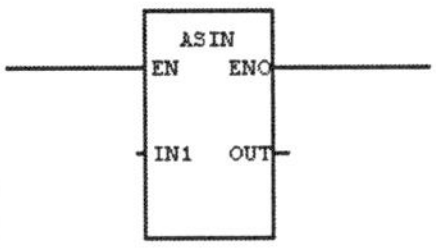 | Arc Sine 연산<br>IN1 : 연산원(ANY_ REAL)<br>OUT : 결괏값(ANY_ REAL) | GM1, GM2 전용 |
| | ACOS | 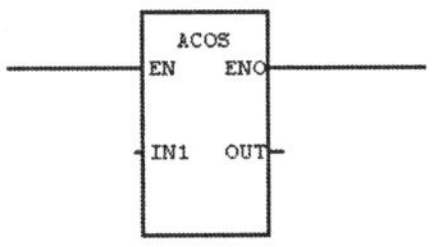 | Arc Cosine 연산<br>IN1 : 연산원(ANY_ REAL)<br>OUT : 결괏값(ANY_ REAL) | GM1, GM2 전용 |
| | ATAN | 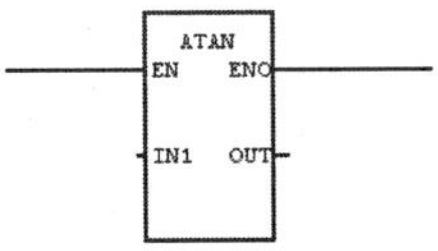 | Arc Tangent 연산<br>IN1 : 연산원(ANY_ REAL)<br>OUT : 결괏값(ANY_ REAL) | GM1, GM2 전용 |
| 이동 펑션 | SHL | 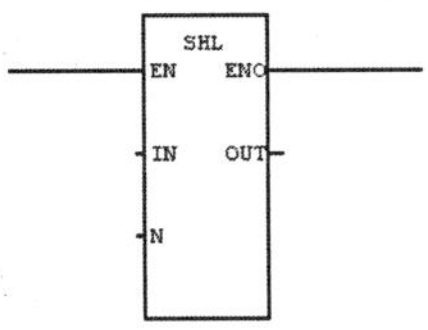 | 비트열 왼쪽으로 이동<br>IN : 이동될 비트열<br>(ANY_BIT)<br>N : 이동할 비트수(INT)<br>OUT : 이동된 값(ANY_BIT) | |
| | SHR | 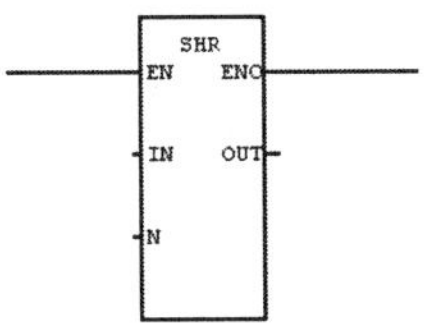 | 비트열 오른쪽으로 이동<br>IN : 이동될 비트열<br>(ANY_BIT)<br>N : 이동할 비트수(INT)<br>OUT : 이동된 값(ANY_BIT) | |

| 구분 | 명령어 | 기호 | 기능 설명 | 비고 |
|---|---|---|---|---|
| 회전 명령 | ROL | 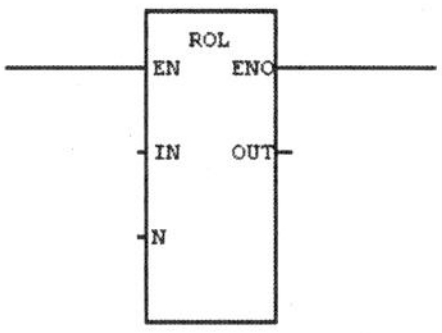  | 비트열 왼쪽으로 회전<br>IN : 회전될 값(ANY_BIT)<br>N : 회전할 비트수(INT)<br>OUT : 회전된 값(ANY_BIT) | |
| | ROR | 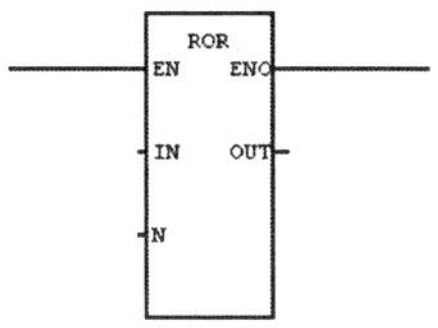  | 비트열 오른쪽으로 회전<br>IN : 회전될 값(ANY_BIT)<br>N : 회전할 비트수(INT)<br>OUT : 회전된 값(ANY_BIT) | |
| 논리 연산 | AND | 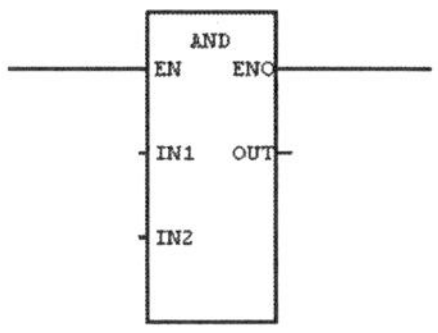  | 논리곱<br>IN1 ~ IN8 : AND될 값 (ANY_BIT)<br>OUT : AND된 값(ANY_BIT) | IN, OUT은 모두 같은 Data Type 이어야 함. |
| | OR | 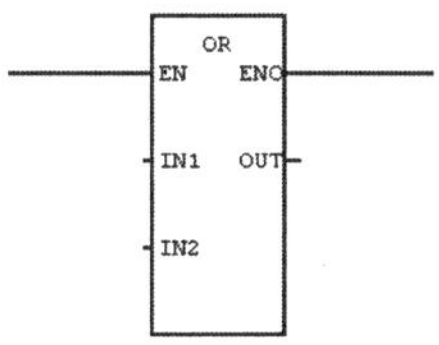  | 논리합<br>IN1 ~ IN8 : OR될 값 (ANY_BIT)<br>OUT : OR된 값(ANY_BIT) | IN, OUT은 모두 같은 Data Type 이어야 함. |
| | XOR | 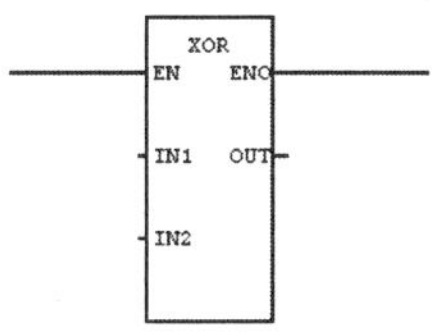  | 배타적 논리합(Exclusive OR)<br>IN1 ~ IN8 : XOR될 값 (ANY_BIT)<br>OUT : XOR된 값(ANY_BIT) | IN, OUT은 모두 같은 Data Type 이어야 함. |
| | NOT | 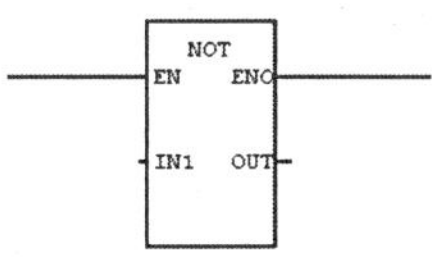  | 논리 반전<br>IN1, IN2 : NOT될 값 (ANY_BIT)<br>OUT : NOT된 값(ANY_BIT) | IN, OUT은 모두 같은 Data Type 이어야 함. |
| 선택 펑션 | SEL | 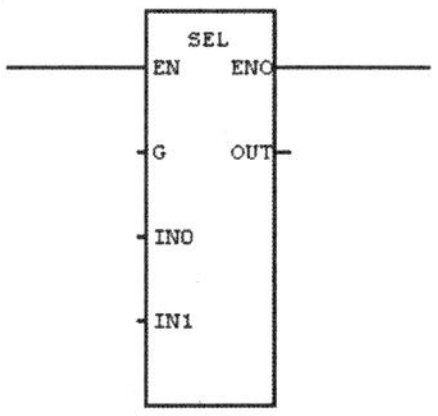  | 2중 선택<br>G : 출력 선택(BOOL) 〉 0 또는 1<br>IN0 : G가 0일 경우 선택될 값(Any)<br>IN1 : G가 1일 경우 선택될 값 (Any)<br>OUT : 선택된 값(Any) | IN, OUT은 모두 같은 Data Type 이어야 함. |

| 구분 | 명령어 | 기호 | 기능 설명 | 비고 |
|---|---|---|---|---|
| 선택 펑션 | MAX | 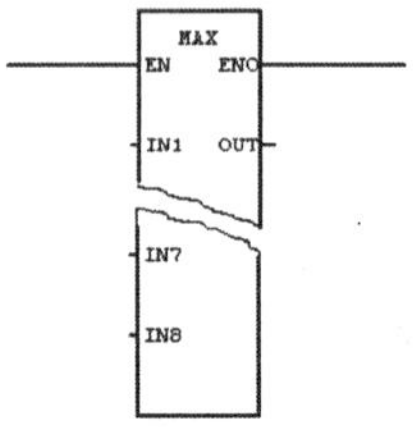 | 최댓값 구하기<br>IN1 ~ IN8 : 비교될 값 (ANY_NUM)<br>OUT : 입력값 중 최댓값 (ANY_NUM) | IN, OUT은 모두 같은 Data Type 이어야 함. |
| | MIN | 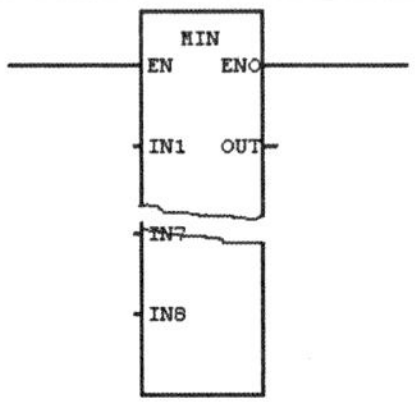 | 최솟값 구하기<br>IN1 ~ IN8 : 비교될 값 (ANY_NUM)<br>OUT : 입력값 중 최솟값 (ANY_NUM) | IN, OUT은 모두 같은 Data Type 이어야 함. |
| | LIMIT | 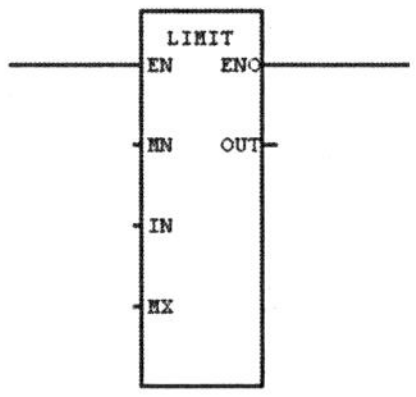 | 상하한 제한값<br>MN : 최솟값(ANY_NUM)<br>IN : 제한될 값(ANY_NUM)<br>MX : 최댓값(ANY_NUM)<br>OUT : 범위 안에 든 값 (ANY_NUM) | MIN, IN, MX, OUT은 모두 같은 Data Type 이어야 함. |
| | MUX | 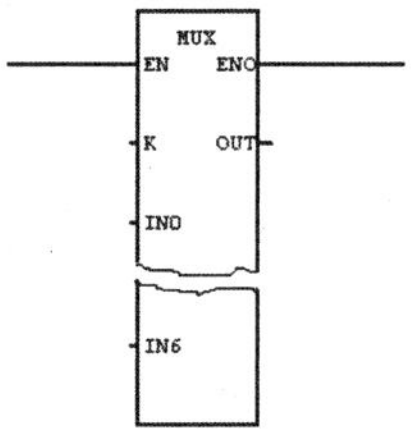 | 여러 개 중 선택 (입력 최대 7개)<br>K : 선택 입력 번호(INT)<br>IN0 : 전송원 0번(Any)<br>IN1 : 전송원 1번(Any)<br>IN2 : 전송원 2번(Any)<br>IN3 : 전송원 3번(Any)<br>IN4 : 전송원 4번(Any)<br>IN5 : 전송원 5번(Any)<br>IN6 : 전송원 6번(Any)<br>OUT : 선택된 값(Any) | IN0, IN1, … OUT은 모두 같은 Data Type 이어야 함. |
| 비교 펑션 | GT(>) | 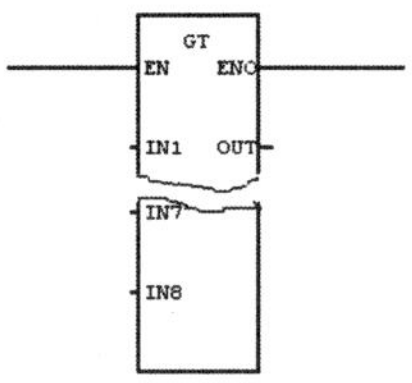 | ‘크다.’ 비교<br>IN1 ~ IN8 : 비교 데이터(Any)<br>OUT : 비교 결괏값(BOOL)<br>IN1 > IN2 > … > IN7 > IN8의 조건 성립 시 OUT 출력 On | IN1, IN2, …는 모두 같은 Data Type 이어야 함. |
| | GE(≥) | 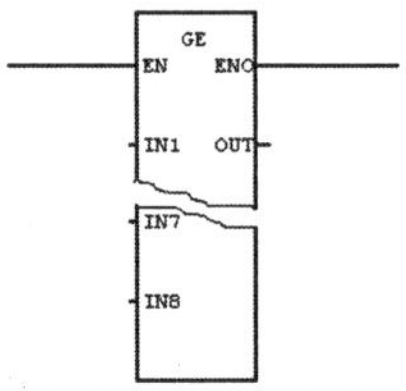 | ‘크거나 같다.’ 비교<br>IN1 ~ IN8 : 비교 데이터(Any)<br>OUT : 비교 결괏값(BOOL)<br>IN1 ≥ IN2 ≥ … ≥ IN7 ≥ IN8의 조건 성립 시 OUT 출력 On | IN1, IN2, …는 모두 같은 Data Type 이어야 함. |

| 구분 | 명령어 | 기호 | 기능 설명 | 비고 |
|---|---|---|---|---|
| 비교 펑션 | EQ(=) | 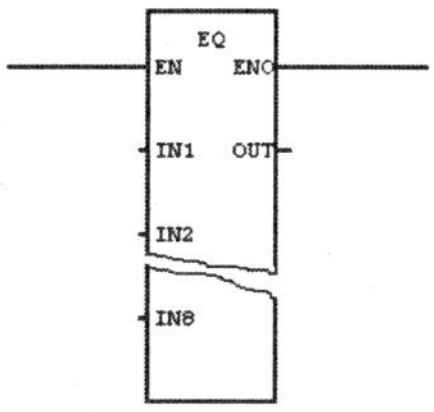  | '같다.' 비교<br>IN1 ~ IN8 : 비교 데이터(Any)<br>OUT : 비교 결괏값(BOOL)<br>IN1 = IN2 = … = IN7 = IN8의 조건 성립 시 OUT 출력 On | IN1, IN2, …는 모두 같은 Data Type이어야 함. |
| | LE(≤) | 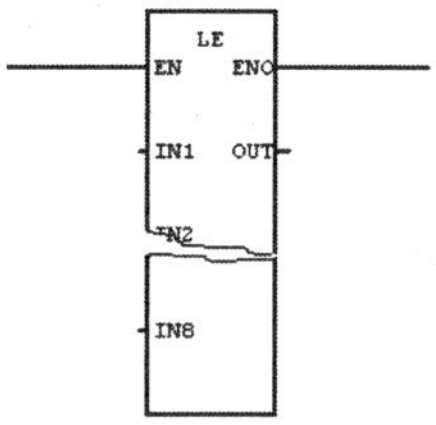  | '작거나 같다.' 비교<br>IN1 ~ IN8 : 비교 데이터(Any)<br>OUT : 비교 결괏값(BOOL)<br>IN1 ≤ IN2 ≤ … ≤ IN7 ≤ IN8의 조건 성립 시 OUT 출력 On | IN1, IN2, …는 모두 같은 Data Type이어야 함. |
| | LT(<) | 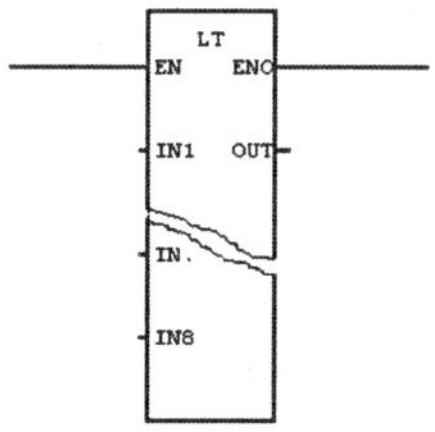  | '작다.' 비교<br>IN1 ~ IN8 : 비교 데이터(Any)<br>OUT : 비교 결괏값(BOOL)<br>IN1 < IN2 < … < IN7 < IN8의 조건 성립 시 OUT 출력 On | IN1, IN2, …는 모두 같은 Data Type이어야 함. |
| | NE(≠) | 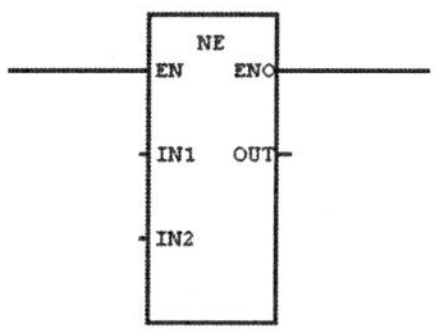  | '같지 않다.' 비교<br>IN1, IN2 : 비교 데이터(Any)<br>OUT : 비교 결괏값(BOOL)<br>IN1 ≠ IN2의 조건 성립 시 OUT 출력 On | IN1, IN2는 모두 같은 Data Type이어야 함. |
| 문자열 펑션 | LEN | 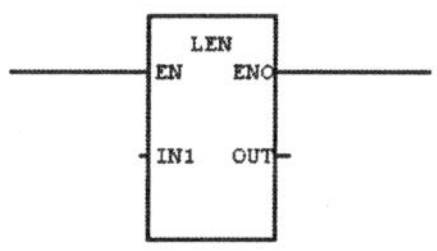  | 문자열 길이<br>IN1 : 문자열 입력(STRING)<br>OUT : 문자열 길이(INT) | |
| | LEFT | 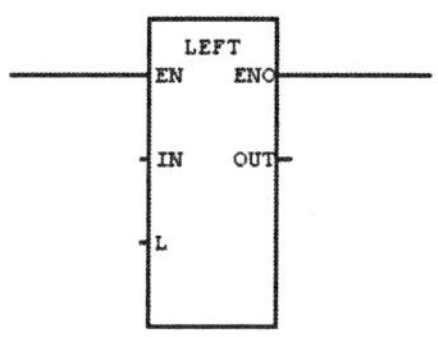  | 문자열 왼쪽 부분 전송<br>IN : 문자열 입력(STRING)<br>L : 문자열 길이(INT)<br>OUT : 문자열 출력(STRING) | |
| | RIGHT | 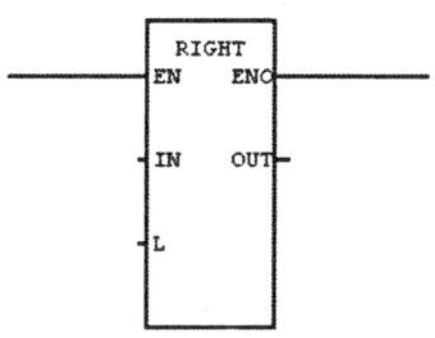  | 문자열 오른쪽 부분 전송<br>IN : 문자열 입력(STRING)<br>L : 문자열 길이(INT)<br>OUT : 문자열 출력(STRING) | |

| 구분 | 명령어 | 기호 | 기능 설명 | 비고 |
|---|---|---|---|---|
| 문자열 평션 | MID | 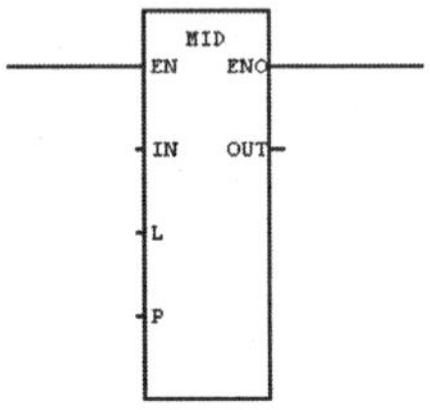 | 문자열 중간 부분 전송<br>IN : 문자열 입력(STRING)<br>L : 문자열 길이(INT)<br>P : 문자열 선두 위치(INT)<br>OUT : 문자열 출력(STRING) | |
| | CONCAT | 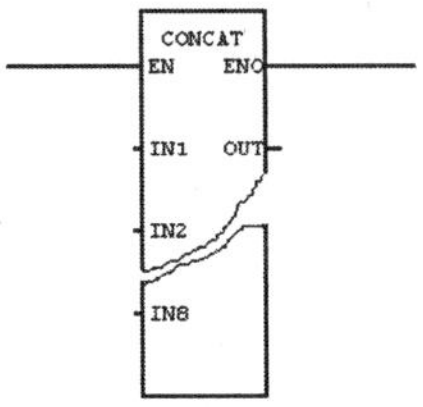 | 문자열 연결<br>입력 문자열을 순서대로 연결<br>IN1 ~ IN8 : 문자열(STRING)<br>OUT : 문자열 출력(STRING) | |
| | INSERT | 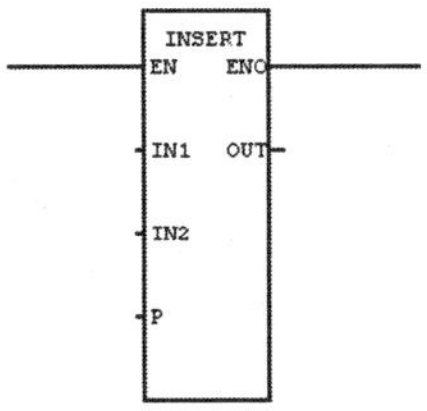 | 문자열 삽입<br>IN1 : 문자열 입력(STRING)<br>IN2 : 삽입할 문자열(STRING)<br>P : 문자열 선두 위치(INT)<br>OUT : 문자열 출력(STRING) | |
| | DELETE | 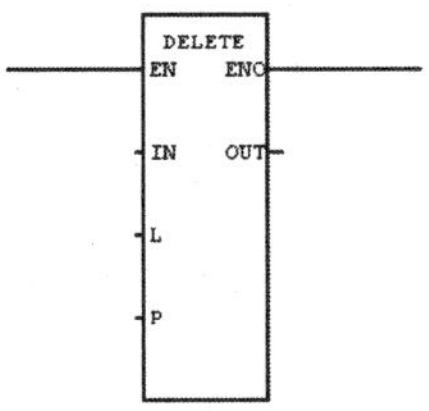 | 문자열 삭제<br>IN1 : 문자열 입력(STRING)<br>L : 삭제할 문자열 길이(INT)<br>P : 문자열 선두 위치(INT)<br>OUT : 문자열 출력(STRING)<br>REPLACE | |
| | REPLACE | 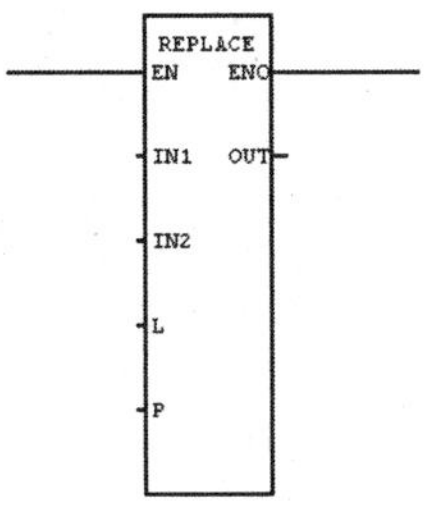 | 문자열 대체<br>IN1 : 문자열 입력(STRING)<br>IN2 : 대체할 문자열(STRING)<br>P : 문자열 선두 위치(INT)<br>OUT : 문자열 출력(STRING)<br>FIND | |
| | FINE | 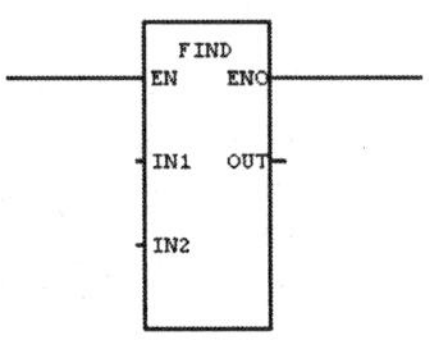 | 문자열 찾기<br>IN1 : 문자열 입력(STRING)<br>IN2 : 검색할 문자열(STRING)<br>OUT : 문자열 선두 위치(INT) | |

| 구분 | 명령어 | 기호 | 기능 설명 | 비고 |
|---|---|---|---|---|
| 날짜 시간 펑션 | ADD_TIME | 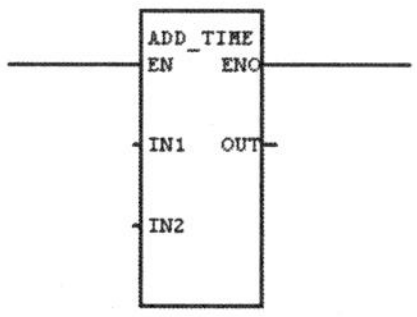 | 시간 더하기<br>IN1 : 시각 또는 시간 (TIME, TOD, TD)<br>IN2 : 더할 시간(TIME)<br>OUT : 결과 시각 또는 시간 (TIME, TOD, TD) | |
| | SUB_TIME | 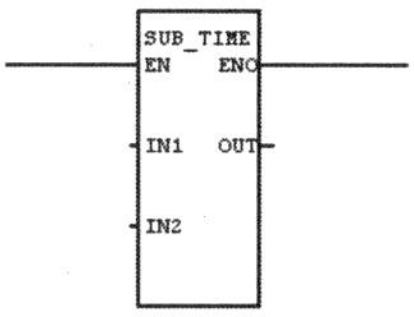 | 시간 빼기<br>IN1 : 시각 또는 시간 (TIME, TOD, TD)<br>IN2 : 뺄 시간(TIME)<br>OUT : 결과 시각 또는 시간 (TIME, TOD, TD) | |
| | SUB_DATE | 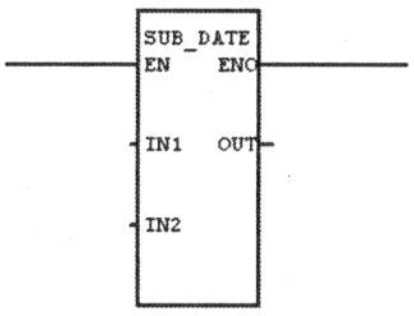 | 날짜 빼기<br>IN1 : 날짜(DATE)<br>IN2 : 뺄 날짜(DATE)<br>OUT : 결과 시간(TIME) | |
| | SUB_TOD | 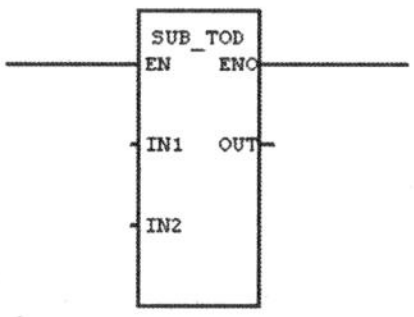 | 시각 빼기<br>IN1 : 시각(TIME OF DAY)<br>IN2 : 뺄 시각(TIME OF DAY)<br>OUT : 결과 시간(TIME) | |
| | SUB_DT | 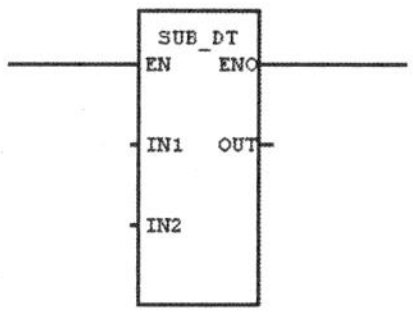 | 날짜 시각 빼기<br>IN1 : 시각(DATE&TIME)<br>IN2 : 뺄 시각(DATE&TIME)<br>OUT : 결과 시간(TIME) | |
| | MUL_TIME | 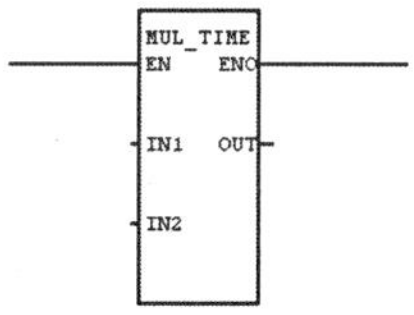 | 시간 곱하기<br>IN1 : 입력 시간(TIME)<br>IN2 : 곱할 값(INT)<br>OUT : 결과 시간(TIME) | |
| | DIV_TIME | 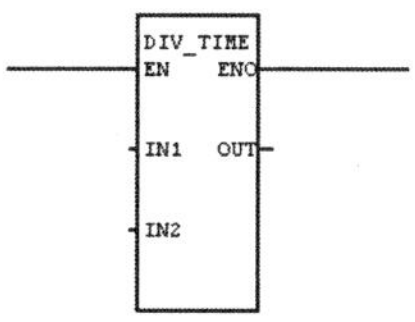 | 시간 나누기<br>IN1 : 입력 시간(TIME)<br>IN2 : 나눌 값(INT)<br>OUT : 결과 시간(TIME) | |
| | CONCAT_TIME | 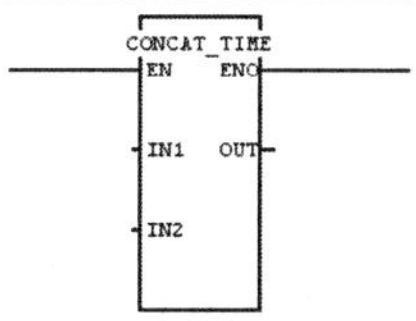 | 날짜와 시각 연결<br>IN1 : 입력 날짜(DATE)<br>IN2 : 입력 시각(TOD)<br>OUT : 결과 날짜 시각(DT) | |

| 구분 | 명령어 | 기호 | 기능 설명 | 비고 |
|---|---|---|---|---|
| 시스템 제어 펑션 | DI | 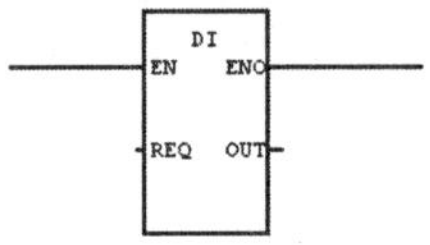 | 인터럽트 금지<br>REQ : 1로 금지 요구(BOOL)<br>OUT : 금지 확인으로 1 출력(BOOL) | |
| | EI | 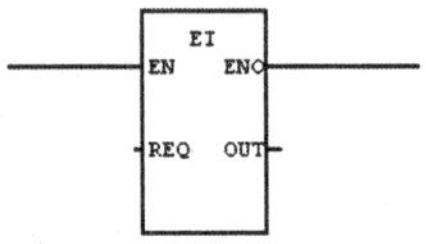 | 인터럽트 허가<br>REQ : 1로 허가 요구(BOOL)<br>OUT : 허가 확인으로 1 출력(BOOL) | |
| | STOP | 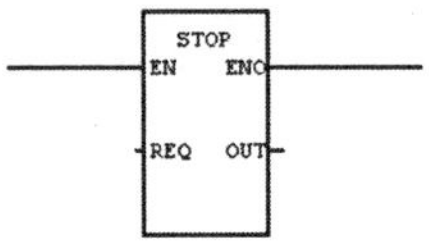 | PLC 프로그램 정지 요구<br>REQ : 1로 정지 요구(BOOL)<br>OUT : 정지 확인으로 1 출력(BOOL) | 스캔 완료 후 프로그램 중지 |
| | ESTOP | 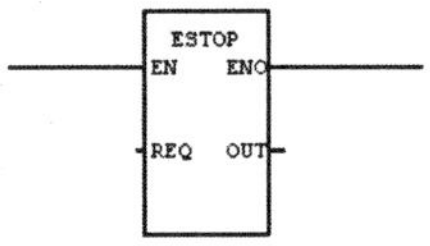 | PLC 프로그램 비상 정지 요구<br>REQ : 1로 정지 요구(BOOL)<br>OUT : 정지 확인으로 1 출력(BOOL) | 즉시 프로그램 중지 |
| | DIREC_IN | 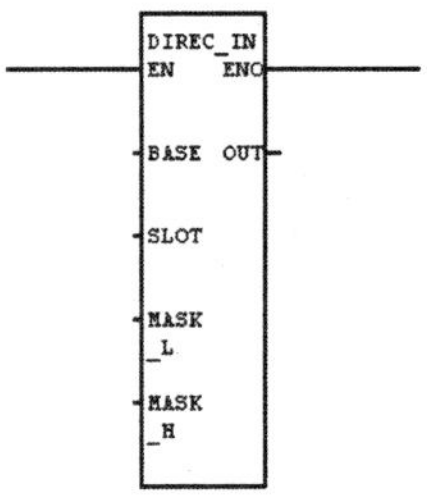 | 입력 데이터 즉시 갱신(Refresh)<br>BASE : 입력모듈 정착된 베이스 번호<br>SLOT : 입력모듈 장착된 슬롯 번호<br>MASK_L : 하위 32Bit 중 갱신하지 않을 Bit 지정(DWORD)<br>MASK_H : 상위 32Bit 중 갱신하지 않을 Bit 지정(DWORD)<br>OUT : 입력데이터 갱신이 완료되면 1 출력(BOOL) | |
| | DIREC_O | 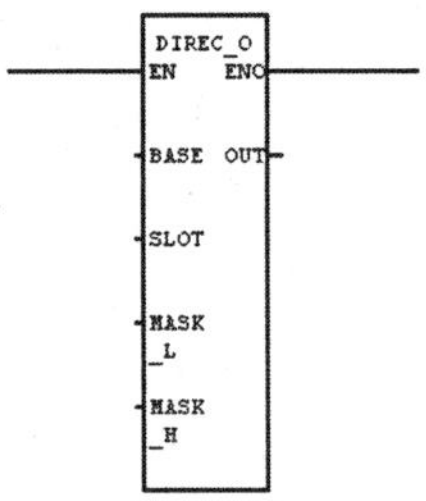 | 출력 데이터 즉시 갱신(Refresh)<br>BASE : 출력모듈 정착된 베이스 번호<br>SLOT : 출력모듈 장착된 슬롯 번호<br>MASK_L : 하위 32Bit 중 갱신하지 않을 Bit 지정(DWORD)<br>MASK_H : 상위 32Bit 중 갱신하지 않을 Bit 지정(DWORD)<br>OUT : 출력데이터 갱신이 완료되면 1 출력(BOOL) | |

| 구분 | 명령어 | 기호 | 기능 설명 | 비고 |
|---|---|---|---|---|
| 시스템 제어 펑션 | WDT_RST | 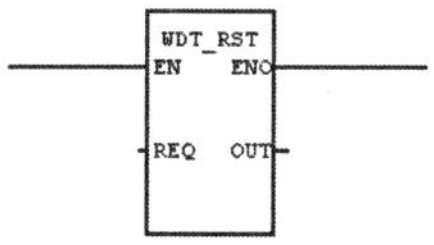 | 워치 독(Watch Dog) 타이머 리셋<br>REQ : 워치 독 타이머 리셋 요구(BOOL)<br>OUT : 워치 독 타이머 초기화 후 1 출력(BOOL) | 1 스캔 중 중복 사용 가능 |
| 타이머 펑션 블록 | TON | 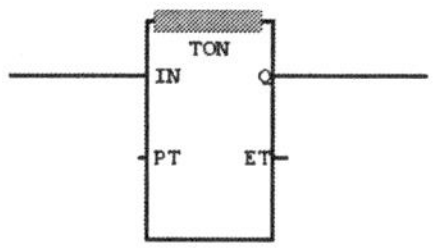 | On 딜레이 타이머<br>IN : 타이머 기동 조건(BOOL)<br>PT : 설정 시간(TIME)<br>Q : 타이머 출력(BOOL)<br>ET : 경과 시간 | IN 이 ON된 후, PT에 도달하면 타이머 출력. 단, IN이 OFF 면 타이머 출력 즉시 OFF |
| | TOF | 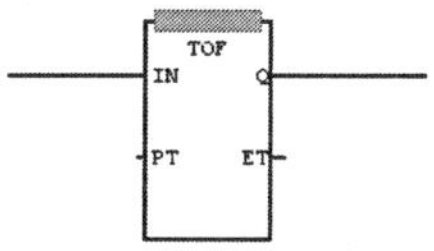 | Off 딜레이 타이머<br>IN : 타이머 기동 조건(BOOL)<br>PT : 설정 시간(TIME)<br>Q : 타이머 출력(BOOL)<br>ET : 경과 시간 | IN이 ON되면 타이머 출력. 단, IN이 OFF면 PT 경과 후 타이머 출력 OFF |
| | TP | 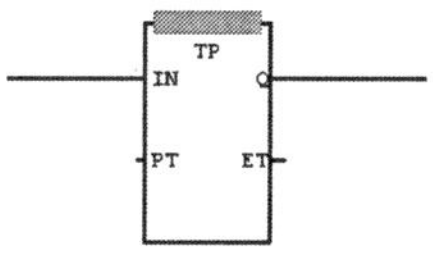 | 펄스 타이머<br>IN : 타이머 기동 조건(BOOL)<br>PT : 설정 시간(TIME)<br>Q : 타이머 출력(BOOL)<br>ET : 경과 시간(TIME) | IN이 ON되면 PT 동안만 타이머 출력 |
| 카운터 펑션 블록 | CTU | 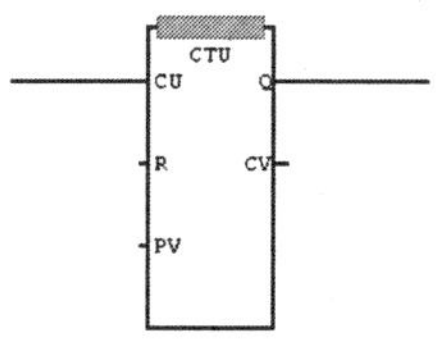 | Up 카운터<br>CU : 가산 펄스 입력(BOOL)<br>R : 리셋 입력(BOOL)<br>PV : 설정값(INT)<br>Q : 카운터 출력(BOOL)<br>CV : 현재값(INT) | 현재값이 설정값 이상이면, 카운터 출력 ON |
| | CTD | 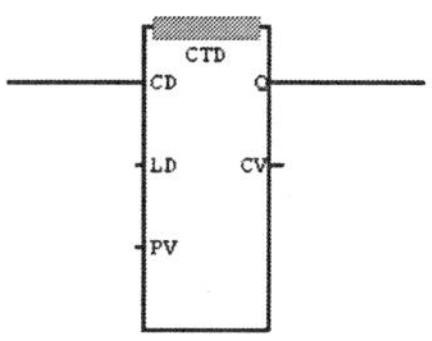 | Down 카운터<br>CD : 감산 펄스 입력(BOOL)<br>LD : 설정값 입력 LD가 1이면 PV를 CV로 로드(BOOL)<br>PV : 설정값(INT)<br>Q : 카운터 출력(BOOL)<br>CV : 현재값(INT) | 현재값이 0 이하면 카운터 출력 ON |

| 구분 | 명령어 | 기호 | 기능 설명 | 비고 |
|---|---|---|---|---|
| 카운터 펑션 블록 | CTUD | 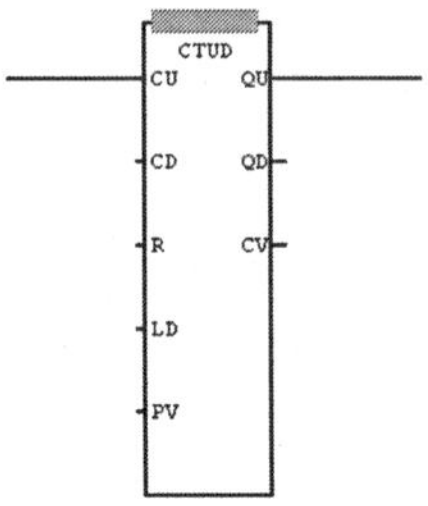 | 가감산(Up/Down) 카운터<br>CU : 가산 펄스 입력(BOOL)<br>CD : 감산 펄스 입력(BOOL)<br>R : 리셋 입력(BOOL)<br>LD : 로드 입력(BOOL)<br>PV : 설정값(INT)<br>QU : 업 카운터 출력(BOOL)<br>QD : 다운 카운터 출력(BOOL)<br>CV : 현재값(INT) | QU ON 조건: CV가 PV 이상일 때<br>QD ON 조건 : CV가 0 이하일 때 |
| 펑션 블록 | SEMA | 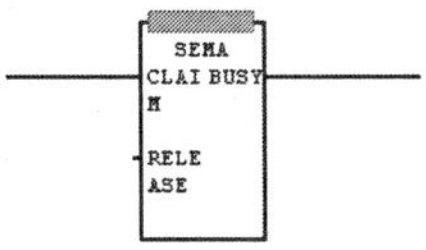 | 시스템 자원 제어(Semaphore)<br>CLAIM : 자원 독점 요구 신호 (BOOL)<br>RELEASE : 해제 신호(BOOL)<br>BUSY : 자원 취득불가 신호 (대기)(BOOL) | |
| | SR | 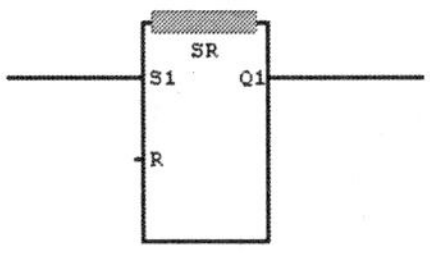 | Set 우선 쌍안정(Bistable)<br>S1 : Set 조건(BOOL)<br>R : Reset 조건(BOOL)<br>Q1 : 연산결과(BOOL) | |
| | RS | 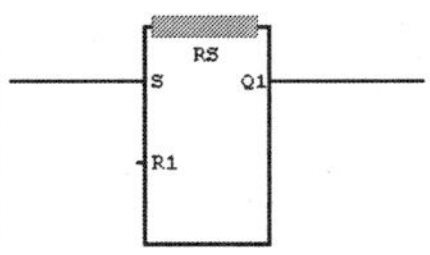 | Reset 우선 쌍안정(Bistable)<br>S : Set 조건(BOOL)<br>R1 : Reset 조건(BOOL)<br>Q1 : 연산결과(BOOL) | |
| | R_TRIG | 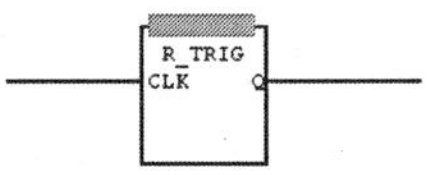 | 상승 에지 검출<br>CLK : 입력(BOOL)<br>Q : 출력(BOOL) | |
| | F_RTIG | 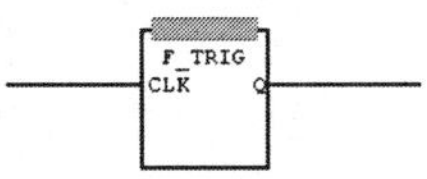 | 하강 에지 검출<br>CLK : 입력(BOOL)<br>Q : 출력(BOOL) | |

# 부록 13 펑션/펑션 블록 일람표

## 1. 기본 펑션 일람

### 1) 전송 펑션

| 펑 션 | 기 능 | 비 고 |
|---|---|---|
| MOVE | 입력 변수를 출력 변수로 복사 | |
| ARY_MOVE | 입력 배열 변수의 원소를 출력 배열 변수로 복사 | |

### 2) 산술 연산 펑션

| 펑 션 | 기 능 | 비 고 |
|---|---|---|
| ABS | 절댓값 연산 | |
| ACOS | Arc Cosine 연산 | GMR1/2 |
| ADD | 덧셈 연산 | |
| ASIN | Arc Sine 연산 | GMR1/2 |
| ATAN | Arc Tangent 연산 | GMR1/2 |
| COS | Cosine 연산 | GMR1/2 |
| DIV | 나눗셈 연산(몫 구하기) | |
| EXP | 자연 지수 연산($OUT = e^{IN}$) | GMR1/2 |
| EXPT | 지수 연산($OUT = IN1^{IN2}$ ) | GMR1/2 |
| LN | 자연 대수 연산(OUT = ln IN ) | GMR1/2 |
| LOG | 상용 대수 연산($OUT = \log_{10} IN = \log IN$) | GMR1/2 |
| MOD | 나머지 구하기 연산 | |
| MUL | 곱셈 연산 | |
| SIN | Sine 연산 | GMR1/2 |
| SQRT | 제곱근 연산($OUT = OUT = \sqrt{IN}$) | GMR1/2 |
| SUB | 빼셈 연산 | |
| TAN | Tangent 연산 | GMR1/2 |

### 3) 시스템 펑션

| 펑 션 | 기 능 | 비 고 |
|---|---|---|
| DI | 태스크 프로그램 기동 불허 | |
| DIRECT_IN | 입력 데이터 즉시 갱신 | |
| DIRECT_O | 출력 모듈 데이터 즉시 갱신 | |
| EI | 태스크 프로그램 기동 허가(DI의 해제) | |
| ESTOP | 프로그램에 의한 비상 운전정지 | |
| STOP | 프로그램에 의한 운전정지 | |
| WDT_RST | Watch_Dog Timer 초기화 | |

### 4) 시간 연산 펑션

| 펑 션 | 기 능 | 비 고 |
|---|---|---|
| ADD_TIME | 시간의 덧셈 | |
| CONTACT_ TIME | IN1(날짜)과 IN2(시각)를 붙여서 날짜와 시각(DATE_AND_TIME) OUT으로 출력 | |
| DIV_TIME | IN1(시간)을 IN2(숫자)로 나누어서 나누어진 시간을 OUT으로 출력 | |
| MUL_TIME | IN1(시간)을 IN2(숫자)로 곱해서 결과 시간을 OUT으로 출력 | |
| SUB_DATE | IN1(기준날짜)에서 IN2(특정날짜)를 빼서 날짜 차이를 OUT | |
| SUB_DT | IN1(기준 날짜와 시각)에서 IN2(특정 날짜와 시각)를 빼서 시간 차이를 OUT으로 출력 | |
| SUB_TIME | 시간의 뺄셈 | |
| SUB_TOD | IN1(기준시각)에서 IN2(특정시각)를 빼서 시간 차이를 OUT으로 출력 | |

### 5) 타입 변환 펑션

| 펑 션 | 기 능 | 비 고 |
|---|---|---|
| ARY_TO_STRING | Byte Array를 문자열로 변환 | |
| BCD_TO_*** | BCD 타입을 *** 타입으로 변환 | |
| BOOL_TO_*** | BOOL 타입을 *** 타입으로 변환 | |
| BYTE_TO_*** | BYTE 타입을 *** 타입으로 변환 | |
| DATE_TO_*** | DATE 타입을 *** 타입으로 변환 | |
| DINT_TO_*** | DINT 타입을 *** 타입으로 변환 | |
| DT_TO_*** | DT 타입을 *** 타입으로 변환 | |
| DWORD_TO_*** | DWORD 타입을 *** 타입으로 변환 | |
| INT_TO_*** | INT 타입을 *** 타입으로 변환 | |
| LINT_TO_*** | LINT 타입을 *** 타입으로 변환 | GMR/1/2 |
| LREAL_TO_*** | LREAL 타입을 *** 타입으로 변환 | GMR/1/2 |
| LWORD_TO_*** | LWORD 타입을 *** 타입으로 변환 | GMR/1/2 |
| NUM_TO_STRING | 숫자 데이터를 문자 데이터로 변환 | |
| REAL_TO_*** | REAL 타입을 *** 타입으로 변환 | GMR/1/2 |
| SINT_TO_*** | SINT 타입을 *** 타입으로 변환 | |
| STRING_TO_*** | STRING 타입을 *** 타입으로 변환 | |
| STRING_TO_ARY | String을 Byte Array로 변환(최대 30 문자) | |
| TIME_TO_*** | TIME 타입을 *** 타입으로 변환 | |
| TOD_TO_*** | TOD 타입을 *** 타입으로 변환 | |
| UDINT_TO_*** | UDINT 타입을 *** 타입으로 변환 | |
| UNIT_TO_*** | UINT 타입을 *** 타입으로 변환 | |
| ULINT_TO_*** | ULINT 타입을 *** 타입으로 변환 | GMR/1/2 |
| USINT_TO_*** | USINT 타입을 *** 타입으로 변환 | |
| WORD_TO_*** | WORD 타입을 *** 타입으로 변환 | |

### 6) 비트열 연산 펑션

| 펑 션 | 기 능 | 비 고 |
|---|---|---|
| AND | IN1을 IN2와 비트별로 AND해서 OUT으로 출력 | |
| NOT | IN을 비트별로 반전해서 OUT으로 출력 | |
| OR | IN1을 IN2와 비트별로 OR해서 OUT으로 출력 | |
| ROL | IN을 설정한 비트 수(N)만큼 왼쪽으로 회전 | |
| ROR | IN을 설정한 비트 수(N)만큼 오른쪽으로 회전 | |
| SHL | IN을 설정한 비트 수(N)만큼 왼쪽으로 이동<br>OUT의 오른쪽 N개 비트는 0으로 채움 | |
| SHR | IN을 설정한 비트 수(N)만큼 오른쪽으로 이동<br>OUT의 왼쪽 N개 비트는 0으로 채움 | |
| XOR | IN1을 IN2와 비트별로 XOR해서 OUT으로 출력 | |

### 7) 문자열 연산 펑션

| 펑 션 | 기 능 | 비 고 |
|---|---|---|
| CONTACT | 문자열 연결하기 | |
| DELETE | 문자열에서 특정 부분 삭제 | |
| FIND | 입력 문자열 IN1에서 문자열 IN2의 위치 찾기 | |
| INSERT | 문자열 삽입하기 | |
| LEFT | 입력 문자열의 왼쪽부터 설정된 길이만큼 출력 | |
| LEN | 입력 문자열의 문자 수 출력 | |
| MID | 입력 문자열의 지정된 위치의 출력 | |
| REPLACE | 입력 문자열의 특정 부분을 다른 문자로 대체하기 | |
| RIGHT | 입력 문자열의 오른쪽부터 설정된 길이만큼 출력 | |

### 8) 비교/선택 펑션

| 펑 션 | 기 능 | 비 고 |
|---|---|---|
| EQ | IN1=IN2=IN3... =INn이면 OUT으로 1 출력(N≤8) | |
| GE | IN1≥IN2≥IN3... ≥INn이면 OUT으로 1 출력 (N≤8) | |
| GT | IN1>IN2>IN3... >INn이면 OUT으로 1 출력(N≤8) | |
| LE | IN1≤IN2≤IN3... ≤INn이면 OUT으로 1 출력(N≤8) | |
| LIMIT | MN≤IN≤MX이면 OUT으로 IN 출력 | |
| LT | IN1<IN2<IN3... <INn이면 OUT으로 1 출력(N≤8) | |
| MAX | IN1,IN2,.,INn 중에서 최댓값을 OUT으로 출력(N≤8) | |
| MIN | IN1,IN2,.,INn 중에서 최솟값을 OUT으로 출력(N≤8) | |
| MUX | IN0, IN1,..., INn 중 1개를 선택하여 출력(N≤6) | |
| NE | 2개의 입력이 같지 않으면 OUT으로 1 출력 | |
| SEL | 2개의 입력 중 1개를 선택 | |

## 2. 응용 펑션 라이브러리

### 1) MASTER-K 펑션 라이브러리(MKSTDLIB.xFU)

| 펑 션 | 기 능 | 비 고 |
|---|---|---|
| BMOV_*** | *** 크기의 비트열의 일부분을 복사, 이동 | 출력 데이터 타입이 L인 경우 GMR/1/2 에서만 사용가능 |
| BSUM_*** | *** 크기의 비트열에서 ON된 비트수를 숫자로 출력 | |
| DEC_*** | *** 크기의 비트열 데이터를 1만큼 감소시켜 출력 | |
| DECO_*** | *** 크기의 비트열 출력 데이터 중 지정된 위치의 비트만 1로 하여 출력 | |
| ENCO_*** | *** 크기의 입력 비트열 데이터 중, 1로 되어있는 비트 중 최상위 비트의 위치를 OUT으로 출력 | |
| INC_*** | *** 크기의 비트열 데이터를 1만큼 증가시켜 출력 | |
| SEG | BCD 또는 HEX값을 7세그먼트 코드로 변환 | |

### 2) 응용 펑션 라이브러리(APP.xFU)

① 배열 변수 펑션

| 펑 션 | 기 능 | 비 고 |
|---|---|---|
| ARY_ASC_TO_BCD | ASCII 데이터의 WORD Array를 BCD값의 BYTE Array로 변환 | |
| ARY_ASC_TO_BYTE | ASCII 데이터의 WORD Array를 HEX값의 BYTE Array로 변환 | |
| ARY_AVE_*** | *** 타입의 Array 변수 데이터의 평균 | |
| ARY_BCD_TO_ASC | BCD 값의 BYTE Array를 ASCII 데이터의 WORD Array로 변환 | |
| ARY_BYTE_TO_ASC | HEX 값의 BYTE Array를 ASCII 데이터의 WORD Array로 변환 | |
| ARY_CMP | *** 타입의 두 Array 변수의 데이터 비교 | |
| ARY_FLL_*** | 입력값으로 Array의 데이터 변경 | |
| ARY_MOVE | 입력 Array의 데이터를 출력 Array로 복사 | |
| ARY_ROT_C_*** | 지정된 범위의 Array 원소들의 bit들을 정해진 비트 수만큼 회전 | |
| ARY_SCH_*** | Array 내에서 입력된 값과 동일한 값을 찾아 Array 내에서의 처음 위치와 전체 개수를 출력 | |
| ARY_SFT_C_*** | Array 원소들의 bit들을 정해진 개수만큼 지정된 방향으로 이동 | |
| ARY_SWAP_*** | 입력된 Array 원소를 2개의 크기로 구분하여 상위와 하위를 서로 교환 | |
| ROTATE_A_*** | Array 블록 중 지정된 범위의 원소들을 지정된 방향으로 회전 | |
| SHIFT_A_*** | Array 블록 중 지정된 범위의 원소들을 지정된 방향으로 이동 | |

② 타입 변환 펑션

| 펑 션 | 기 능 | 비 고 |
|---|---|---|
| ASC_TO_BCD | 2개의 ASCII값을 입력 받아 2자리의 BCD로 출력 | |
| ASC_TO_BYTE | 2개의 ASCII값을 입력 받아 2자리의 HEX로 출력 | |
| BCD_TO_ASC | 2자리의 BCD값을 입력 받아 2개의 ASCII값 출력 | |
| BIT_BYTE | 8개의 비트를 1개의 바이트로 조합 | |
| BYTE_BIT | 1개의 바이트를 8개의 비트로 분산 | |
| BYTE_TO_ASC | 2자리의 HEX값을 입력 받아 2개의 ASCII값 출력 | |
| BYTE_WORD | 2개의 바이트를 1개의 워드로 조합 | |
| DEG_*** | Radian값을 입력 받아 각도(Degree)로 출력 | R/1/2 |
| DWORD_LWORD | 2개의 DWORD를 1개의 LWORD로 조합 | R/1/2 |
| DWORD_WORD | 1개의 DWORD를 2개의 WORD로 분산 | |
| LWORD_DWORD | 1개의 LWORD를 2개의 DWORD로 분산 | R/1/2 |
| RAD_*** | 각도(°)를 입력 받아 Radian값으로 출력 | R/1/2 |
| WORD_BYTE | 하나의 워드를 2개의 바이트로 분산 | |
| WORD_DWORD | 2개의 WORD를 하나의 DWORD로 조합 | |

③ 기타 응용 펑션

| 펑 션 | 기 능 | 비 고 |
|---|---|---|
| DIS_*** | 입력 데이터를 지정된 비트 개수 단위로 구분 | |
| GET_CHAR | STRING의 지정된 위치로부터 1개의 바이트를 추출 | |
| MCS | Master Control | |
| MCSCLR | Master Control 해제 | |
| MEQ | 입력된 2개의 데이터에 Masking 후 데이터 비교 | |
| PUT_CHAR | 1개의 바이트 입력값을 STRING 상의 지정된 위치에 덮어쓰기 | |
| ROTATE_C_*** | 비트 열 중 지정된 bit들을 지정된 방향으로 회전 | |
| RTC_SET | 설정한 DATA를 PLC의 Clock Device에 저장 | |
| SHIFT_C_*** | 비트 열 중 지정된 bit들을 지정된 방향으로 이동 | |
| SWAP_*** | 입력된 변수를 2개의 크기로 구분하여 상위와 하위를 서로 교환 | |
| UNI_*** | 입력 Array를 지정한 비트 수 별로 하위 비트부터 지정된 비트 수만큼 결합 | |
| XCHG | 2개의 입력 데이터를 교환 | |

## 3. 기본 펑션 블록 라이브러리

### 1) 카운터 및 타이머

| 펑션 블록 | 기 능 | 비 고 |
|---|---|---|
| CTD | 다운 카운터(현재값 : -32768 ~ 32767) | |
| CTU | 업 카운터(현재값 : -32768 ~ 32767) | |
| CTUD | 업 다운 카운터(현재값 : -32768 ~ 32767) | |
| TOF | OFF Delay 타이머 | 타임형 설정값(T#) |
| TON | ON Delay 타이머 | |
| TP | 펄스 타이머 | |

### 2) 기타 기본 펑션 블록

| 펑션 블록 | 기 능 | 비 고 |
|---|---|---|
| F_TRIG | 하강 에지 검출 | |
| RS | Reset 우선 Bistable | |
| R_TRIG | 상승 에지 검출 | |
| SEMA | 시스템 자원에 대한 독점적 제어권을 취득 | |
| SR | Set 우선 Bistable | |

## 4. 응용 펑션 블록 라이브러리(APP.xFB)

| 펑션 블록 | 기 능 | 비 고 |
|---|---|---|
| CTR | 링 카운터 | |
| DUTY | 스캔 지정 ON/OFF | |
| FIFO_*** | FIFO 스택에 값을 Load/Unload(선입 선출) | |
| LIFO_*** | LIFO 스택에 값을 Load/Unload(후입 선출) | |
| SCON | Step Controller | |
| TMR | 적산 타이머 | |
| TMR_FLK | 플리커 타이머 | |
| TMR_UINT | 정수 설정 적상 타이머 | |
| TOF_RST | 동작 중 출력 OFF가 가능한 OFF Delay 타이머 | |
| TOF_UINT | 정수 설정 OFF Delay 타이머 | |
| TON_UNIT | 정수 설정 ON Delay 타이머 | |
| TP_RST | 동작 중 출력 OFF가 가능한 펄스 타이머 | |
| TP_UNIT | 정수 설정 펄스 타이머 | |
| TRTG | 리트리거블 타이머 | |
| TRTG_UNIT | 정수 설정 리트리거블 타이머 | |

# 부록 C 수치체계 및 데이터 구조

## 1. 1 수치(데이터)의 표현

PLC CPU에서는 모든 정보를 On과 Off, 또는 '1'과 '0'의 상태로 기억하고 처리한다. 따라서 수치 연산도 1과 0으로 처리된 수치, 즉 2진수(Binary number …. BIN)로 처리한다. 한편, 일상 생활에서는 10진수가 알기 쉽고 가장 널리 사용되고 있다. 그래서 PLC에 수치를 Write할 경우, 또는 PLC의 수치정보를 Read할 경우에는 10진수에서 16진수로, 16진수에서 10진수로 변환이 필요하다. 여기에서는 10진수와 2진수, 16진수, 2진화 10진수(BCD)의 표현과 그 상호관계에 대해 설명한다.

### 1) 10진수(Decimal)

10진수란 '0~9의 종류의 기호를 사용하여 순서와 크기(량)를 표현하는 수'를 말한다. 그리고 0, 1, 2, 3, 4, …, 9 다음에 '10'으로 자리올림하고 계속 진행된다. 예를 들면, 10진수 153을 행과 '행의 가중치'란 측면에서 보면 아래와 같다.

$$
\begin{aligned}
153 &= 100+50+3 \\
&= 1\times100+5\times10+3\times1 \\
&= \underline{1}\times\underline{10^2}+\underline{5}\times\underline{10^1}+\underline{3}\times\underline{10^0}
\end{aligned}
$$

10진수의 기호(0~9)

행의 가중치

### 2) 2진수(Binary …… Bin)

2진수란 '0과 1의 두 종류 기호를 사용하여 순서와 크기를 나타내는 수'를 말한다. 그래서 0, 1 다음에 '10'으로 자리올림을 하고, 계속 진행된다. 즉 0, 1의 한 자리 수를 비트라고 한다.

| 2진수 | 10진수 |
|---|---|
| 0 | 0 |
| 1 | 1 |
| 10 | 2 |
| 11 | 3 |
| 100 | 4 |
| 101 | 5 |
| 110 | 6 |
| 111 | 7 |
| 1000 | 8 |
| …… | …… |

예를 들면 다음의 2진수는 10진수로 얼마나 되는지 생각해 보자.
'10011101' 10진수에서 행 번호와 행의 가중치를 고려하였듯이 우측부터 비트번호와 비트가 중치를 붙여 보자.

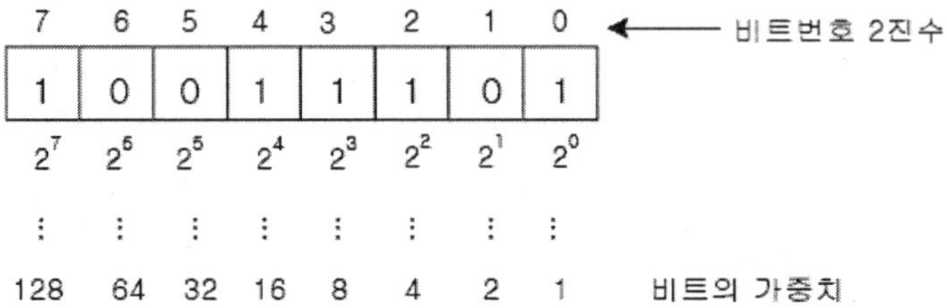


10진수와 같이 각 비트의 코드의 가중치의 곱의 합을 생각해 보자.

$$= 1 \times 128 + 0 \times 64 + 0 \times 32 + 1 \times 16 + 1 \times 8 + 1 \times 4 + 0 \times 2 + 1 \times 1$$
$$= 128 + 16 + 8 + 4 + 1$$
$$= 157$$

즉 2진수는 '코드가 1인, 비트의 가중치를 가산한 것'이 10진수로 되는 것이다.
일반적으로 8비트를 1바이트, 16비트(2바이트)를 1워드라 말한다.

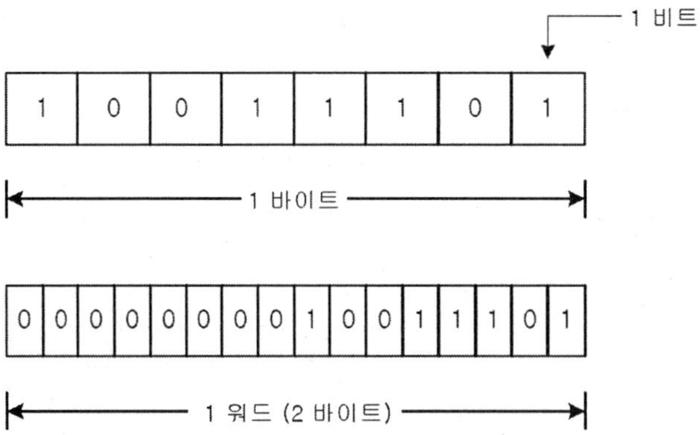


### 3) 16진수(Hexadecimal …… HEX)

16진수도 10진수, 2진수와 동일하게 생각하여 '0 ~ 9, A ~ F의 종류의 기호를 사용하여 순서와 크기를 나타내는 수'를 말한다. 그리고 0, 1, 2, …… D, E, F 다음에 '10'으로 자리올림을 하고 계속 진행된다.

| 10진수 | 16진수 | 2진수 |
|---|---|---|
| 0 | 0 | 0 |
| 1 | 1 | 1 |
| 2 | 2 | 10 |
| 3 | 3 | 11 |
| 4 | 4 | 100 |
| 5 | 5 | 101 |
| 6 | 6 | 110 |
| 7 | 7 | 111 |
| 8 | 8 | 1000 |
| 9 | 9 | 1001 |
| 10 | A | 1010 |
| 11 | B | 1011 |
| 12 | C | 1100 |
| 13 | D | 1101 |
| 14 | E | 1110 |
| 15 | F | 1111 |
| 16 | 10 | 10000 |
| 17 | 11 | 10001 |
| 18 | 12 | 10010 |

1 9 1 0 1 = 4 A 9 D = 0100 1010 1001 1101

3 2 1 0 ← 행번호

| 4 A 9 D | ← 16 진수

$= (4)\times 163 + (A)\times 162 + (9)\times 161 + (D)\times 160$

$= 4\times 4096 + 10\times 2568 + 9\times 16 + 13\times 1$

$= 19101$

16진수의 한자리는 2진수의 4비트로 대응된다.

#### 4) 2진화 10진수(Binary Coded Decimal …… BCD)

2진화 10진수는 '10진수의 각 행의 숫자를 2진수로 나타낸 수'를 말한다. 따라서, 2진화 10진수는 10진수의 0 ~ 9,999(4행의 최대치)를 16비트로 나타낸다.

예를 들면, 10진수의 157은 다음과 같이 나타낼 수 있으며, 각 비트의 가중치는 다음과 같다.

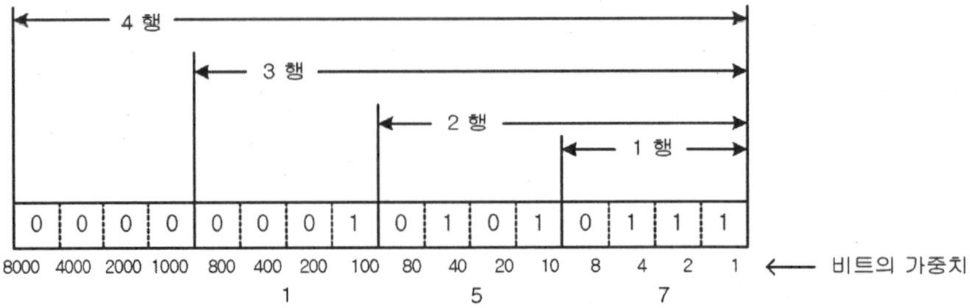


### 5) 수치 체계표

| 2진화 10진수<br>(Binary coded Decimal)<br>BCD | 2진수<br>(Binary) BIN | 10진수<br>(Decimal) | 16진수<br>(Hexadecimal)<br>H |
|---|---|---|---|
| 00000000 00000000 | 00000000 00000000 | 0 | 0000 |
| 00000000 00000001 | 00000000 00000001 | 1 | 0001 |
| 00000000 00000010 | 00000000 00000010 | 2 | 0002 |
| 00000000 00000011 | 00000000 00000011 | 3 | 0003 |
| 00000000 00000100 | 00000000 00000100 | 4 | 0004 |
| 00000000 00000101 | 00000000 00000101 | 5 | 0005 |
| 00000000 00000100 | 00000000 00000100 | 6 | 0006 |
| 00000000 00000111 | 00000000 00000111 | 7 | 0007 |
| 00000000 00001000 | 00000000 00001000 | 8 | 0008 |
| 00000000 00001001 | 00000000 00001001 | 9 | 0009 |
| 00000000 00010000 | 00000000 00001010 | 10 | 000A |
| 00000000 00010001 | 00000000 00001011 | 11 | 000B |
| 00000000 00010010 | 00000000 00001100 | 12 | 000C |
| 00000000 00010011 | 00000000 00001101 | 13 | 000D |
| 00000000 00010100 | 00000000 00001110 | 14 | 000E |
| 00000000 00010101 | 00000000 00001111 | 15 | 000F |
| 00000000 00010110 | 00000000 00010000 | 16 | 0010 |
| 00000000 00010111 | 00000000 00010001 | 17 | 0011 |
| 00000000 00011000 | 00000000 00010010 | 18 | 0012 |
| 00000000 00011001 | 00000000 00010011 | 19 | 0013 |
| 00000000 00100000 | 00000000 00010100 | 20 | 0014 |
| 00000000 00100001 | 00000000 00010101 | 21 | 0015 |
| 00000000 00100010 | 00000000 00010110 | 22 | 0016 |
| 00000000 00100011 | 00000000 00010111 | 23 | 0017 |
| 00000001 00000000 | 00000000 01100100 | 100 | 0064 |
| 00000001 00100111 | 00000000 01111111 | 127 | 007F |
| 00000010 01010101 | 00000000 11111111 | 255 | 00FF |
| 00010000 00000000 | 00000011 11101000 | 1,000 | 03E8 |
| 00100000 01000111 | 00000111 11111111 | 2,047 | 07FF |
| 01000000 10010101 | 00001111 11111111 | 4,095 | 0FFF |
| 10011001 10011001 | 00100111 00001111 | 9,999 | 270F |
|  | 00100111 00010000 | 10,000 | 2710 |
|  | 01111111 11111111 | 32,767 | 7FFF |

## 2. 정수표현

XGI/XGR 명령어에서는 음수체계연산(Signed)을 기본으로 한다. 이때 정수표시는 최상위 비트(MSB)가 0이 되면 양수를 나타내고 1이면 음수로 나타나게 된다.
음수, 양수를 표시하는 최상위 비트를 Sign비트라고 한다. 16비트, 32비트에서는 MSB의 위치가 다르기 때문에 Sign비트 위치에 주의해야 한다.

- 16비트일 경우

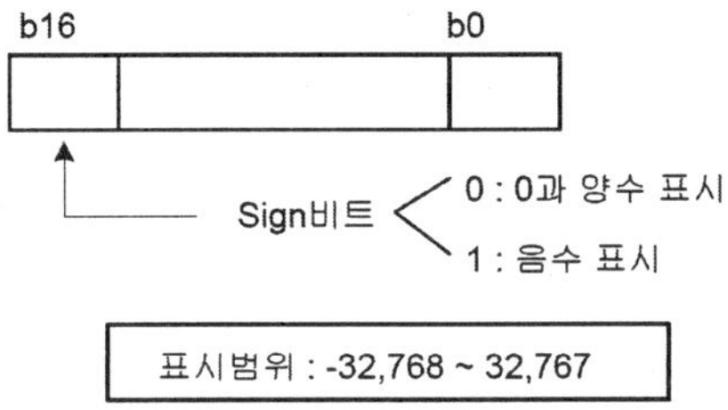


- 32비트일 경우

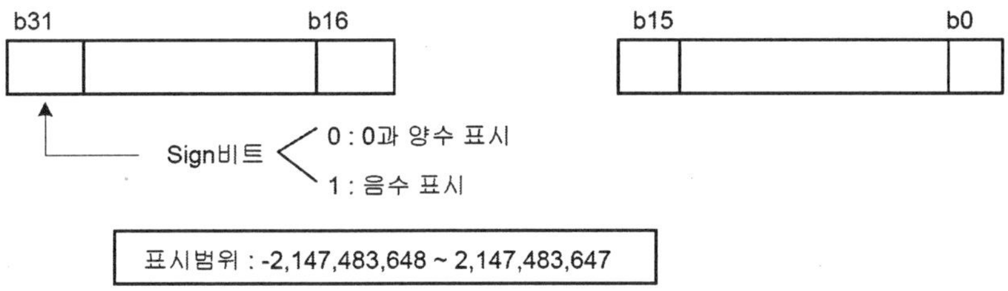


## 3. 음수의 표현

(예) -0001을 표기하는 방법

① 음수번호를 떼고 0001을 표기한다.(b15 = 1)

b15 … b0

| 1 | 0 | ~ | 0 | 1 |
|---|---|---|---|---|

② ①의 결과를 반전시킨다.(b15 = 제외)

b15 … b0

| 1 | 1 | ~ | 1 | 0 |
|---|---|---|---|---|

③ ②의 결과에 +1을 한다.

b15 … b0

| 1 | 1 | | | | ~ | 1 | 1 |
|---|---|---|---|---|---|---|---|

-0001 = 16#FFFF

# 부록 D 플래그 일람표

## 1. 모드와 상태

| 예약 변수 | 데이터 타입 | 내 용 |
|---|---|---|
| _SYS_STATE | DWORD | PLC의 모드와 운전 상태를 표시 |
| _RUN | BOOL | RUN 상태 |
| _STOP | BOOL | STOP 상태 |
| _ERROR | BOOL | ERROR 상태 |
| _DEBUG | BOOL | DEBUG 상태 |
| _LOCAL_CON | BOOL | 로컬 컨트롤 모드 |
| _REMOTE_CON | BOOL | 리모트 컨트롤 모드 |
| _RUN_EDIT_ST | BOOL | 런중 수정 프로그램 다운로드중 |
| _RUN_EDIT_CHK | BOOL | 런중 수정 내부 처리중 |
| _RUN_EDIT_DONE | BOOL | 런중 수정 완료 |
| _RUN_EDIT_NG | BOOL | 런중 수정 비정상 완료 |
| _CMOD_KEY | BOOL | 키에 의해 운전모드 변경 |
| _CMOD_LPADT | BOOL | 로컬 PADT에 의해 운전모드 변경 |
| _CMOD_RPADT | BOOL | 리모트 PADT에 의해 운전모드 변경 |
| _CMOD_RLINK | BOOL | 리모트 통신 모듈에 의해 운전모드 변경 |
| _FORCE_IN | BOOL | 강제입력 상태 |
| _FORCE_OUT | BOOL | 강제출력 상태 |
| _SKIP_ON | BOOL | 입·출력 SKIP이 실행중 |
| _EMASK_ON | BOOL | 고장 마스크가 실행중 |
| _MON_ON | BOOL | 모니터가 실행중 |
| _USTOP_ON | BOOL | STOP 펑션에 의해 STOP |
| _ESTOP_ON | BOOL | ESTOP 펑션에 의해 STOP |
| _INIT_RUN | BOOL | 초기화 태스크가 수행중 |
| _PB1 | BOOL | 프로그램 코드 1이 선택 |
| _PB2 | BOOL | 프로그램 코드 2가 선택 |
| _RTC_WR | BOOL | RTC에 데이터 쓰고 읽어오기 |
| _SCAN_WR | BOOL | 스캔 값 초기화 |
| _CHK_ANC_ERR | BOOL | 외부기기에서 중고장 검출 요청 |
| _CHK_ANC_WAR | BOOL | 외부기기에서 경고장 검출 요청 |
| _INIT_DONE | BOOL | 초기화 태스크 수행 완료를 표시 |
| _KEY | DWORD | 로컬 키의 현재 상태 |

## 2. 시스템 에러

| 예약 변수 | 데이터 타입 | 내 용 |
|---|---|---|
| _CNF_ER | WORD | 시스템의 중고장 상태 보고 |
| _AB_SD_ER | BOOL | 비정상 운전으로 인하여 정지 |
| _IO_TYER | BOOL | 모듈 타입이 불일치 |
| _IO_DEER | BOOL | 모듈 착탈 |
| _IO_TYER_N | WORD | 모듈 타입 불일치 슬롯 넘버 |
| _IO_DEER_N | WORD | 모듈 착탈 슬롯 넘버 |
| _FUSE_ER | BOOL | 퓨즈 단선 에러 |
| _FUSE_ER_N | WORD | 퓨즈 단선 슬롯 번호 |
| _FUSE_ERR | ARRAY[0..7] OF WORD | 퓨즈 단선 에러 상세 정보(베이스 및 슬롯 번호) |
| _ANNUM_ER | BOOL | 외부기기에 중고장 검출 |
| _BPRM_ER | BOOL | 기본 파라미터 이상 |
| _IOPRM_ER | BOOL | IO 구성 파라미터 이상 |
| _SPPRM_ER | BOOL | 특수 모듈 파라미터 비정상 |
| _CPPRM_ER | BOOL | 통신 모듈 파라미터 비정상 |
| _PGM_ER | BOOL | 프로그램에 에러 |
| _CODE_ER | BOOL | 프로그램 코드 에러 |
| _SWDT_ER | BOOL | 시스템 워치독 타이머 작동 |
| _BASE_POWER_ER | BOOL | 베이스 전원 이상 |
| _WDT_ER | BOOL | 스캔 워치독 타이머 작동 |
| _IO_TYERR | ARRAY[0..7] OF WORD | 메인 및 증설 베이스 모듈 타입 에러 |
| _IO_DEERR | ARRAY[0..7] OF WORD | 메인 및 증설 베이스 모듈 착탈 에러 |

## 3. 시스템 경고

| 예약 변수 | 데이터 타입 | 내 용 |
|---|---|---|
| _CNF_WAR | DWORD | 시스템의 경고장 상태 보고 |
| _RTC_ER | BOOL | RTC 데이터 이상 |
| _TASK_ER | BOOL | 태스크 충돌 |
| _BAT_ER | BOOL | 배터리 상태 이상 |
| _ANNUM_WAR | BOOL | 외부 기기의 경고장 검출 |
| _BASE_INFO_ER | BOOL | 베이스 정보 이상 |
| _HS_WAR1 | BOOL | 고속 링크 - 파라미터 1 이상 |
| _HS_WAR2 | BOOL | 고속 링크 - 파라미터 2 이상 |
| _HS_WAR3 | BOOL | 고속 링크 - 파라미터 3 이상 |
| _HS_WAR4 | BOOL | 고속 링크 - 파라미터 4 이상 |
| _HS_WAR5 | BOOL | 고속 링크 - 파라미터 5 이상 |
| _HS_WAR6 | BOOL | 고속 링크 - 파라미터 6 이상 |
| _HS_WAR7 | BOOL | 고속 링크 - 파라미터 7 이상 |
| _HS_WAR8 | BOOL | 고속 링크 - 파라미터 8 이상 |
| _HS_WAR9 | BOOL | 고속 링크 - 파라미터 9 이상 |
| _HS_WAR10 | BOOL | 고속 링크 - 파라미터 10 이상 |
| _HS_WAR11 | BOOL | 고속 링크 - 파라미터 11 이상 |
| _HS_WAR12 | BOOL | 고속 링크 - 파라미터 12 이상 |
| _P2P_WAR1 | BOOL | P2P - 파라미터 1 이상 |
| _P2P_WAR2 | BOOL | P2P - 파라미터 2 이상 |
| _P2P_WAR3 | BOOL | P2P - 파라미터 3 이상 |
| _P2P_WAR4 | BOOL | P2P - 파라미터 4 이상 |
| _P2P_WAR5 | BOOL | P2P - 파라미터 5 이상 |
| _P2P_WAR6 | BOOL | P2P - 파라미터 6 이상 |
| _P2P_WAR7 | BOOL | P2P - 파라미터 7 이상 |
| _P2P_WAR8 | BOOL | P2P - 파라미터 8 이상 |
| _CONSTANT_ER | BOOL | 고정주기 오류 |
| _ANC_ERR | WORD | 외부 기기의 중고장 정보 표시 |
| _ANC_WAR | WORD | 외부 기기의 경고장 정보 표시 |

## 4. 사용자 플래그

| 예약 변수 | 데이터 타입 | 내　　용 |
|---|---|---|
| _T20MS | BOOL | 20ms 주기의 CLOCK |
| _T100MS | BOOL | 100ms 주기의 CLOCK |
| _T200MS | BOOL | 200ms 주기의 CLOCK |
| _T1S | BOOL | 1s 주기의 CLOCK |
| _T2S | BOOL | 2s 주기의 CLOCK |
| _T10S | BOOL | 10s 주기의 CLOCK |
| _T20S | BOOL | 20s 주기의 CLOCK |
| _T60S | BOOL | 60s 주기의 CLOCK |
| _ON | BOOL | 항상 On 상태인 비트 |
| _OFF | BOOL | 항상 Off 상태인 비트 |
| _1ON | BOOL | 첫 스캔만 On 상태인 비트 |
| _1OFF | BOOL | 첫 스캔만 Off 상태인 비트 |
| _STOG | BOOL | 매 스캔 반전 |

## 5. 연산 결과 플래그

| 예약 변수 | 데이터 타입 | 내　　용 |
|---|---|---|
| _ERR | BOOL | 연산 에러 플래그 |
| _LER | BOOL | 연산 에러 시 1스캔 동안 On |
| _ARY_IDX_ERR | BOOL | 배열 인덱스 범위 초과 에러 플래그 |
| _ARY_IDX_LER | BOOL | 배열 인덱스 범위 초과 래치 에러 플래그 |
| _ALL_OFF | BOOL | 모든 출력이 Off일 경우 On |
| _PUTGET_ERR | WORD | PUT/GET 에러 |
| _PUTGET_NDR | WORD | PUT/GET 완료 |

## 6. 시스템 운전 상태 정보

| 예약 변수 | 데이터 타입 | 내 용 |
|---|---|---|
| _CPU_TYPE | WORD | CPU 타입에 관한 정보 |
| _CPU_VER | WORD | CPU 버전 표시 |
| _OS_VER | DWORD | OS 버전 표시 |
| _OS_DATE | DWORD | OS 배포일 표시 |
| _SCAN_MAX | WORD | 런 이래로 최대 스캔 시간(단위 0.1ms) |
| _SCAN_MIN | WORD | 런 이래로 최소 스캔 시간(단위 0.1ms) |
| _SCAN_CUR | WORD | 현재 스캔 시간(단위 0.1ms) |
| _RTC_TIME | ARRARY[0..7] OF BYTE | PLC의 현재시각 데이터 |
| _RTC_TIME[0] | BYTE | 현재시각의 [연도] 데이터 |
| _RTC_TIME[1] | BYTE | 현재시각의 [월] 데이터 |
| _RTC_TIME[2] | BYTE | 현재시각의 [일] 데이터 |
| _RTC_TIME[3] | BYTE | 현재시각의 [시] 데이터 |
| _RTC_TIME[4] | BYTE | 현재시각의 [분] 데이터 |
| _RTC_TIME[5] | BYTE | 현재시각의 [초] 데이터 |
| _RTC_TIME[6] | BYTE | 현재시각의 [요일] 데이터 |
| _RTC_TIME[7] | BYTE | 현재시각의 [연대] 데이터 |
| _RTC_TIME_USER | ARRARY[0..7] OF BYTE | 설정하고자 하는 시각 데이터 |
| _RTC_TIME_USER[0] | BYTE | 설정하고자 하는 시각 [연도] 데이터 |
| _RTC_TIME_USER[1] | BYTE | 설정하고자 하는 시각 [월] 데이터 |
| _RTC_TIME_USER[2] | BYTE | 설정하고자 하는 시각 [일] 데이터 |
| _RTC_TIME_USER[3] | BYTE | 설정하고자 하는 시각 [시] 데이터 |
| _RTC_TIME_USER[4] | BYTE | 설정하고자 하는 시각 [분] 데이터 |
| _RTC_TIME_USER[5] | BYTE | 설정하고자 하는 시각 [초] 데이터 |
| _RTC_TIME_USER[6] | BYTE | 설정하고자 하는 시각 [요일] 데이터 |
| _RTC_TIME_USER[7] | BYTE | 설정하고자 하는 시각 [연대] 데이터 |
| _RTC_DATE | WORD | RTC의 현재 날짜 |
| _RTC_WEEK | WORD | RTC의 현재 요일 |
| _RTC_TOD | DWORD | RTC의 현재 시간(단위 ms) |
| _BASE_INFO | ARRARY[0..7] OF WORD | 메인 및 증설 베이스 슬롯 정보 |
| _RBANK_NUM | WORD | 현재 사용중인 블록 번호 |
| _AC_F_CNT | WORD | 순시 정전 발생 횟수 |
| _FALS_NUM | WORD | FALS의 번호 표시 |

# 부록 E 용어 설명

| 용 어 | 정 의 | 비 고 |
|---|---|---|
| 모듈<br>(Module) | 시스템을 구성하는 일정한 기능을 가진 표준화된 요소로서 베이스에 삽입되도록 조립된 입·출력 보드와 같은 장치 | 예) CPU 모듈,<br>전원 모듈,<br>입·출력 모듈 등 |
| 유 닛<br>(Unit) | PLC 시스템의 동작상에서 최소 단위가 되는 모듈 또는 모듈의 집합체이며, 다른 모듈 또는 모듈의 집합체와 접속되어 PLC 시스템을 구성하는 것 | 예) 기본 유닛,<br>증설 유닛 |
| PLC 시스템<br>(PLC System) | PLC와 주변장치로 이루어지는 시스템으로 사용자 프로그램에 의하여 제어가 가능하도록 구성된 것 | |
| 콜드 리스타트<br>(Cold Restart) | 모든 데이터(입·출력 이미지 영역, 내부 레지스터, 타이머, 카운터 등의 변수 및 프로그램)를 자동 또는 수동에 의하여 정해진 상태로 초기화 한 후 PLC 시스템 및 사용자 프로그램을 다시 시동하는 것 | |
| 웜 리스타트<br>(Warm Restart) | 전원의 Off 발생을 사용자 프로그램에 통지하는 기능을 가지고, 전원 Off가 발생한 후 사용자가 사전에 정한 데이터 및 사용자 프로그램에 따라 다시 시동하는 것 | |
| 핫 리스타트<br>(Hot Restart) | 전원 Off가 발생한 후 최대 허용 시간 이내에 PLC 시스템이 모든 데이터를 그 이전의 상태로 복귀시켜 다시 시동하는 것 | |
| 입·출력 이미지 영역 | 입·출력 상태를 유지하기 위하여 설치된 CPU 모듈의 내부 메모리 영역 | |
| 워치독 타이머<br>(Watchdog Timer) | 프로그램의 미리 정해진 실행 시간을 감시하고 규정 시간 내에 처리가 완료되지 않을 때 경보를 발생하기 위한 타이머 | |
| 펑션<br>(Function) | 4칙 연산, 비교 연산 등과 같이 연산 결과를 명령어 내부에 기억하지 않고 입력에 대한 연산 결과를 즉시 출력하는 연산 단위 | |
| 펑션 블록<br>(Function Block) | 타이머, 카운터 등과 같이 명령어 내부에 연산 결과를 기억하여 여러 스캔에 걸쳐 기억된 연산 결과를 이용하는 연산 단위 | |
| 직접 변수 | 이름, 타입을 별도로 선언하지 않고 사용하는 변수로 %I, %Q, %M 영역이 이 변수에 해당함. | 예) %1X0.0.2,<br>%QW1.2.1,<br>%MD1234 등 |
| 네임드 변수<br>(Named 변수) | 사용자가 이름, 타입 등을 선언하고 사용하는 변수로 '스위치0' = %IX0.0.2, '결괏값' = %MD1234 등과 같이 선언하면 %IX0.0.2와 %MD1234 대신에 '스위치0'과 '결괏값'의 이름으로 프로그래밍할 수 있음. | |
| GMWIN | 프로그램 작성, 편집, 컴파일 및 디버그 기능을 수행하는 GLOFA-GM 시리즈용 로더 | |
| 싱크(Sink) 입력 | 입력 신호가 ON될 때 스위치로부터 PLC 입력 단자로 전류가 유입되는 방식 | |

| 용 어 | 정 의 | 비 고 |
|---|---|---|
| 소스(Source) 입력 | 입력 신호가 ON될 PLC 입력 단자로부터 스위치로 전류가 유입되는 방식 | |
| 싱크 출력 | PLC 출력 접점이 ON될 때 부하에서 출력 단자로 전류가 유입되는 방식 | |
| 소스 출력 | PLC 출력 접점이 ON될 때 출력 단자로부터 부하로 전류가 유입되는 방식 | |

## 부록 F PLC 설치 환경 및 배선

### 1. 설치 환경

PLC가 사용되는 주위 환경에서 고려해야 할 점은 온도, 습도, 노이즈, 진동 충격, 절연 저항, 접지 등으로, 선정한 PLC가 설치 환경 조건에서 잘 견딜 수 있는지 검토해야 한다. [표 F-1]은 PLC 설치 환경에 대한 일반 사양이다.

[표 F-1] 일반 사양

<table>
<tr><th>No</th><th>항 목</th><th colspan="5">규 격</th><th>관련 규격</th></tr>
<tr><td>1</td><td>사용 온도</td><td colspan="5">0 ~ 55℃</td><td></td></tr>
<tr><td>2</td><td>보관 온도</td><td colspan="5">−25 ~ 75℃</td><td></td></tr>
<tr><td>3</td><td>사용 습도</td><td colspan="5">5 ~ 95%RH, 이슬이 맺히지 않을 것</td><td></td></tr>
<tr><td>4</td><td>보관 습도</td><td colspan="5">5 ~ 95%RH, 이슬이 맺히지 않을 것</td><td></td></tr>
<tr><td rowspan="8">5</td><td rowspan="8">내 진동</td><td colspan="5">단속적인 진동이 있는 경우</td><td rowspan="8">IEC 1131-2</td></tr>
<tr><td>주파수</td><td>가속도</td><td>진폭</td><td colspan="2">횟수</td></tr>
<tr><td>$10 \le f < 57$Hz</td><td>−</td><td>0.075mm</td><td colspan="2" rowspan="6">X, Y, Z<br>각 방향<br>10회</td></tr>
<tr><td>$57 \le f < 150$Hz</td><td>9.8$m/s^2$(0.5G)</td><td>−</td></tr>
<tr><td colspan="3">연속적인 진동이 있는 경우</td></tr>
<tr><td>주파수</td><td>가속도</td><td>진폭</td></tr>
<tr><td>$10 \le f < 57$Hz</td><td>−</td><td>0.035mm</td></tr>
<tr><td>$57 \le f < 150$Hz</td><td>4.9$m/s^2$(0.5G)</td><td>−</td></tr>
<tr><td>6</td><td>내 충격</td><td colspan="5">• 최대 충격 가속도 : 147$m/s^2$(15G)<br>• 인가시간 : 11ms<br>• 펄스 파형 : 정현 반파 펄스(X, Y, Z 3방향 각 3회)</td><td>IEC 1131-2</td></tr>
<tr><td rowspan="5">7</td><td rowspan="5">내 노이즈</td><td>방형파 임펄스 노이즈</td><td colspan="4">±1,500V</td><td>LG 산전 내부 시험 규격 기준</td></tr>
<tr><td>정정기 방전</td><td colspan="4">전압 : 4kV(접촉 방전)</td><td>IEC 1131-2,<br>IEC 801-2</td></tr>
<tr><td>방사 전자계 노이즈</td><td colspan="4">27 ~ 500MHz, 10V/m</td><td>IEC 1131-2,<br>IEC 801-3</td></tr>
<tr><td rowspan="2">패스트 트랜지언트/ 버스트 노이즈</td><td>구분</td><td>전원 모듈</td><td>디지털 입·출력</td><td>디지털 입·출력 (24V 미만)<br>아날로그 입·출력<br>통신 인터페이스</td><td rowspan="2">IEC 1131-2,<br>IEC 801-4</td></tr>
<tr><td>전압</td><td>2kV</td><td>1kV</td><td>0.25kV</td></tr>
<tr><td>8</td><td>주위 환경</td><td colspan="5">부식성 가스, 먼지가 없을 것</td><td></td></tr>
<tr><td>9</td><td>냉각 방식</td><td colspan="5">자연 공랭식</td><td></td></tr>
</table>

## 2. 노이즈(Nosie) 대책

### 1) 전원계통

PLC에 관련되는 전원은 PLC용 전원과 입·출력 회로용 전원으로 나눌 수 있다.

PLC용 전원은 동력 계통과 별도로 분리하여 사용하는 것이 바람직하며, 차폐 변압기를 사용해 주는 것이 좋다. 이 밖에 라인 필터(line filter)에 의해 외부 노이즈를 막아 주면 효과적이며, 입·출력 회로용 전원도 차폐 변압기를 이용하여 외부로 부터의 영향을 막아 주는 것이 좋다.

출력부는 외부 구동 기기에서 발생한 돌입 전류 및 피크(peak)전압 등이 PLC에 영향을 줄 수 있으므로 특히 유의해야 한다.

### 2) 접지

PLC의 접지 단자는 반드시 접지해야 하며, 일반적으로 제3종 접지(100Ω 이하)를 실시하여 이것에 의해 노이즈의 영향을 상당히 줄일 수 있다. 그러나 잘못된 접지는 오히려 역효과를 가져올 수 있으므로 주의하여야 한다.

[그림 F-1]는 접지의 예이다.

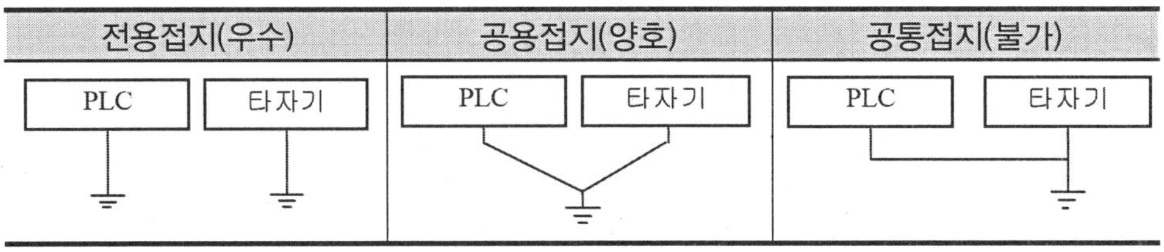


**[그림 F-1] 접지의 예**

### 3) 유도 노이즈 대책

선간의 유도에 의한 노이즈를 줄이기 위하여 아래의 배선들을 서로 떼어 놓는 것이 좋다.

- 동력선과 신호선
- 아날로그 신호와 디지털 신호
- 고속 펄스 신호와 저속 펄스 신호
- 입력 신호와 출력 신호
- 고레벨 신호와 저레벨 신호
- 직류 신호와 교류 신호

특히, 동력선에서 발생한 유도 노이즈가 PLC의 전자 회로에 영향을 미치지 않도록 [그림 F-2]와 같이 격리시켜야 한다.

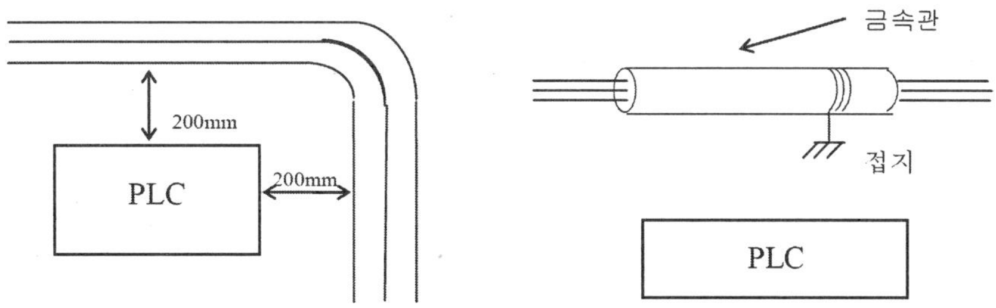


(a) 이격 거리 준수　　　(b) 금속관에 의한 유도 노이즈 차폐

**[그림 F-2] 유도 노이즈 방지 방법**

PLC 설치 시 접지 및 배선의 유의사항 등을 지켜주면 노이즈를 어느 정도 줄일 수 있다. 이 외에 다른 전자기기의 영향을 줄이기 위하여 다음과 같은 대책이 필요하다. 교류 유도성 부하의 경우, [그림 F-3]과 같이 RC 또는 바리스터(Varister)를 부하 양끝에 병렬 접속한다. 직류 유도성 부하의 경우, [그림 F-3]과 같이 부하 근처에 다이오드를 역방향으로 병렬 접속한다.

**[그림 F-3] 유도성 부하의 노이즈 대책**

[표 F-2]는 일반적인 노이즈의 종류이다.

**[표 F-2] 일반적인 노이즈의 종류**

| 노이즈의 종류 |
|---|
| • 개폐기 노이즈(전자 개폐기, 전자 접촉기 등)<br>• 낙뢰 서지<br>• 입·출력선이나 제어 신호선, 전송 케이블을 통하여 유도되는 노이즈<br>• 강전기 노이즈<br>• 강전자계 발생원에 의한 전자 유도 노이즈 |

[표 F-3]은 일반적인 노이즈의 대책이다.

[표 F-3] 일반적인 노이즈의 대책

| 항 목 | 노이즈 대책 |
|---|---|
| PLC 제어반 내부 | • 차단기, 배선용 차단기, 전자 개폐기 등 아크가 발생하는 기기와는 가능한 분리 설치<br>• 전원선을 꼬아서 사용<br>• 입력선과 출력선의 분리 |
| PLC와 외부 연결 | • 차폐 변압기<br>• 최단 거리 배선<br>• 정전압 전원<br>• 필터 |
| 제어반의 외부 배선 | • 실드(Shield) 케이블의 사용<br>• 입력선과 출력선의 분리<br>• 광 전송 케이블로 전송 |
| 접 지 | • 전용 접지는 우수<br>• 공용 접지는 양호<br>• 공통 접지는 불가 |
| 기 타 | • 서지 흡수식 전자 접촉기<br>• 서지 옵서버의 접속<br>• 릴레이 코일(DC인 경우)에 다이오드의 접속 |

# 부록 G 유지보수

## 1. 보전이란?

공장자동화 시스템이 고장 없이 가동되어 생산성을 높이는 것이 PLC 사용의 최대 목표라 할 수 있다.

PLC는 반도체를 사용한 전자 회로로 반영구적이므로 릴레이 제어반처럼 예방 보전적인 부품의 교환처리는 필요하지 않으나, 릴레이 출력카드나 전지 등의 정기적인 교환은 필요하다. 만일 고장이 나면 모듈을 교환하면 된다.

그 밖에 시스템의 고장 요인으로는 다음 7가지가 있다.

- PLC의 하드웨어
- PLC의 소프트웨어
- PLC의 제어 및 조작반
- 기계의 검출부
- 기계의 구동부
- 기계의 본체
- 시스템 주변 기기의 환경

장치나 시스템이 가동될 때 그 기능이나 성능을 유지하기 위한 점검, 조정, 대체, 수리 등의 작업을 보전(保全)이라 하는데, 크게 예방 보전과 사후 보전의 2가지가 있다. 생산 설비, 항공기 등 경제적 손실이 크거나 중대 사고에 연결되는 것은 예방 보전이 적용되고 일반 제품은 사후 보전이 적용된다.

### 1) 예방 보전

#### ① 일상 점검

점검은 PLC 본체에 관한 것과 외부에서 공급되는 전원이나 온도, 습도 등의 주위 환경에 관한 것이다. 어느 것이나 매일 운전하기 전에 점검하는 것이 바람직하며, 구체적인 점검 항목을 작성하는 것이 필요하다.

#### ② 정기 점검

1개월, 3개월, 6개월 등의 비교적 긴 시간마다 점검하는 것으로 현상이 천천히 변화해 가기 때문에 매일 점검할 필요가 없는 것에 해당한다.

### 2) 사후 보전

① 이상 발견

평소와는 다른 현상으로 동작되는 경우로서 무엇이 이상인지 원인을 명확히 찾아내는 것이 필요하다. PLC의 자기 진단에 의한 것 외에 사용자 프로그램으로 중요한 동작 과정을 진단하여 기계 장치의 이상 유무를 판단할 수 있다. 이 외의 발견 방법으로는 PLC 하드웨어 및 주변 기기의 이상 상태 체크, 기계의 움직임에 의한 이상 상태 체크, 제품의 형상이나 생산량에 의한 이상 체크 등이 있다.

② 이상 현상과 조치

이상의 발견되면 즉시 복구하여 시스템이 재가동 될 수 있도록 한다. 이때 주의할 것은 이상이 다른 곳까지 파급되는 경우가 있으므로 다른 곳에서의 영향도 함께 진단할 필요가 있다.

## 2. PLC 점검 요령

[표 G-1] 점검 항목과 내용

| 점검항목 | 점검내용 | 점검주기 | |
|---|---|---|---|
| | | 일상 | 정기 |
| 주변환경 | 주변온도, 습도, 먼지, 오일미스트 등을 확인 | ○ | |
| 전원 | Maker 지정 범위 내인가 확인 | ○ | |
| 취부상태 (배선) | Unit(I/O 포함) 취부 상태의 느슨해짐 정도, 절단 | ○ | |
| | 단자, 볼트의 조임 확인 | ○ | |
| | 배선 Cable 의 손상, 열화 확인 | ○ | |
| | 압착단자(cable)의 근접 | ○ | |
| 표지 Lamp | 동작(상태)표시기의 정상동작 확인 | ○ | |
| Battery | 전압은 정상인가? Maker 보증 기간 내인가?(표시램프, 모니터 등에서 확인) | | ○ |
| Relay | 동작 시에 「삐리리」 음(音)은 없는가? | | ○ |
| Fuse | 느슨해짐, 절단은 없는가? | | ○ |
| Program (usersoft) 제어반 | Master Priogram(보관)과 Program 내용을 비교, 조합하여 상호확인 | | ○ |
| 이물제거 | 냉각 Fan 및 Air-Filte 의 청소 | | ○ |
| | 먼지, 이물 등을 청소제거 | | |
| 예비품 | 보관 개수 확인 | | ○ |
| | 보관환경 확인 | | ○ |
| | 동작 확인 | | ○ |

[표 G-2] 교환 부품

| 부품명 | 표준 교환 연수 | 교환방법, 기타 |
|---|---|---|
| Battery | 2~3년(단, 수명은 Maker 및 종류에 따라 다르다.) | 신품과 교환 |
| (전원회로) 평활 콘덴서 | 5년 | 신품과 교환<br>Maker와 상담 후에 결정 |
| Relay류 | | 개폐전류, 개폐빈도에 따라 다르기 때문에 Maker 규정에 의해 결정 |
| Fuse | 10년 | 신품과 교환 |

PLC가 다음의 항목에 해당할 때는 [표 G-2]의 교환 부품의 교환 연수 단축을 고려할 필요가 있다.

① 온도, 습도가 높은 장소 또는 그 변화가 심한 장소에서 사용할 경우

② 전원(전압, 주파수, 파형 찌그러짐 등)이나 부하의 변동이 큰 경우

③ 진동, 충격이 심한 장소에 설치된 경우

④ 먼지, 염분, 아황산가스 및 유황수소 등의 나쁜 환경 속에서 사용할 경우

⑤ 사용 전 보관 환경이 나쁜 경우(장기보존, 장기정지 등)

[표 G-3] 필요한 예비품

| NO | 품 명 | 수 량 | 비 고 |
|---|---|---|---|
| 1 | Batery | 1~2개 | 전지의 보존수명은 약 3년이다.<br>1~2개는 예측할 수 없는 경우에 대비한다. |
| 2 | Fuse | 사용수 | Fuse는 단락이나 과전류뿐만 아니라 전원 ON/OFF 등의 돌입전류에 의해 끊어질 수 있기 때문에 넉넉하게 준비한다. |

[표 G-4] 준비 권장 예비품

| NO | 품 명 | 수 량 | 비 고 |
|---|---|---|---|
| 1 | 입·출력 Unir | Unit의 각명에 붙여 1개 | Relay출력 Unit은 접점마모가 있다. |
| 2 | CPU | 1개 | PLC의 핵심이 되는 부품이므로 만일 고장이 났을 때에는 System이 Down된다. |
| 3 | Memory | 1개 | |
| 4 | 전원 Unit | 1개 | |

[표 G-5] Data 보존용 예비품

| NO | 품 명 | 수 량 | 비 고 |
|---|---|---|---|
| 1 | Print 용지 | 필요수<br>(그때마다 수배) | |
| 2 | Foppy Disk | 필요수 | 시운전용이 Back-UP과 User용의 예비 |

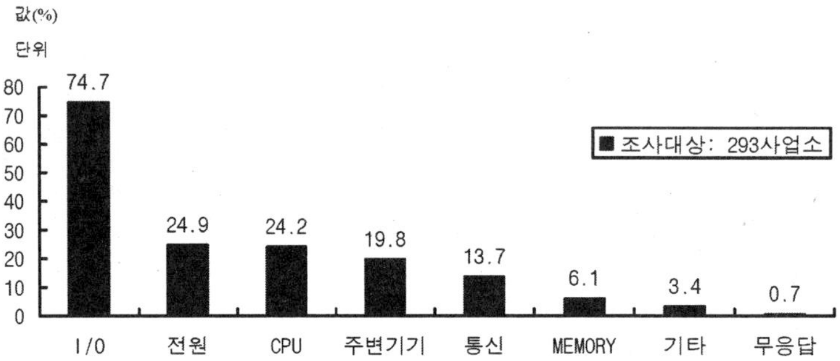


[그림 G-1] PLC의 고장 부위(복수 응답)

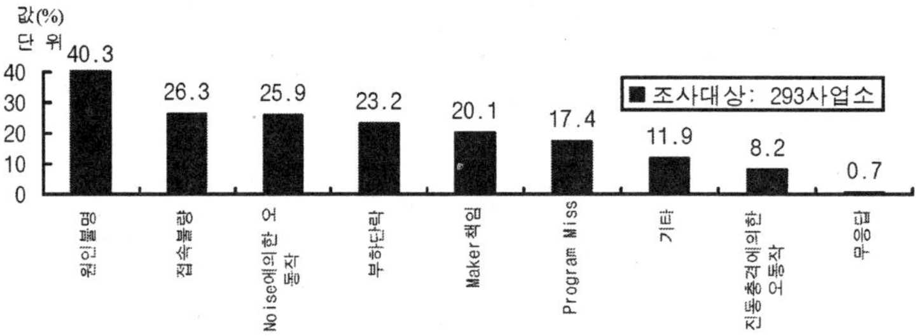


[그림 G-2] PLC의 고장 원인(복수 응답)

# 부록 H 주요 펑션

| ADD | 적용 기종 | 발생플래그 |
|---|---|---|
| 더하기 | XGI, XGR, XEC | _ERR, _LER |

| 펑 션 | 설 명 |
|---|---|
| 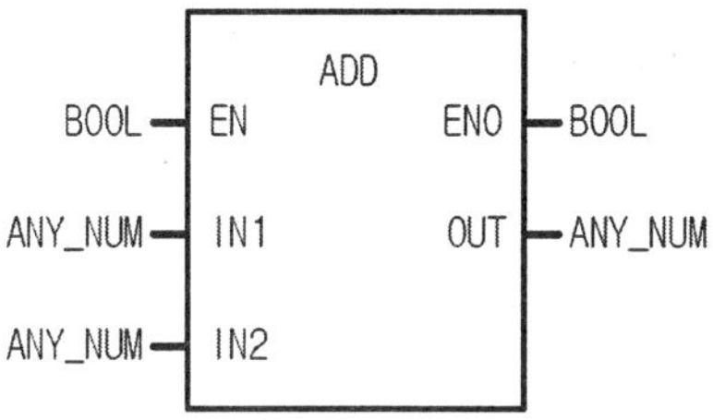 | 입력 EN : 1일 때 펑션 실행<br>IN1 : 더할 값<br>IN2 : 더할 값<br>입력은 8개까지 확장 가능<br><br>출력 ENO : 에러 없이 실행되면 1을 출력<br>OUT : 더한 결괏값<br><br>IN1, IN2, ..., OUT에 연결되는 변수는 모두 같은 데이터 타입이어야 함. |



| ANY 타입 변수성명 | 변수명 | BOOL | BYTE | WORD | DWORD | LWORD | SINT | INT | DINT | LINT | USINT | UINT | UDINT | ULINT | REAL | LREAL | TIME | DATE | TOD | DT | STRING |
|---|---|---|---|---|---|---|---|---|---|---|---|---|---|---|---|---|---|---|---|---|---|
| | IN1 | | | | | | ○ | ○ | ○ | ○ | ○ | ○ | ○ | ○ | ○ | ○ | | | | | |
| | IN2 | | | | | | ○ | ○ | ○ | ○ | ○ | ○ | ○ | ○ | ○ | ○ | | | | | |
| | OUT | | | | | | ○ | ○ | ○ | ○ | ○ | ○ | ○ | ○ | ○ | ○ | | | | | |

• 기능

1. IN1, IN2,..., INn (n은 입력 개수)를 더해서 OUT으로 출력시킨다.
   OUT = IN1 + IN2 + ... + INn

• 플래그

| 플래그 | 설 명 |
|---|---|
| _ERR | 출력 값이 해당 데이터 타입의 범위를 벗어날 경우 _ERR, _LER 플래그가 셋(Set)된다. |

| AND | 적용 기종 | 발생플래그 |
|---|---|---|
| 논리곱 | XGI, XGR, XEC | – |
| 펑 션 | 설 명 | |
| 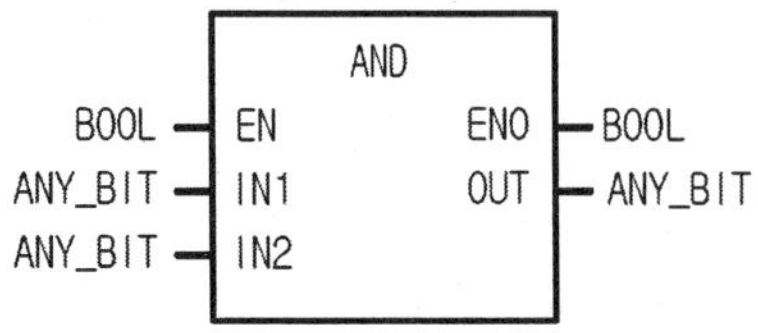 | 입력 N : 1일 때 펑션 실행<br>IN1 : AND될 값<br>IN2 : AND될 값<br>입력이 8개까지 확장 가능<br><br>출력 ENO : EN값이 그대로 출력<br>OUT : AND된 값<br><br>IN1, IN2, OUT은 모두 같은 타입이어야 함. | |

| ANY 타입 변수성명 | 변수명 | BOOL | BYTE | WORD | DWORD | LWORD | SINT | INT | DINT | LINT | USINT | UINT | UDINT | ULINT | REAL | LREAL | TIME | DATE | TOD | DT | STRING |
|---|---|---|---|---|---|---|---|---|---|---|---|---|---|---|---|---|---|---|---|---|---|
| | IN1 | ○ | ○ | ○ | ○ | ○ | | | | | | | | | | | | | | | |
| | IN2 | ○ | ○ | ○ | ○ | ○ | | | | | | | | | | | | | | | |
| | OUT | ○ | ○ | ○ | ○ | ○ | | | | | | | | | | | | | | | |

- 기능

1. IN1을 IN2와 비트별로 AND해서 OUT으로 출력시킨다.

   IN1 1111 ..... 0000

   &

   IN2 1010 ..... 1010

   OUT 1010 ..... 0000

- 프로그램의 예

1. LD

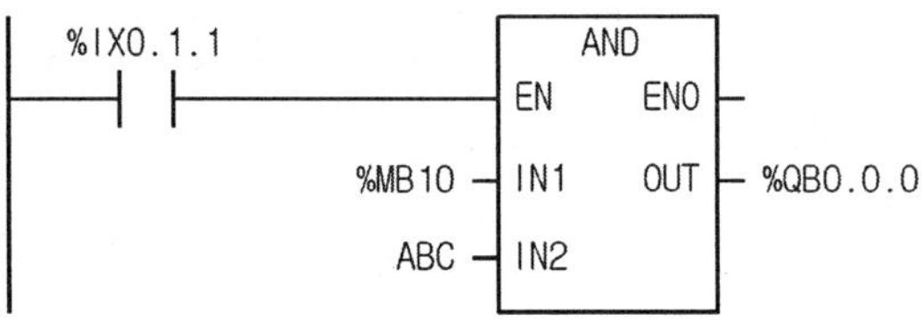

| BCD_TO_*** | 적용 기종 | 발생플래그 |
|---|---|---|
| BCD 타입을 정수로 변환 | XGI, XGR, XEC | _ERR, _LER |

| 펑 션 | 설 명 |
|---|---|
| 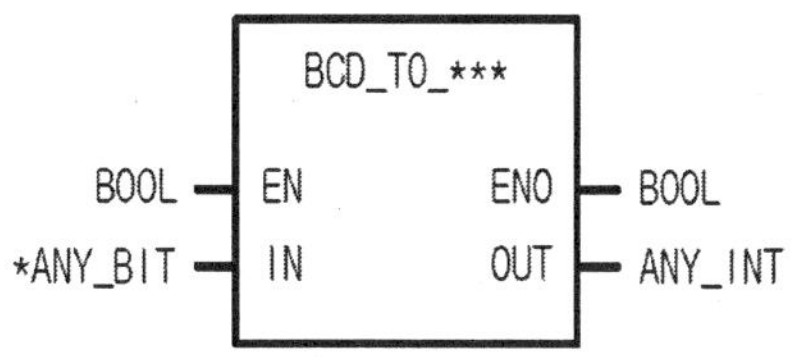 | 입력 EN : 1일 때 펑션 실행<br>IN : BCD 형태의 데이터를 갖고 있는 ANY 타입 입력<br><br>출력 ENO : EN값이 그대로 출력<br>OUT : 타입 변환된 데이터 |

| ANY 타입 변수성명 | 변수명 | BOOL | BYTE | WORD | DWORD | LWORD | SINT | INT | DINT | LINT | USINT | UINT | UDINT | ULINT | REAL | LREAL | TIME | DATE | TOD | DT | STRING |
|---|---|---|---|---|---|---|---|---|---|---|---|---|---|---|---|---|---|---|---|---|---|
| | IN | | ○ | ○ | ○ | ○ | | | | | | | | | | | | | | | |
| | OUT | | | | | | ○ | ○ | ○ | ○ | ○ | ○ | ○ | ○ | | | | | | | |

*ANY_BIT : ANY_BIT 중 BOOL 제외

- 기능

1. IN을 타입 변환해서 OUT으로 출력시킨다.

| 펑 션 | 입력 타입 | 출력 타입 | 동작 설명 |
|---|---|---|---|
| BYTE_BCD_TO_SINT | BYTE | SINT | BCD를 출력 데이터 타입 타입으로 변환한다. 입력이 BCD값일 경우에만 정상 변환된다. (입력 데이터 타입이 WORD일 경우 0~16#9999 값만 정상 변환된다.) |
| WORD_BCD_TO_INT | WORD | INT | |
| DWORD_BCD_TO_DINT | DWORD | DINT | |
| LWORD_BCD_TO_LINT | LWORD | LINT | |
| BYTE_BCD_TO_USINT | BYTE | USINT | |
| WORD_BCD_TO_UINT | WORD | UINT | |
| DWORD_BCD_TO_UDINT | DWORD | UDINT | |
| LWORD_BCD_TO_ULINT | LWORD | ULINT | |

| DIV | 적용 기종 | 발생플래그 |
|---|---|---|
| 나누기 | XGI, XGR, XEC | _ERR, _LER |

| 펑　　션 | 설　　명 |
|---|---|
| 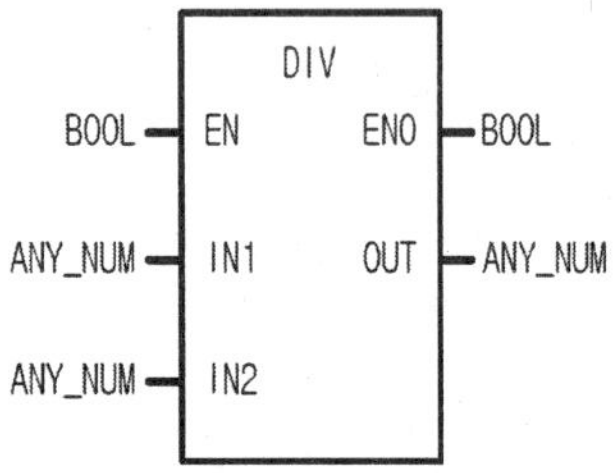 | 입력 EN : 1일 때 펑션 실행<br>IN1 : 나누어질 값(피제수)<br>IN2 : 나눌 값(제수)<br><br>출력 ENO : 에러 없이 실행되면 1을 출력<br>OUT : 나눈 결괏값(몫)<br><br>IN1, IN2, OUT에 연결되는 변수는 모두 같은 데이터 타입이어야 함. |



| ANY 타입 변수성명 | 변수명 | BOOL | BYTE | WORD | DWORD | LWORD | SINT | INT | DINT | LINT | USINT | UINT | UDINT | ULINT | REAL | LREAL | TIME | DATE | TOD | DT | STRING |
|---|---|---|---|---|---|---|---|---|---|---|---|---|---|---|---|---|---|---|---|---|---|
| | IN1 | | | | | | ○ | ○ | ○ | ○ | ○ | ○ | ○ | ○ | ○ | ○ | | | | | |
| | IN2 | | | | | | ○ | ○ | ○ | ○ | ○ | ○ | ○ | ○ | ○ | ○ | | | | | |
| | OUT | | | | | | ○ | ○ | ○ | ○ | ○ | ○ | ○ | ○ | ○ | ○ | | | | | |

- 기능

1. IN1을 IN2로 나눠서 그 몫 중에서 소수점 이하를 버린 값을 OUT으로 출력시킨다.
   OUT = IN1/IN2

| IN1 | IN2 | OUT | 비　고 |
|---|---|---|---|
| 7 | 2 | 3 | 소수점 이하 버림 |
| 7 | −2 | −3 | |
| −7 | 2 | −3 | |
| −7 | −2 | 3 | |
| 7 | 0 | × | 에러 |

- 플래그

| 플래그 | 설　명 |
|---|---|
| _ERR | 나눌 값(제수)이 '0'인 경우, 나눈 결괏값이 각 타입의 최댓값을 넘을 경우 _ERR, _LER 플래그가 셋(Set)된다. |

| EQ | 적용 기종 | 발생플래그 |
|---|---|---|
| '같다.' 비교 | XGI, XGR, XEC | - |

| 펑 션 | 설 명 |
|---|---|
| 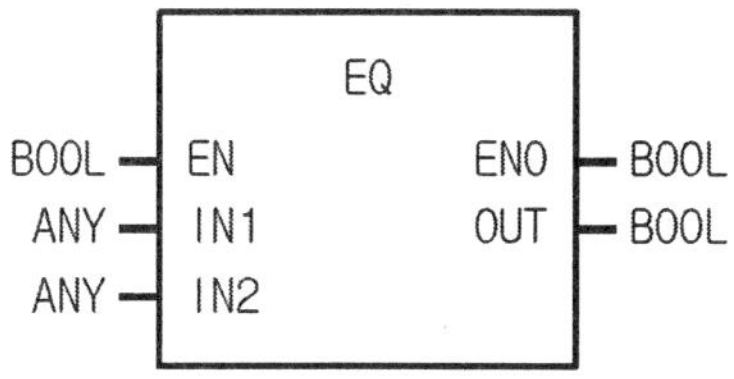 | 입력 EN : 1일 때 펑션 실행<br>IN1 : 비교할 값<br>IN2 : 비교할 값<br>입력은 8개까지 확장 가능<br>IN1, IN2, ...는 모두 같은 타입이어야 함.<br><br>출력 ENO : EN값이 그대로 출력<br>OUT : 비교 결괏값 |

| ANY 타입 변수성명 | 변수명 | BOOL | BYTE | WORD | DWORD | LWORD | SINT | INT | DINT | LINT | USINT | UINT | UDINT | ULINT | REAL | LREAL | TIME | DATE | TOD | DT | STRING |
|---|---|---|---|---|---|---|---|---|---|---|---|---|---|---|---|---|---|---|---|---|---|
| | IN1 | ○ | ○ | ○ | ○ | ○ | ○ | ○ | ○ | ○ | ○ | ○ | ○ | ○ | ○ | ○ | ○ | ○ | ○ | ○ | ○ |
| | IN2 | ○ | ○ | ○ | ○ | ○ | ○ | ○ | ○ | ○ | ○ | ○ | ○ | ○ | ○ | ○ | ○ | ○ | ○ | ○ | ○ |

- 기능

1. IN1 = IN2 = IN3 ... = INn(n은 입력개수)이면 OUT으로 1이 출력된다.
2. 다른 경우에는 OUT으로 0이 출력된다.

- 프로그램의 예

1. LD

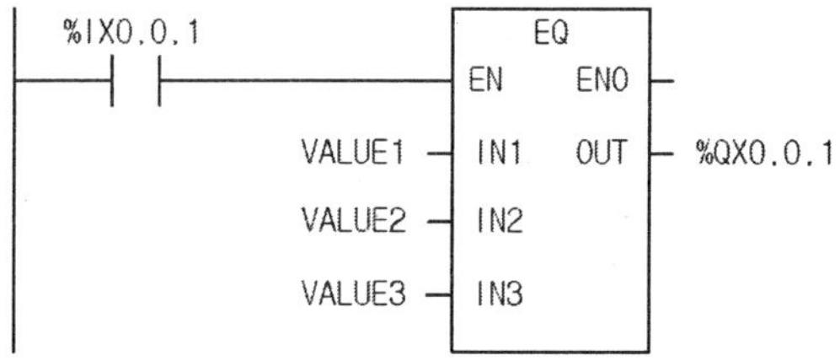

| GE | 적용 기종 | 발생플래그 |
|---|---|---|
| '크거나 같다.' 비교 | XGI, XGR, XEC | – |

| 펑 션 | 설 명 |
|---|---|
| 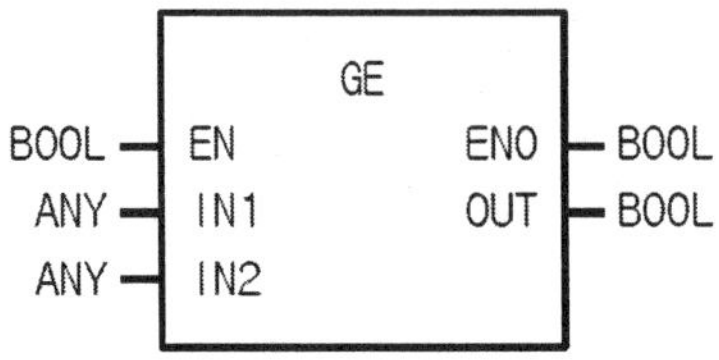 | 입력 EN : 1일 때 펑션 실행<br>IN1 : 비교할 값<br>IN2 : 비교할 값<br>입력은 8개까지 확장 가능<br>IN1, IN2,...는 모두 같은 타입이어야 함.<br><br>출력 ENO : EN값이 그대로 출력<br>OUT : 비교 결괏값 |



| ANY 타입 변수성명 | 변수명 | BOOL | BYTE | WORD | DWORD | LWORD | SINT | INT | DINT | LINT | USINT | UINT | UDINT | ULINT | REAL | LREAL | TIME | DATE | TOD | DT | STRING |
|---|---|---|---|---|---|---|---|---|---|---|---|---|---|---|---|---|---|---|---|---|---|
| | IN1 | ○ | ○ | ○ | ○ | ○ | ○ | ○ | ○ | ○ | ○ | ○ | ○ | ○ | ○ | ○ | ○ | ○ | ○ | ○ | ○ |
| | IN2 | ○ | ○ | ○ | ○ | ○ | ○ | ○ | ○ | ○ | ○ | ○ | ○ | ○ | ○ | ○ | ○ | ○ | ○ | ○ | ○ |

- 기능

1. IN1 ≥ IN2 ≥ IN3... ≥ INn(n은 입력개수)이면 OUT으로 1이 출력된다.
2. 다른 경우에는 OUT으로 0이 출력된다.

- 프로그램의 예

1. LD

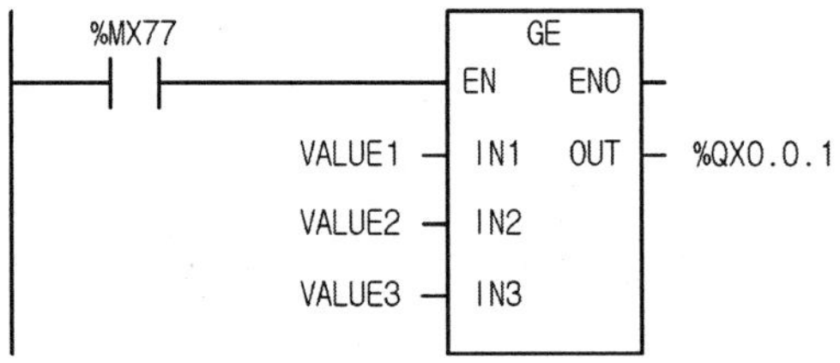

| GT | 적용 기종 | 발생플래그 |
|---|---|---|
| ‘크다.’ 비교 | XGI, XGR, XEC | – |

| 펑 션 | 설 명 |
|---|---|
| 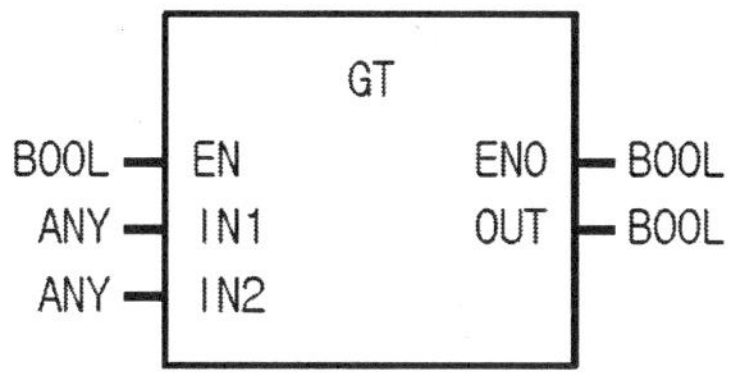 | 입력 EN : 1일 때 펑션 실행<br>IN1 : 비교될 값<br>IN2 : 비교할 값<br>입력은 8개까지 확장 가능<br>IN1, IN2, ...는 모두 같은 타입이어야 함.<br><br>출력 ENO : EN값이 그대로 출력<br>OUT : 비교 결괏값 |

| ANY 타입 변수성명 | 변수명 | BOOL | BYTE | WORD | DWORD | LWORD | SINT | INT | DINT | LINT | USINT | UINT | UDINT | ULINT | REAL | LREAL | TIME | DATE | TOD | DT | STRING |
|---|---|---|---|---|---|---|---|---|---|---|---|---|---|---|---|---|---|---|---|---|---|
| | IN1 | ○ | ○ | ○ | ○ | ○ | ○ | ○ | ○ | ○ | ○ | ○ | ○ | ○ | ○ | ○ | ○ | ○ | ○ | ○ | ○ |
| | IN2 | ○ | ○ | ○ | ○ | ○ | ○ | ○ | ○ | ○ | ○ | ○ | ○ | ○ | ○ | ○ | ○ | ○ | ○ | ○ | ○ |

- 기능

1. IN1 > IN2 > IN3... > INn(n은 입력개수)이면 OUT으로 1이 출력된다.
2. 다른 경우에는 OUT으로 0이 출력된다.

- 프로그램의 예

1. LD

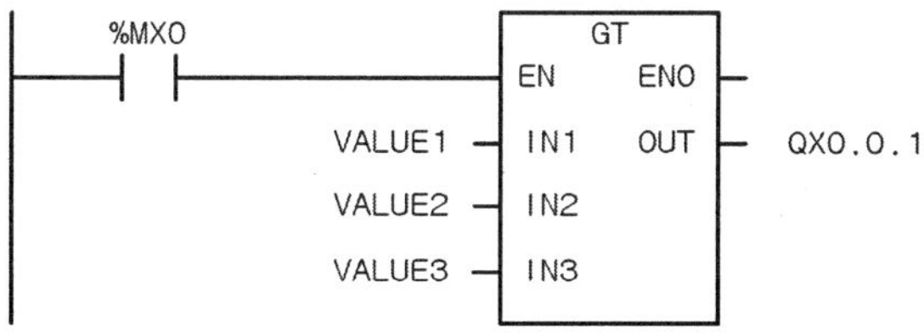

| LE | 적용 기종 | 발생플래그 |
|---|---|---|
| '작거나 같다.' 비교 | XGI, XGR, XEC | – |

| 펑 션 | 설 명 |
|---|---|
| 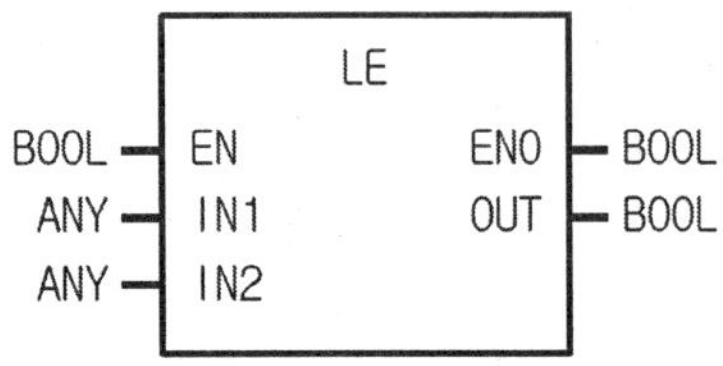 | 입력 EN : 1일 때 펑션 실행<br>IN1 : 비교할 값<br>IN2 : 비교할 값<br>입력은 8개까지 확장 가능<br>IN1, IN2, ...는 모두 같은 타입이어야 함.<br><br>출력 ENO : EN값이 그대로 출력<br>OUT : 비교 결과 |

| ANY 타입 변수성명 | 변수명 | BOOL | BYTE | WORD | DWORD | LWORD | SINT | INT | DINT | LINT | USINT | UINT | UDINT | ULINT | REAL | LREAL | TIME | DATE | TOD | DT | STRING |
|---|---|---|---|---|---|---|---|---|---|---|---|---|---|---|---|---|---|---|---|---|---|
| | IN1 | ○ | ○ | ○ | ○ | ○ | ○ | ○ | ○ | ○ | ○ | ○ | ○ | ○ | ○ | ○ | ○ | ○ | ○ | ○ | ○ |
| | IN2 | ○ | ○ | ○ | ○ | ○ | ○ | ○ | ○ | ○ | ○ | ○ | ○ | ○ | ○ | ○ | ○ | ○ | ○ | ○ | ○ |

- 기능

1. IN1 ≤ IN2 ≤ IN3... ≤ INn(n은 입력개수)이면 OUT으로 1이 출력된다.
2. 다른 경우에는 OUT으로 0이 출력된다.

- 프로그램의 예

1. LD

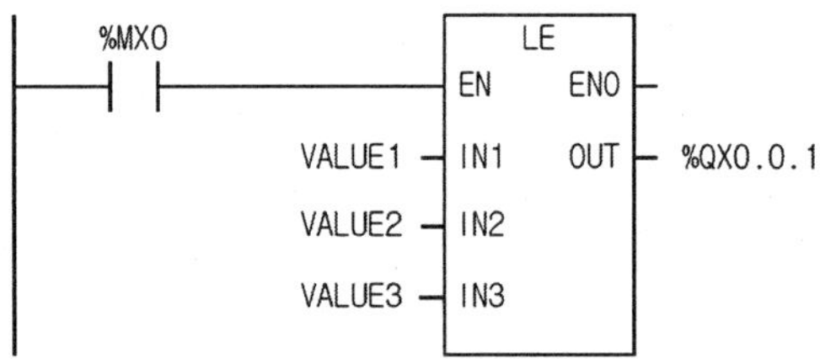

| LT | 적용 기종 | 발생플래그 |
|---|---|---|
| '작다.' 비교 | XGI, XGR, XEC | - |
| 펑 션 | 설 명 | |

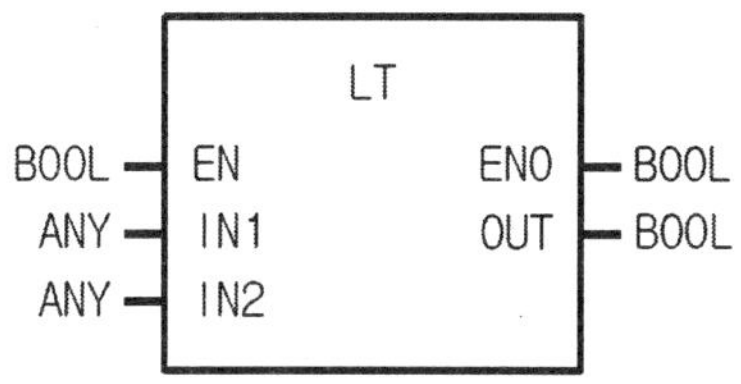


입력 EN : 1일 때 펑션 실행
IN1 : 비교할 값
IN2 : 비교할 값
입력은 8개까지 확장 가능
IN1, IN2, ...는 모두 같은 타입이어야 함.

출력 ENO : EN값이 그대로 출력
OUT : 비교 결과

| ANY 타입 변수성명 | 변수명 | BOOL | BYTE | WORD | DWORD | LWORD | SINT | INT | DINT | LINT | USINT | UINT | UDINT | ULINT | REAL | LREAL | TIME | DATE | TOD | DT | STRING |
|---|---|---|---|---|---|---|---|---|---|---|---|---|---|---|---|---|---|---|---|---|---|
| | IN1 | ○ | ○ | ○ | ○ | ○ | ○ | ○ | ○ | ○ | ○ | ○ | ○ | ○ | ○ | ○ | ○ | ○ | ○ | ○ | ○ |
| | IN2 | ○ | ○ | ○ | ○ | ○ | ○ | ○ | ○ | ○ | ○ | ○ | ○ | ○ | ○ | ○ | ○ | ○ | ○ | ○ | ○ |

- 기능

  1. IN1 < IN2 < IN3... < INn(n은 입력개수)이면 OUT으로 1이 출력된다.
  2. 다른 경우에는 OUT으로 0이 출력된다.

- 프로그램의 예

  1. LD

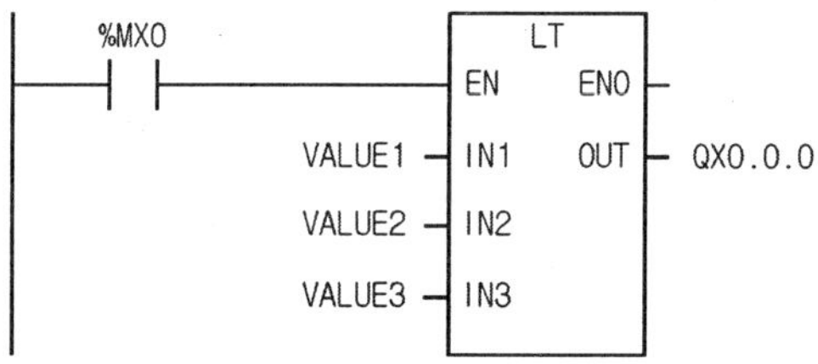

| MOVE | 적용 기종 | 발생플래그 |
|---|---|---|
| 데이터 복사 | XGI, XGR, XEC | - |
| 펑 션 | 설 명 | |
| 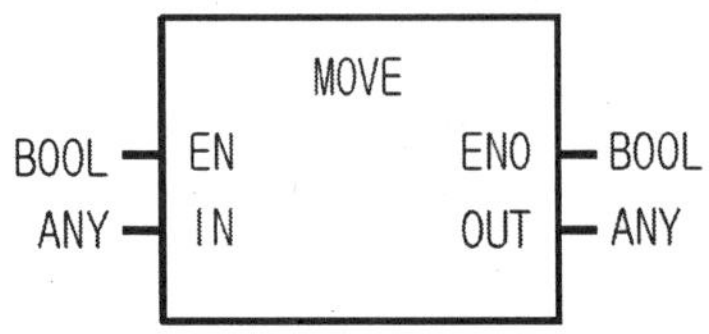 | 입력 EN : 1일 때 펑션 실행<br>IN : MOVE할 값<br><br>출력 ENO : EN값이 그대로 출력<br>OUT : MOVE된 값<br><br>IN, OUT에 연결되는 변수는 같은 데이터 타입이어야 함. | |

| ANY 타입 변수성명 | 변수명 | BOOL | BYTE | WORD | DWORD | LWORD | SINT | INT | DINT | LINT | USINT | UINT | UDINT | ULINT | REAL | LREAL | TIME | DATE | TOD | DT | STRING |
|---|---|---|---|---|---|---|---|---|---|---|---|---|---|---|---|---|---|---|---|---|---|
| | IN1 | ○ | ○ | ○ | ○ | ○ | ○ | ○ | ○ | ○ | ○ | ○ | ○ | ○ | ○ | ○ | ○ | ○ | ○ | ○ | ○ |
| | OUT | ○ | ○ | ○ | ○ | ○ | ○ | ○ | ○ | ○ | ○ | ○ | ○ | ○ | ○ | ○ | ○ | ○ | ○ | ○ | ○ |

• 기능

1. IN의 값을 OUT으로 이동합니다.

• 프로그램의 예

입력 %IX0.0.0~%IX0.0.7의 8점의 입력상태를 변수 D로 전송한 후, 전송된 데이터를 출력 %QX0.4.0~%QX0.4.7의 8점으로 출력시키는 프로그램이다.

1. LD

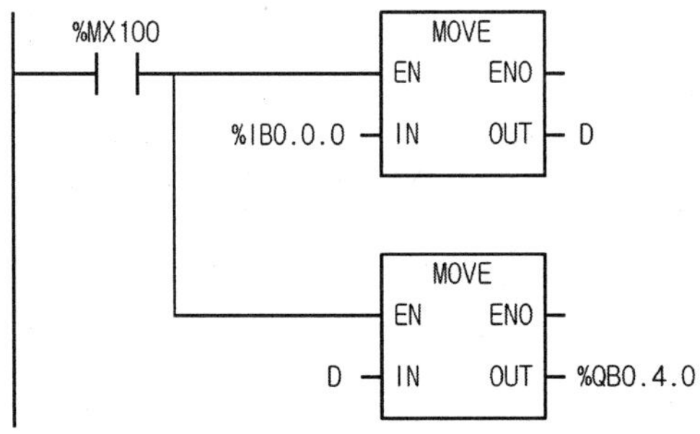

| MUL | 적용 기종 | 발생플래그 |
|---|---|---|
| 곱하기 | XGI, XGR, XEC | _ERR, _LER |

| 펑 션 | 설 명 |
|---|---|
| 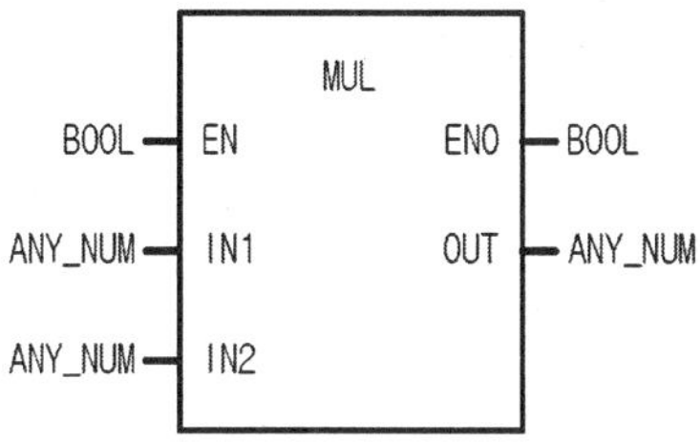 | 입력 EN : 1일 때 펑션 실행<br>IN : 곱해질 값(피승수)<br>IN2 : 곱할 값(승수)<br>입력은 8개까지 확장 가능<br><br>출력 ENO : 에러 없이 실행되면 1을 출력<br>OUT : 곱한 결괏값<br><br>IN1, IN2, ..., OUT에 연결되는 변수는 모두 같은 데이터 타입이어야 함. |



| ANY 타입 변수성명 | 변수명 | BOOL | BYTE | WORD | DWORD | LWORD | SINT | INT | DINT | LINT | USINT | UINT | UDINT | ULINT | REAL | LREAL | TIME | DATE | TOD | DT | STRING |
|---|---|---|---|---|---|---|---|---|---|---|---|---|---|---|---|---|---|---|---|---|---|
| | IN1 | | | | | | ○ | ○ | ○ | ○ | ○ | ○ | ○ | ○ | ○ | ○ | | | | | |
| | IN2 | | | | | | ○ | ○ | ○ | ○ | ○ | ○ | ○ | ○ | ○ | ○ | | | | | |
| | OUT | | | | | | ○ | ○ | ○ | ○ | ○ | ○ | ○ | ○ | ○ | ○ | | | | | |

• 기능

1. IN1, IN2,..., INn (n은 입력 개수)를 곱해서 OUT으로 출력시킨다.
   OUT = IN1 × IN2 × ... × INn

• 플래그

| 플래그 | 설 명 |
|---|---|
| _ERR | 출력 값이 해당 데이터 타입의 범위를 벗어날 경우 _ERR, _LER 플래그가 셋(Set)된다. |

| NE | 적용 기종 | 발생플래그 |
|---|---|---|
| '같지 않다.' 비교 | XGI, XGR, XEC | - |

| 펑 션 | 설 명 |
|---|---|
| 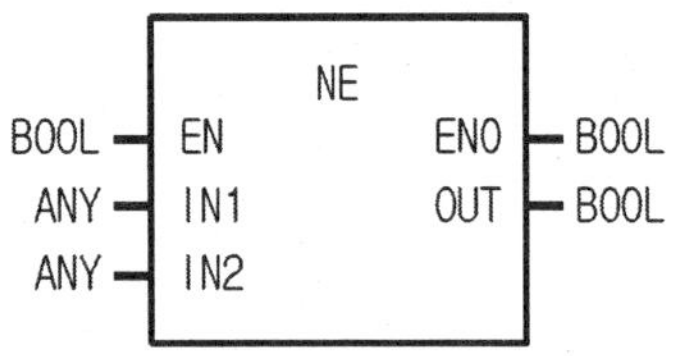 | 입력 EN : 실행 허용<br>IN1 : 비교될 값<br>IN2 : 비교될 값<br>IN1, IN2는 같은 타입이어야 함.<br><br>출력 ENO : EN값이 그대로 출력<br>OUT : 비교 결괏값 |



| ANY 타입 변수성명 | 변수명 | BOOL | BYTE | WORD | DWORD | LWORD | SINT | INT | DINT | LINT | USINT | UINT | UDINT | ULINT | REAL | LREAL | TIME | DATE | TOD | DT | STRING |
|---|---|---|---|---|---|---|---|---|---|---|---|---|---|---|---|---|---|---|---|---|---|
| | IN1 | ○ | ○ | ○ | ○ | ○ | ○ | ○ | ○ | ○ | ○ | ○ | ○ | ○ | ○ | ○ | ○ | ○ | ○ | ○ | ○ |
| | IN2 | ○ | ○ | ○ | ○ | ○ | ○ | ○ | ○ | ○ | ○ | ○ | ○ | ○ | ○ | ○ | ○ | ○ | ○ | ○ | ○ |

- 기능

1. IN1이 IN2와 같지 않으면 OUT으로 1이 출력된다.
2. 같으면 OUT으로 0이 출력된다.

- 프로그램의 예

1. LD

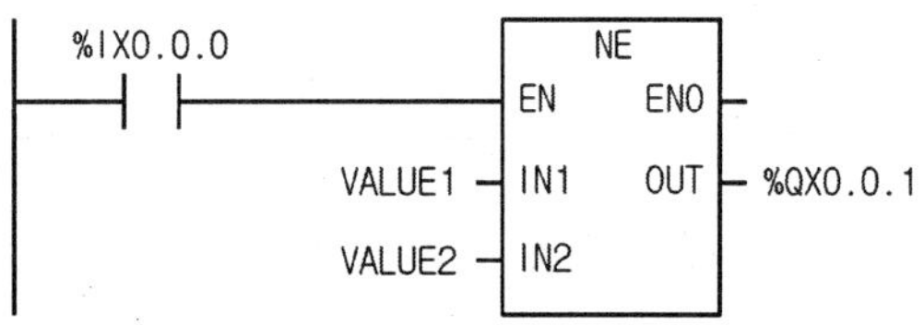

| NOT | 적용 기종 | 발생플래그 |
|---|---|---|
| 논리 반전 | XGI, XGR, XEC | - |
| 펑 션 | 설 명 | |
| 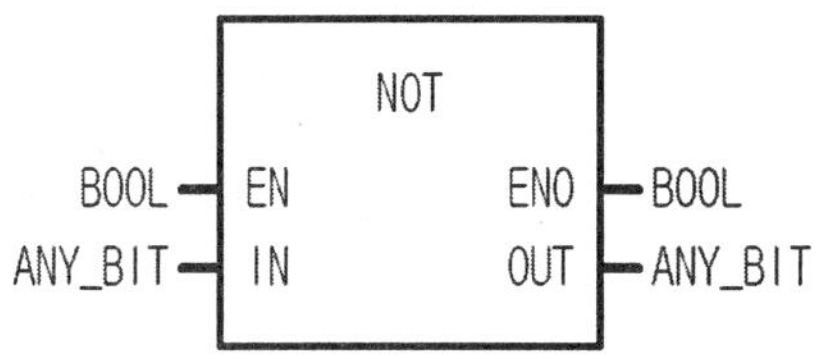 | 입력 EN : 1일 때 펑션 실행<br>IN : NOT될 값<br><br>출력 ENO : EN값이 그대로 출력<br>OUT : NOT된 값<br><br>IN, OUT은 모두 같은 타입이어야 함. | |

| ANY 타입 변수성명 | 변수명 | BOOL | BYTE | WORD | DWORD | LWORD | SINT | INT | DINT | LINT | USINT | UINT | UDINT | ULINT | REAL | LREAL | TIME | DATE | TOD | DT | STRING |
|---|---|---|---|---|---|---|---|---|---|---|---|---|---|---|---|---|---|---|---|---|---|
| | IN1 | ○ | ○ | ○ | ○ | ○ | | | | | | | | | | | | | | | |
| | OUT | ○ | ○ | ○ | ○ | ○ | | | | | | | | | | | | | | | |

• 기능

1. IN을 비트별로 NOT(반전)해서 OUT으로 출력시킨다.
   IN 1100 ..... 1010
   OUT 0011 ..... 0101

• 프로그램의 예

1. LD

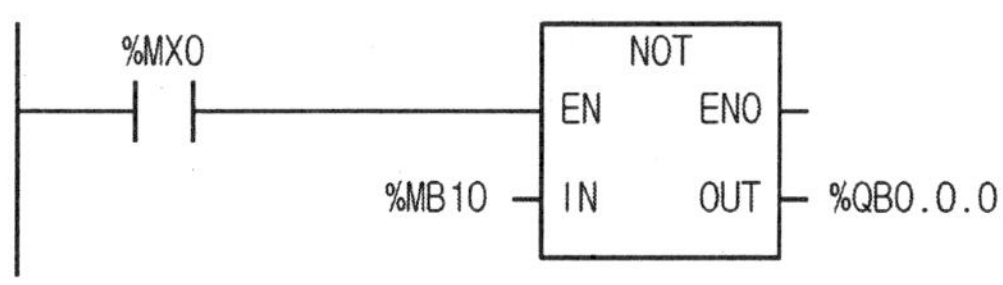

| OR | 적용 기종 | 발생플래그 |
|---|---|---|
| 논리합 | XGI, XGR, XEC | - |

| 펑　션 | 설　명 |
|---|---|
| 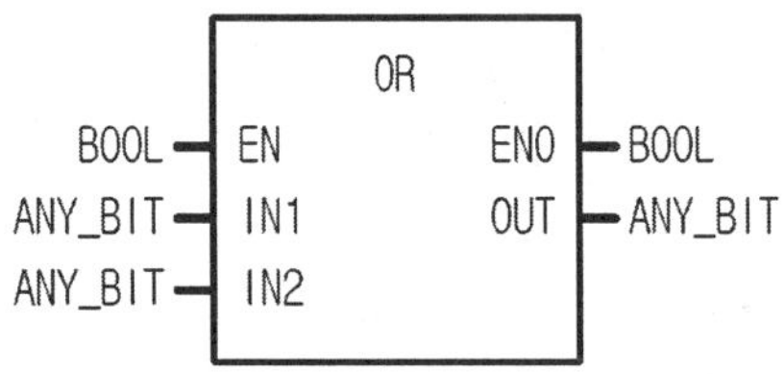 | 입력 EN : 1일 때 펑션 실행<br>IN1 : OR될 값<br>IN2 : OR될 값<br>입력 8개까지 확장 가능<br><br>출력 ENO : EN값이 그대로 출력<br>OUT : OR된 값<br><br>IN1, IN2, OUT은 모두 같은 타입이어야 함. |



| ANY 타입 변수성명 | 변수명 | BOOL | BYTE | WORD | DWORD | LWORD | SINT | INT | DINT | LINT | USINT | UINT | UDINT | ULINT | REAL | LREAL | TIME | DATE | TOD | DT | STRING |
|---|---|---|---|---|---|---|---|---|---|---|---|---|---|---|---|---|---|---|---|---|---|
| | IN1 | ○ | ○ | ○ | ○ | ○ | | | | | | | | | | | | | | | |
| | OUT | ○ | ○ | ○ | ○ | ○ | | | | | | | | | | | | | | | |

- 기능

1. IN1을 IN2와 비트별로 OR해서 OUT으로 출력시킵니다.
   IN1 1111 ..... 0000
   OR
   IN2 1010 ..... 1010
   OUT 1111 ..... 1010

- 프로그램의 예

1. LD

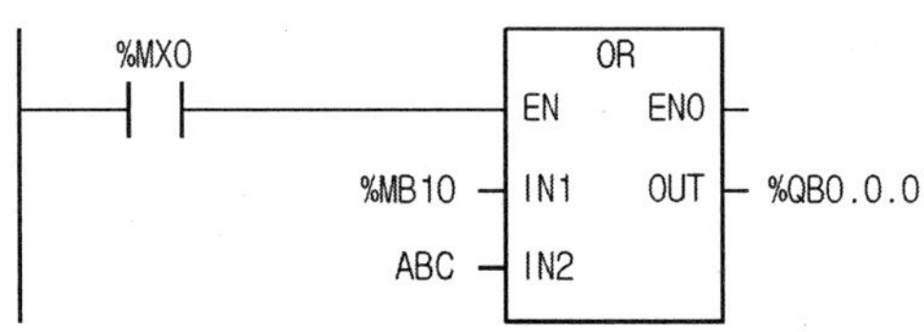

| SHL | 적용 기종 | 발생플래그 |
|---|---|---|
| 왼쪽으로 이동(Shift Left) | XGI, XGR, XEC | – |

| 펑 션 | 설 명 |
|---|---|
| 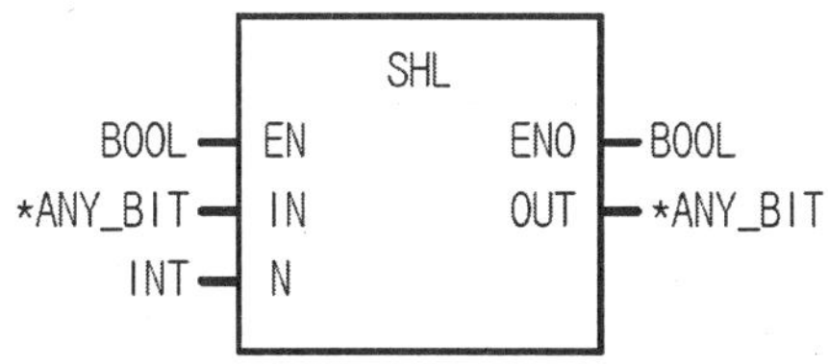 | 입력 EN : 1일 때 펑션 실행<br>IN : 이동될 비트 열<br>N : 이동할 비트 수<br><br>출력 ENO : EN값이 그대로 출력<br>OUT : 이동된 값 |



| ANY 타입 변수성명 | 변수명 | BOOL | BYTE | WORD | DWORD | LWORD | SINT | INT | DINT | LINT | USINT | UINT | UDINT | ULINT | REAL | LREAL | TIME | DATE | TOD | DT | STRING |
|---|---|---|---|---|---|---|---|---|---|---|---|---|---|---|---|---|---|---|---|---|---|
| | IN1 | | ○ | ○ | ○ | ○ | | | | | | | | | | | | | | | |
| | OUT | | ○ | ○ | ○ | ○ | | | | | | | | | | | | | | | |

*ANY_BIT : ANY_BIT 중 BOOL 제외

- 기능

1. 입력 IN을 N비트 수만큼 왼쪽으로 이동한다.
2. 입력 IN의 맨 오른쪽에 있는 N개 비트는 0으로 채워진다.

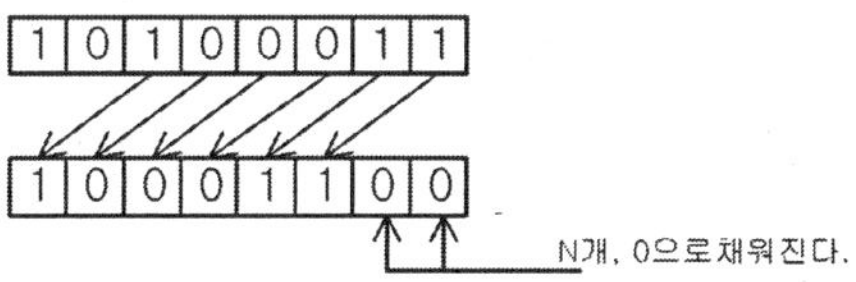



- 프로그램의 예

입력 %IX0.0.0이 On하면 입력 데이터 값(2#1100_1100_1100_1100: 16#CCCC)을 좌로 3비트만큼 이동시키는 프로그램이다.

1. LD

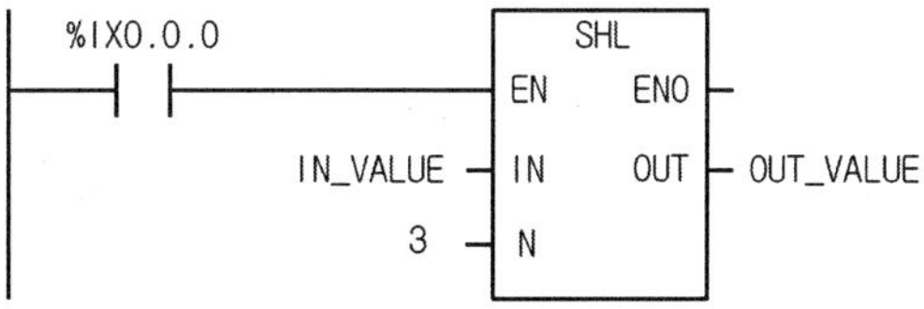

| SHR | 적용 기종 | 발생플래그 |
|---|---|---|
| 오른쪽으로 이동(Shift Right) | XGI, XGR, XEC | – |
| 펑 션 | 설 명 | |
| 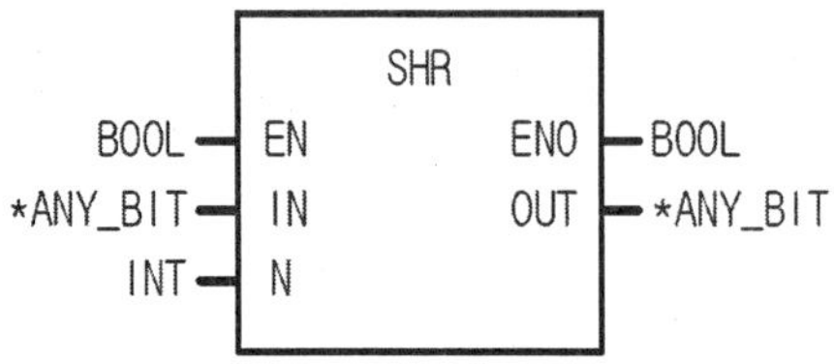 | 입력 EN : 1일 때 펑션 실행<br>IN : 이동될 비트 열<br>N : 이동할 비트 수<br><br>출력 ENO : EN값이 그대로 출력<br>OUT : 이동된 값 | |



| ANY 타입 변수성명 | 변수명 | BOOL | BYTE | WORD | DWORD | LWORD | SINT | INT | DINT | LINT | USINT | UINT | UDINT | ULINT | REAL | LREAL | TIME | DATE | TOD | DT | STRING |
|---|---|---|---|---|---|---|---|---|---|---|---|---|---|---|---|---|---|---|---|---|---|
| | IN1 | | ○ | ○ | ○ | ○ | | | | | | | | | | | | | | | |
| | OUT | | ○ | ○ | ○ | ○ | | | | | | | | | | | | | | | |

*ANY_BIT : ANY_BIT 중 BOOL 제외

- 기능

1. 입력 IN을 N비트 수만큼 오른쪽으로 이동한다.
2. 입력 IN의 맨 왼쪽에 있는 N개 비트는 0으로 채워진다.

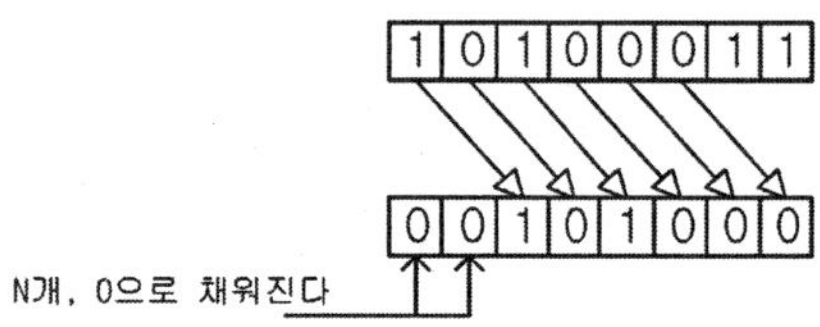



- 프로그램의 예

1. LD

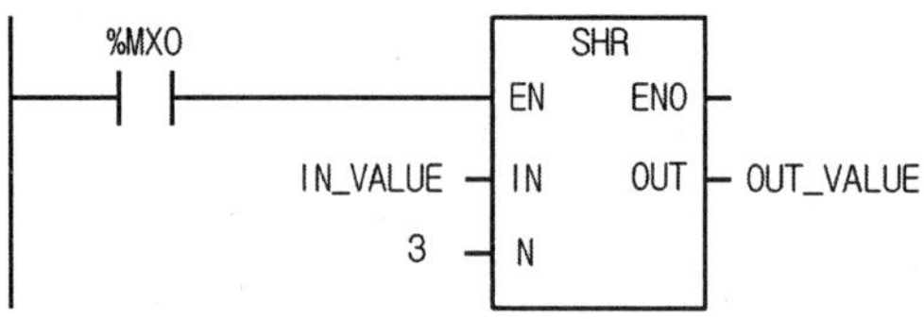

| SUB | 적용 기종 | 발생플래그 |
|---|---|---|
| 빼기 | XGI, XGR, XEC | _ERR, _LER |
| 펑 션 | 설 명 | |
| 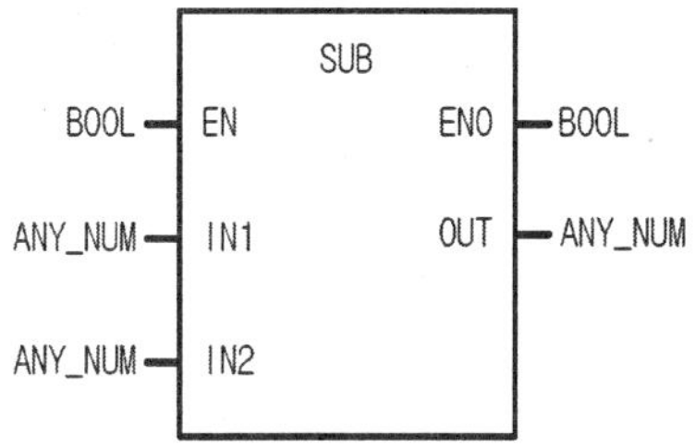 | 입력 EN : 1일 때 펑션 실행<br>IN1 : 피감수<br>IN2 : 감수<br><br>출력 ENO : 에러 없이 실행되면 1을 출력<br>OUT : 뺀 결괏값<br><br>IN1, IN2, OUT에 연결되는 변수는 모두 같은 데이터 타입이어야 함. | |

| ANY 타입 변수성명 | 변수명 | BOOL | BYTE | WORD | DWORD | LWORD | SINT | INT | DINT | LINT | USINT | UINT | UDINT | ULINT | REAL | LREAL | TIME | DATE | TOD | DT | STRING |
|---|---|---|---|---|---|---|---|---|---|---|---|---|---|---|---|---|---|---|---|---|---|
| | IN1 | | | | | | ○ | ○ | ○ | ○ | ○ | ○ | ○ | ○ | ○ | ○ | | | | | |
| | IN2 | | | | | | ○ | ○ | ○ | ○ | ○ | ○ | ○ | ○ | ○ | ○ | | | | | |
| | OUT | | | | | | ○ | ○ | ○ | ○ | ○ | ○ | ○ | ○ | ○ | ○ | | | | | |

- 기능

1. IN1에서 IN2를 빼서 OUT으로 출력시킨다.
   OUT = IN1 − IN2

- 플래그

| 플래그 | 설 명 |
|---|---|
| _ERR | 출력 값이 해당 데이터 타입의 범위를 벗어날 경우 _ERR, _LER 플래그가 셋(Set)된다. |

- 프로그램의 예

1. LD

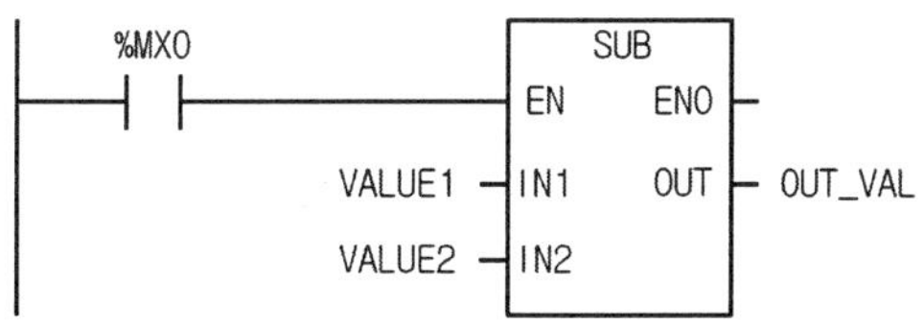

| XOR | 적용 기종 | 발생플래그 |
|---|---|---|
| 베타적 논리합 | XGI, XGR, XEC | - |
| 펑 션 | 설 명 | |
| 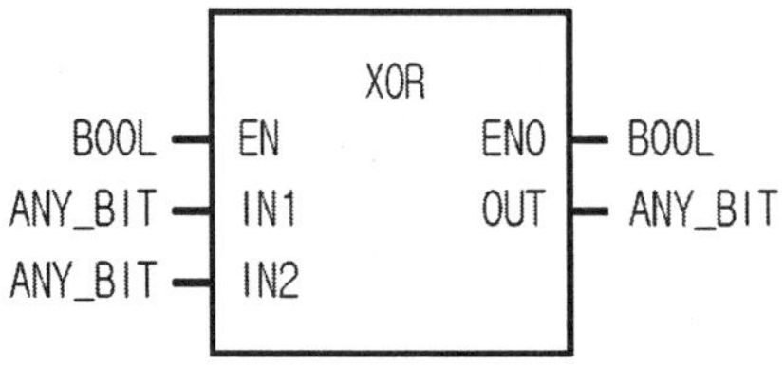 | 입력 EN : 1일 때 펑션 실행<br>IN1 : XOR될 값<br>IN2 : XOR될 값<br>입력 8개까지 확장 가능<br><br>출력 ENO : EN값이 그대로 출력<br>OUT : XOR된 값<br><br>IN1, IN2, OUT은 모두 같은 타입이어야 함. | |

| ANY 타입 변수성명 | 변수명 | BOOL | BYTE | WORD | DWORD | LWORD | SINT | INT | DINT | LINT | USINT | UINT | UDINT | ULINT | REAL | LREAL | TIME | DATE | TOD | DT | STRING |
|---|---|---|---|---|---|---|---|---|---|---|---|---|---|---|---|---|---|---|---|---|---|
| | IN1 | ○ | ○ | ○ | ○ | ○ | | | | | | | | | | | | | | | |
| | IN2 | ○ | ○ | ○ | ○ | ○ | | | | | | | | | | | | | | | |

• 기능

1. IN1을 IN2와 비트별로 XOR해서 OUT으로 출력시킨다.

IN1 1111 ..... 0000

XOR

IN2 1010 ..... 1010

OUT 0101 ..... 1010

• 프로그램의 예

1. LD

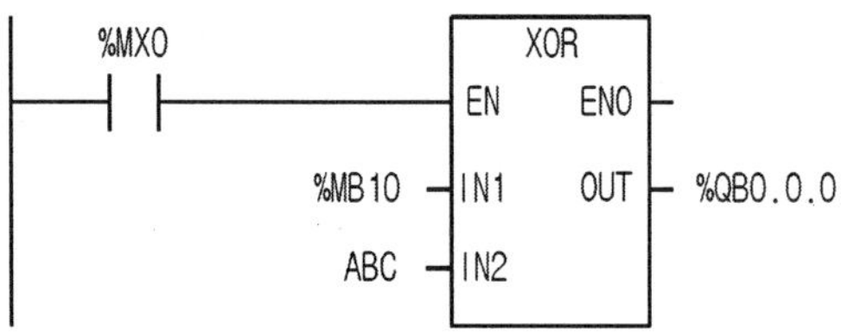

XGT PLC 활용을 위한 **PLC 제어 시스템**

| | | |
|---|---|---|
| 인 쇄 | 2019년 3월 5일 | **정가 17,000원** |
| 발 행 | 2019년 3월 8일 | |
| 지 은 이 | 소용철 · 김승찬 공저 | |
| 펴 낸 이 | 정병국 | |
| 펴 낸 데 | 웅보출판사 | |
| 주 소 | 서울시 강서구 양천로 551-17 한화비즈메트로 1차 413호 | |
| 전 화 | (02) 326-1497 | |
| 팩 스 | (02) 326-1843 | |
| 신고번호 | 제315-2013-000072호 | |
| 등 록 일 | 1991년 5월 30일 | |
| 홈페이지 | www.woongbo.co.kr | |
| I S B N | 978-89-8462-419-1 93560 | |